Annexbedingungen und Koppelungsgeschäfte
im Anwendungsbereich des § 87 I BetrVG

ECKART GAUDE

Annexbedingungen und Koppelungsgeschäfte im Anwendungsbereich des § 87 I BetrVG

PETER LANG
Frankfurt am Main · Berlin · Bern · Bruxelles · New York · Oxford · Wien

Bibliografische Information der Deutschen Nationalbibliothek
Die Deutsche Nationalbibliothek verzeichnet diese Publikation in der Deutschen Nationalbibliografie; detaillierte bibliografische Daten sind im Internet über http://dnb.d-nb.de abrufbar.

Zugl.: Kiel, Univ., Diss., 2010

Umschlaggestaltung:
© Olaf Glöckler, Atelier Platen, Friedberg

Gedruckt auf alterungsbeständigem, säurefreiem Papier.

D 8
ISBN 978-3-631-61486-0

Für Nicolas und Zoé

Vorwort

Diese Arbeit ist im Sommersemester 2010 von der Rechtswissenschaftlichen Fakultät der Christian-Albrechts-Universität zu Kiel als Dissertation angenommen worden. Ich habe sie während meiner beruflichen Tätigkeit als Rechtsanwalt gefertigt.

Besonderer Dank gilt deshalb den Bemühungen und der Geduld meines Doktorvaters, Herrn Prof. Dr. Peter Kreutz. Ferner danke ich Herrn Prof. Dr. Hartmut Oetker für die zügige Erstellung des Zweitgutachtens.

Danken möchte ich nicht zuletzt meinen Kindern für die zeitlichen Entbehrungen.

Hannover, im Juni 2010 Eckart Gaude

Inhaltsverzeichnis

§ 1 Gegenstand und Ziel der Untersuchung

Der Bereich der notwendigen Mitbestimmung des § 87 BetrVG ist dadurch geprägt, dass die Betriebspartner sich über die Gegenstände der Mitbestimmung einigen *müssen*. Der Arbeitgeber kann eine mitbestimmungspflichtige Angelegenheit nicht ohne Zustimmung des Betriebsrates durchsetzen.[1] Der Betriebsrat seinerseits ist in diesem Zusammenhang mit der Ausübung seines Initiativrechts auf die Mitwirkung des Arbeitgebers angewiesen. Ihm obliegt die betriebliche Leitungsmacht, wie sich aus der Vorschrift des § 77 I BetrVG ergibt. Infolgedessen können mitbestimmungspflichtige Regelungen nur durch ihn umgesetzt werden.

Die aus den dargestellten Positionen folgende Machtstellung veranlasst die Betriebspartner dazu, ihre Mitwirkung bei der Regelung der Mitbestimmung zu einer Ausweitung ihrer Rechte zu nutzen. Der Betriebsrat versucht unweigerlich, angesichts der rechtlichen Notwendigkeit seiner Mitbestimmung den Katalog des § 87 BetrVG auszuweiten. Der Arbeitgeber macht seine Mitwirkung im Rahmen der Ausübung des Initiativrechts durch den Betriebsrat von dessen Zugeständnissen in anderen Angelegenheiten abhängig. Ferner lockt er den Betriebsrat mit weiteren Vorteilen für den Fall, dass er zu einer mitbestimmungspflichtigen Angelegenheit des § 87 I BetrVG seine Zustimmung erteilt. Koppelungsgeschäfte dieser Art haben über einen langen Zeitraum hinweg weder in der Rechtsprechung noch in der Rechtswissenschaft nennenswerte Beachtung gefunden. Erst in den letzten Jahren richtet letztere ihre Aufmerksamkeit zunehmend auf die längst bekannte Problematik. Ein denkbarer Grund hierfür ist die anhaltende wirtschaftliche Rezession der vergangenen Jahre. Allerdings beschränken sich die Betrachtungen ausschließlich auf solche Koppelungsgeschäfte, die von den *Betriebsräten* initiiert werden. Dies wird der Tatsache nicht gerecht, dass in der betrieblichen Praxis Betriebsräte und Arbeitgeber Koppelungsgeschäfte *gleichermaßen* veranlassen. Es ist zwingend geboten, dies im Rahmen der Beurteilung der Zulässigkeit von Koppelungsgeschäften zu berücksichtigen.

Um die Problematik der Koppelungsgeschäfte vollständig und abschließend beurteilen zu können, ist zu definieren, ob Annexbedingungen dem Mitbestimmungskatalog zuzuordnen sind.

---

1 Klebe in: D/K/K-BetrVG, § 87 Rdnr. 4; Fitting, BetrVG, § 87 Rdnr. 1; Wiese in: GK-BetrVG, § 87 Rdnr. 95; Worzalla in: H/S/W/G/N-BetrVG, § 87 Rdnr. 80; Richardi in: Richardi/Thüsing-BetrVG, § 87 Rdnr. 8; Stege/Weinspach/Schiefer, BetrVG § 87 Rdnr. 3.

Hierunter werden allgemein solche Angelegenheiten verstanden, die eine besondere sachliche Nähe zu den jeweiligen Mitbestimmungstatbeständen aufweisen. Wegen ihrer Sachnähe zu Gegenständen des Mitbestimmungskataloges sind sie prädestiniert dafür, von dem koppelnden Betriebspartner zur Bedingung für die Erteilung der Zustimmung respektive zur Mitwirkung erhoben zu werden. Annexbedingungen beinhalten daher jedenfalls dann ein erhebliches Koppelungspotential, wenn sie rechtlich nicht dem Mitbestimmungskatalog zuzuordnen sind. Gehören sie dagegen dem Mitbestimmungstatbestand an, so scheidet eine – jedenfalls unzulässige – Koppelung aus, da die Angelegenheiten bereits durch die gesetzliche Regelung miteinander verbunden sein würden. In diesem Fall handelte es sich dann vielmehr um die Regelung einer einheitlichen mitbestimmungspflichtigen Angelegenheit. Die rechtliche Qualifizierung von Annexbedingungen ist nach alledem für die Beurteilung der Zulässigkeit von Koppelungsgeschäften von besonderer Bedeutung.

Unabhängig davon ist die Klärung der Frage relevant für die Kompetenz der Einigungsstelle, im Rahmen ihrer Sprüche über Annexbedingungen zu befinden. Dies ist nur möglich, wenn Annexbedingungen dem Mitbestimmungstatbestand angehören.

§ 2 Annexbedingungen

A. Definition der Annexbedingungen

Unter „Annexbedingungen“ werden nach allgemeiner Ansicht diejenigen Regelungsbereiche verstanden, die mit einer der im Mitbestimmungskatalog geregelten Materie in einem unmittelbaren und notwendigen Zusammenhang stehen.[2] Ausdrücklich sind sie in keinem der einzelnen Mitbestimmungstatbestände erwähnt. Ebenso bedeutsam wie umstritten ist, ob sich das Recht zur notwendigen Mitbestimmung auch auf *„Annexbedingungen“* erstreckt.

Synonym zu dem Terminus „Annexbedingungen“ verwenden Rechtsprechung und Literatur die Termini der „Lehre von den Annexbedingungen“, „Annexregelungen“, der „Annexkompetenz“ oder der „Annexzuständigkeit“.[3]

B. Unterscheidung zwischen formellen und materiellen Annexbedingungen

„Annexbedingungen“ können sich sowohl auf den formellen als auch auf den materiellen Bereich beziehen. In Rechtsprechung und Literatur stehen ausschließlich die *materiellen* Annexbedingungen im Mittelpunkt. Auslöser der Diskussion war eine Entscheidung des BAG vom 8.3.1977[4], die sich mit einem Beschluss der Einigungsstelle zu befassen hatte, der dem Arbeitgeber nach der Umstellung von Barzahlung auf bargeldlose Zahlung die Übernahme der Bankgebühren auferlegt hatte. Die ausschließliche Fokussierung auf materielle Annexbedingungen zeigt sich nicht zuletzt an der sich verbreitenden Terminologie,

---

2 BAG DB 1977, S. 1464 (1465); BAG DB 1984, S. 775 (784); BAGE 39, S. 351; BAG DB 1993, S. 990 (991); BAG NZA 2000, S. 462 (464); LAG Düsseldorf, BB 1974, S. 556; Blomeyer, EZA zu BetrVG 1972, Lohn- u. Arbeitsentgelt, S. 11; Brandl, Koppelungsgeschäfte, S. 142; Kania in: ErfK-BetrVG, Einl. Vor § 74 Rdnr. 35 (bis zur 8. Aufl.); Fitting, BetrVG, § 87 Rdnr. 26; Galperin/Löwisch, BetrVG, § 87 Rdnr. 123; Gester/Isenhardt, RdA 1974, S. 83-84; Wiese in: GK-BetrVG, § 87 Rdnr. 41; Gola, BB 1975, S. 46 ff. Hanau, NZA 1985, S. 7; Hanau, RdA 1973, S. 281 (283); Hanau/Reitze, FS für Wiese, S. 149-150; Worzalla in: H/S/W/G/N-BetrVG, § 87 Rdnr. 9; Huber, DB 1980, S. 1643; Mengel, DB 1982, S. 43 (44); Mundt, Über die Zulässigkeit von Koppelungsgeschäften, S. 4; Matthes in: MünchArbR, Bd. 2, § 242 Rdnr. 4-5; Reuter, RdA 1981, S. 207; Starck, Leistungspflichten und betriebliche Mitbestimmung, S. 39 f.; Stege/Weinspach/Schiefer, BetrVG, § 87 Rdnr. 14 c; Posselt, Annexkompetenzen im Betriebsverfassungsrecht, S. 23 ff.

3 S. Fn. 2.

4 BAG AP Nr. 1 zu § 87 BetrVG 1972 Auszahlung Bl. 1 ff.

im Rahmen derer der Begriff „Annexbedingungen" häufig im Zusammenhang mit „materiell" verwendet wird.[5] Es wird demgemäß der Anschein erweckt, Annexbedingungen existierten lediglich im materiellen Bereich.

Die weitestgehende Beschränkung auf „materielle Annexbedingungen" ist nicht gerechtfertigt. So, wie die Mitbestimmung Kosten auslösen kann, können mit ihr auch Durchführungsregelungen verbunden sein. In seinem Beschluss vom 6.12.1983[6] prüfte das BAG sodann auch Durchführungsvorschriften anlässlich der Einführung von Bildschirmarbeitsplätzen unter dem Gesichtspunkt *formeller Annexbedingungen*.

Festzuhalten bleibt demzufolge, dass „Annexbedingungen" sich trotz teilweiser entgegenstehender Terminologie sowohl auf formelle als auch auf materielle Annexbedingungen erstrecken.

C. Relevanz der Annexbedingungen für das BetrVG

Die Bedeutung der „Annexbedingungen" für das BetrVG ist vielschichtig. Ihre Zugehörigkeit zum Mitbestimmungskatalog ist Vorfrage für diverse Zuständigkeitsfragen.

I. Die Regelungsbefugnis der Einigungsstelle

Von erheblicher Bedeutung ist die rechtliche Einordnung der „Annexbedingungen" für die Zuständigkeit der Einigungsstelle. Nur dann, wenn sie einem der Mitbestimmungstatbestände zugeordnet werden können, ist die Einigungsstelle autorisiert, in ihrem Spruch auch „Annexbedingungen" zu regeln.[7]

II. Die Regelungsbefugnis der Betriebsparteien im Anwendungsbereich des § 87 BetrVG

Die Charakterisierung ist ferner bedeutsam für die *Regelungskompetenz* der Betriebspartner. Unabhängig von anderen Fragestellungen können Annexbedingungen im Zusammenhang mit der notwendigen Mitbestimmung nur dann verbindlich geregelt werden, wenn der Annexbereich in die Regelungskompetenz

---

5 Wiese in: GK-BetrVG, § 87 Rdnr. 41; Hanau/Reitze, FS für Wiese, S. 150.

6 BAG AP Nr. 7 zu § 87 BetrVG 1972 Überwachung Bl. 989 ff.

7 Vgl. BAG AP Nr. 1 zu § 87 BetrVG 1972 Auszahlung Bl. 886 ff. vgl. BAG EzA § 87 BetrVG 1972 Lohn- und Arbeitsentgelt Nr. 14; vgl. LAG Düsseldorf EzA § 87 BetrVG 1972 Lohn- und Arbeitsentgelt Nr. 1.

der Betriebspartner fällt. Dies folgt daraus, dass die Mitbestimmungsbefugnis der Betriebsparteien durch den Katalog des § 87 BetrVG beschränkt wird. Ist der Annexbereich dem Katalog nicht zugehörig, fehlt es insoweit an einer entsprechenden Regelungsbefugnis. Führt der Arbeitgeber also etwa auf der Grundlage einer entsprechenden Betriebsvereinbarung Lohneinbehalte durch, können die betroffenen Arbeitnehmer jedenfalls dann deren Auszahlung verlangen, wenn die Betriebspartner bezüglich der Regelung im Annexbereich ihre Kompetenz überschritten haben.[8]

III. Die Interdependenzen zwischen Annexbedingungen und Koppelungsgeschäften

Des Weiteren ist die Beurteilung der Frage der Annexbedingungen wesentlich für die rechtliche Beurteilung von Koppelungsgeschäften. Ein Koppelungsgeschäft kann jedenfalls dann nicht vorliegen, wenn dessen Gegenstand Inhalte eines einheitlichen Mitbestimmungstatbestandes sind. Es handelt sich dann um ein *einheitliches* Mitbestimmungsrecht bestehend aus der Hauptmaterie und dem Annexbereich. Dies ergibt sich bereits aus der Definition der Annexbedingungen, ohne dass ein Rückgriff auf eine konkrete Definition der Koppelungsgeschäfte erfolgen müsste. Dort, wo zwei Materien notwendig und unmittelbar miteinander verknüpft sind, können dieselben Materien nicht Gegenstand einer „Koppelung" sein. Materien, die sich nicht trennen lassen, können „argumentum e contrario" auch nicht gekoppelt werden.

Anders verhält es sich dagegen, wenn „Annexbedingungen" nicht dem Mitbestimmungskatalog zugeordnet werden. Dann gehören sie keinem Mitbestimmungstatbestand an. Infolgedessen kommen sie grundsätzlich als Gegenstand von Koppelungsgeschäften in Betracht.

Nicht überzeugen können insoweit die Ausführungen von Hanau/Reitze[9], die „Annexbedingungen" und „Koppelungsgeschäfte" ausschließlich nach dem *Ursprung* der Bedingungen definieren und abgrenzen. Unter „Bedingungen" verstehen sie in diesem Zusammenhang die Vorgaben, die der Betriebsrat für die Erteilung seiner Zustimmung gibt. Sowohl im Fall der „Annexbedingungen" als auch im Fall der „Koppelungsgeschäfte" mache er seine Zustimmung von einer „Bedingung" abhängig. Dann, wenn er die Bedingung aus dem Mitbestimmungstatbestand selbst ableite, handele es sich um „Annex-Bedingungen".

---

8 BAG NZA 2001, S. 462 ff.

9 Hanau/Reitze, FS für Wiese, S. 149 ff.

Stamme die Bedingung aus einem Sachbereich *außerhalb* des jeweiligen Mitbestimmungstatbestandes, handele es sich um Koppelungsgeschäfte.[10]

Die Definition von Hanau/Reitze beschränkt sich ausschließlich auf eine Abgrenzung von Annexbedingungen und Koppelungsgeschäften. Die Kernfrage, ob Annexbedingungen dem Mitbestimmungskatalog angehören, wird hierdurch nicht beantwortet. Diese Festlegung ist für die Definition jedoch *zwingend* notwendig. Werden Annexbedingungen dem Mitbestimmungstatbestand nicht zugeordnet, ist die Definition von Hanau/Reitze nicht tragfähig, da auch sie dann als Gegenstand von Koppelungsgeschäften in Betracht kommen.

Ebenso wenig gefolgt werden kann Brandl[11], die der Frage, ob in sachlichem Zusammenhang zum Mitbestimmungsrecht stehende Forderungen des Betriebsrates bereits unter den Begriff *„Koppelungsgeschäft"* fielen oder hier von einer zulässigen *Annexbedingung* gesprochen würde, nur terminologische Bedeutung beimisst. Für den Fall, dass Annexbedingungen dem Mitbestimmungskatalog zugeordnet werden, scheidet eine Koppelung zwischen dem geregelten Mitbestimmungstatbestand und der Annexmaterie aus. Es handelt sich „per definitionem" um eine einheitliche und untrennbare Angelegenheit. Gehören Annexbedingungen dagegen nicht zum Mitbestimmungstatbestand, kommt eine Koppelung zwischen der geregelten Mitbestimmungsangelegenheit und dem hiermit unmittelbar zusammenhängenden Regelungskomplex in Betracht.

Auch Posselt greift den Zusammenhang zwischen Annexbedingungen und Koppelungsgeschäften auf.[12] Sie beschränkt sich aber – insoweit – auf eine Beschreibung der Ausführungen von Hanau/Reitze, die sie ebenfalls im Ergebnis ablehnt.[13]

Festzuhalten ist mithin, dass Interdependenzen zwischen Annexbedingungen und Koppelungsgeschäften dort bestehen, wo die gekoppelten Materien in einem unmittelbaren und notwendigen Zusammenhang zueinander stehen. Die Frage der Zulässigkeit der Koppelung stellt sich nur dann, wenn Annexbedingungen nicht als Bestandteil des Mitbestimmungskataloges angesehen werden.

D. Beispielsfälle

Nachstehend werden Beispielsfälle aufgeführt, mit Hilfe derer die Bedeutung der Annexbedingungen unter Berücksichtigung der unterschiedlichen Auffassungen dargestellt wird.

---

10 Hanau/Reitze, FS für Wiese, S. 149.

11 Brandl, Koppelungsgeschäfte, S. 18.

12 Posselt, Annexkompetenzen im Betriebsverfassungsrecht, S. 46-47.

13 Posselt, Annexkompetenzen im Betriebsverfassungsrecht, S. 47.

I. Betriebsvereinbarung über Urlaubsabgeltung

In einem mittelständischen Unternehmen schließen Arbeitgeber und Betriebsrat eine Betriebsvereinbarung über Optionen zur Abgeltung von Überstunden. Wahlweise sollen nach dem Regelungsgehalt der Vereinbarung Überstunden durch Freizeitausgleich oder finanziell abgegolten werden. Im Zusammenhang mit dem Freizeitausgleich haben die Arbeitnehmer wahlweise das Recht zur stunden-, tage- und wochenweisen Abgeltung. Der Arbeitgeber beruft sich später darauf, der Regelungsgehalt der Vereinbarung sei nicht vom Mitbestimmungstatbestand umfasst.

II. Verteilung der Kosten für die Einrichtung eines Bankkontos im Ausland

Ein deutsches Unternehmen beschäftigt projektbezogen jeweils für zwei Monate Arbeitnehmer im europäischen Ausland. Im Zuge der Regelung der Modalitäten der Auszahlung des Gehaltes verlangt der Betriebsrat, dass der Arbeitgeber für jeden Arbeitnehmer die Kosten für die Eröffnung und Unterhaltung eines Kontos im Ausland übernimmt, Nachdem der Arbeitgeber dies abgelehnt hat, trifft die Einigungsstelle eine entsprechende Regelung. Der in Anspruch genommene Arbeitgeber vertritt die Auffassung, die Einigungsstelle habe mit der Abfassung der betreffenden Regelung ihre Kompetenzen überschritten.[14]

III. Erstattung von Benzinkosten für Heimarbeiterinnen

Ein Unternehmen lässt einen Teil seiner Produktion in Heimarbeit fertigen. Im Rahmen der Heimarbeit werden von den Heimarbeiterinnen Platinen bestückt. Das Unternehmen liefert die zu bestückenden Platinen morgens an die Heimarbeiterinnen. Abends werden die zu bestückenden Platinen abgeholt. Nach einer Richtlinie sind solche Heimarbeiterinnen von der Belieferung ausgeschlossen, die außerhalb eines Radius von 20 Kilometern vom Sitz der Gesellschaft wohnen. Betriebsrat und Arbeitgeber können sich insbesondere mit Blick auf eine Übernahme der Kosten für die Fahrten nicht einigen.

Die angerufene Einigungsstelle trifft eine Regelung, nach der die betreffenden Mitarbeiterinnen die zu bestückenden Platinen morgens abholen und sie nach Fertigstellung an demselben Tag zurückbringen. Des Weiteren ist vorgesehen, dass der Arbeitgeber die Kosten für die Fahrten der Mitarbeiterinnen übernimmt. Hieraus in Anspruch genommen, verweigert der Arbeitgeber später

14 Angelehnt an BAG DB 1977, S. 1464 ff.

die Übernahme der Kosten mit dem Hinweis, die Einigungsstelle sei zu einer Regelung der Kosten im Zusammenhang mit der Mitbestimmung nach § 87 I Nr. 1 BetrVG nicht berechtigt gewesen.

E. Meinungsstand zu Annexbedingungen in Rechtsprechung und Literatur

Annexbedingungen werden in Rechtsprechung und Literatur nicht einheitlich beurteilt. Wegen des nicht konzentrationsfähigen Meinungsspektrums werden im Folgenden die einzelnen Meinungen dargestellt. Hierbei konnten nicht alle einzelnen Vertreter der unterschiedlichen Meinungen aufgeführt werden. Das Meinungsspektrum jedoch ist abschließend dargestellt.

I. Das Meinungsbild in der Rechtsprechung

Das Meinungsbild innerhalb der Rechtsprechung divergiert.

1. Beschluss des BAG vom 08.03.1977 –1 ABR 33/75[15]

Symptomatisch für die Problematik der Annexbedingungen ist ein dem Beschluss des BAG vom 8. März 1977 zugrundeliegender Sachverhalt.

Das Gericht hatte in dem betreffenden Verfahren über einen Spruch der Einigungsstelle zu befinden, in dem diese dem Arbeitgeber im Zuge der Einführung *bargeldloser Lohnzahlung* die den Arbeitnehmern hieraus entstehenden Kosten auferlegt hatte. Umfasst waren unter anderem die Gebühren für die Kontoeröffnung.[16]

Bei diesen Kosten handelte es sich unzweifelhaft um *„weitere" Leistungen* des Arbeitgebers, die ihm nach dem Spruch der Einigungsstelle aufgebürdet wurden.

Nach § 87 I Nr. 4 BetrVG steht dem Betriebsrat lediglich im Hinblick auf *Zeit*, *Ort* und *Art* der Arbeitsentgelte ein Mitbestimmungsrecht zu. Ergänzende Regelungen sind nicht vorhanden. Insbesondere enthält die Vorschrift keine Regelungen darüber, wer die *Folgekosten* zu tragen hat, wenn die Betriebsparteien sich auf eine *Auszahlungsmodalität* hinsichtlich der Arbeitsentgelte geeinigt haben.

---

15 BAG DB 1977, S. 1464 ff.

16 BAG, a.a.O., S. 1464 ff.

Der Arbeitgeber hielt den Spruch der Einigungsstelle deshalb für unwirksam und begehrte die Feststellung der Nichtigkeit des betreffenden Beschlusses.[17]

Das BAG hat in seiner Entscheidung die Kostenregelung dem Mitbestimmungskatalog als dessen Bestandteil zugeordnet. Es begründet diese inhaltliche Bestimmung mit einem *engen Zusammenhang* zwischen der Frage der Art der Auszahlung des Arbeitsentgelts und den dann gegebenenfalls anfallenden Gebühren.[18] Wenn die bargeldlose Lohnzahlung üblich geworden sei, müsse sich das Mitbestimmungsrecht des Betriebsrates als sogenannte *„Annexregelung"* auch auf deren Kostentragung erstrecken. Allerdings könne dies nur so weit gelten, wie die Kosten *zwangsläufig* und für den Arbeitnehmer *unvermeidlich* gerade durch die Überweisung des Arbeitsentgeltes entstehen würden.[19] Das Recht zur Mitbestimmung beschränke sich demgemäß auf *eine* Gebühr für die Einrichtung und die Unterhaltung eines Kontos, auf *eine* Gebühr für die Überweisung des Arbeitsentgelts und auf *eine* Gebühr für die einmalige Abhebung des Arbeitsentgelts.[20]

Die Argumentation des BAG entbehrt einer dogmatischen Begründung. Sie ist offensichtlich an *Billigkeitsgesichtspunkten* ausgerichtet, die den dogmatischen Anforderungen nicht genügt. Die gerichtliche Entscheidung muss über die *Auslegung* und *Anwendung* des Gesetzes gefunden werden.[21] Allgemeine Erwägungen über „Gerechtigkeit" und „Billigkeit" der Fallentscheidung dürfen und können hierbei allenfalls sekundär berücksichtigt werden.[22]

Hieran ändert auch die Tatsache nichts, dass sowohl die gesetzesimmanente Rechtsfortbildung im Wege der Rechtsanalogie[23] als auch die gesetzesübersteigende Rechtsfortbildung[24] einen Rückgriff auf allgemeine Rechtsprinzipien sowie auf die „Natur der Sache" zulassen. Beide Formen der Rechtsfortbildung verlangen wegen ihrer Bedeutung für zukünftige Rechtsangelegenheiten eine sorgfältige Begründung. Insbesondere müssen künftige Fallentscheidungen, die

---

17 BAG, a.a.O., S. 1465.

18 BAG, a.a.O., S. 1465.

19 BAG, a.a.O., S. 1464 (1465).

20 BAG, a.a.O., S. 1464 (1465).

21 Larenz, Methodenlehre, S. 234; ders. in FS für E.R. Huber, S. 291 ff. Larenz/Canaris, Methodenlehre der Rechtswissenschaft, S. 55.

22 Larenz, Methodenlehre, S. 235-236, 348, 371; 428; Larenz/Canaris, Methodenlehre der Rechtswissenschaft, S. 56-57; Vgl. Pawlowski, Methodenlehre für Juristen, Rdnr. 183.

23 Larenz, Methodenlehre, S. 383; Larenz/Canaris, Methodenlehre der Rechtswissenschaft, S. 204.

24 Larenz, Methodenlehre., S. 413 ff; Larenz/Canaris, Methodenlehre der Rechtswissenschaft, S. 236 ff.

auf der Grundlage der Rechtsfortbildung ergehen, annähernd ebenso kalkulierbar sein wie eine gesetzliche Regelung.[25]

Das bedeutet, dass die Voraussetzungen der jeweiligen Rechtsfortbildung sorgfältig zu prüfen sind. Eine allgemeine „Billigkeit" und das Streben nach einer „Einzelfallgerechtigkeit" sind keine allgemeinen Rechtsprinzipien, die im Zuge der Auslegung Berücksichtigung finden könnten. Andernfalls würden Anwendungen des Gesetzes sowie der methodischen Grundsätze der Auslegung in das „Judiz" des einzelnen Richters gestellt. Hierbei wird nicht verkannt, dass Billigkeitserwägungen auch bei der Auslegung von Gesetzen zu berücksichtigen sind.[26] Es ist anerkannt, dass das *Streben nach einer gerechten Entscheidung* einen die Auslegung mitbestimmenden Faktor darstellt. Dem Gesetz kann die Tendenz unterstellt werden, gerechte Lösungen zu bewirken. Unter einer gerechten Fallentscheidung ist in der Praxis eine Entscheidung zu verstehen, die dem berechtigten Anliegen beider Parteien Rechnung trägt.[27] Allerdings ist es den Gerichten verwehrt, vorweggenommene Billigkeitsentscheidungen im Anschluss an ein so gewonnenes Ergebnis durch eine entsprechend zielorientierte Auslegung zu begründen. Die Rechtsfindung hat streng nach den hierzu entwickelten Kriterien zu erfolgen.[28]

Im Hinblick auf die Frage der Zugehörigkeit von Annexbedingungen zum Mitbestimmungskatalog des § 87 I BetrVG ist demzufolge zunächst zu prüfen, ob aus der Auslegung des Gesetzes eine Anwendbarkeit des § 87 I BetrVG auf Annexbedingungen folgt. Im Zuge dieser Auslegung können flankierend *„Billigkeitserwägungen"* zu berücksichtigen sein. Ihnen kann und darf jedoch ausschließlich eine *ergänzende*, nicht eine leitende Funktion beigemessen werden.[29]

An der Einschätzung, die Auffassung des BAG sei dogmatisch nicht hinreichend belegt, ändert auch die Tatsache nichts, dass das vom BAG verwendete Abgrenzungskriterium des „engen Zusammenhanges" eine Ähnlichkeit mit der in der Rechtsdogmatik zugelassenen Orientierung an der „Natur der Sache" aufweist. Demzufolge könnte das BAG im Rahmen seiner Argumentation also

---

25 Larenz, Methodenlehre, S. 428; vgl. Larenz/Canaris, Methodenlehre der Rechtswissenschaft, S. 187 ff.

26 Larenz, Methodenlehre, S. 428; vgl. Larenz/Canaris, Methodenlehre der Rechtswissenschaft, S. 187 ff.

27 Larenz, Methodenlehre, S. 348; Larenz/Canaris, Methodenlehre der Rechtswissenschaft, S. 168-169.

28 Larenz, Methodenlehre, S. 348; Larenz/Canaris, Methodenlehre der Rechtswissenschaft, S. 168-169.

29 Larenz, Methodenlehre, S. 348; Larenz/Canaris, Methodenlehre der Rechtswissenschaft, S. 168-169.

rechtsdogmatisch auf die gesetzesimmanente oder die gesetzesübergreifende Rechtsfortbildung zurückgegriffen haben.

Hiergegen spricht jedoch, dass es in keiner seiner dargestellten Entscheidungen einen auch nur marginalen Hinweis auf einen entsprechenden dogmatischen Ansatz gegeben hat. Wenn es eine gesetzesimmanente Rechtsfortbildung im Wege der Rechtsanalogie oder eine gesetzesübergreifende Rechtsfortbildung durchgeführt hätte, müsste dies in den Entscheidungen Niederschlag gefunden haben. Insoweit ist zu berücksichtigen, dass jede Art der Rechtsfortbildung vor dem Hintergrund des Art. 20 III GG *strengen* Anforderungen unterliegt, um künftige Entscheidungen kalkulierbar zu machen und einer *Willkürjustiz* vorzubeugen.[30] Das bedeutet, dass das entscheidende Gericht zumindest die Rechtfertigung des Rückgriffes auf konkrete Kriterien darlegen muss. Hieran fehlt es im Zusammenhang mit den Kriterien des „unmittelbaren" und „notwendigen" Zusammenhanges.

An der mangelnden Dogmatik der dargestellten Entscheidungen des BAG ändert ferner die Tatsache nichts, dass das Bundesverfassungsgericht im Zusammenhang mit der Verteilung der Gesetzgebungskompetenzen zwischen Bund und Ländern nach Art. 71 ff. GG unter anderem eine ungeschriebene Gesetzgebungskompetenz kraft Sachzusammenhang zugelassen hat. Erstmals vertrat das Bundesverfassungsgericht diese Auffassung im Baurechtsgutachten.[31] Es hat die Zuständigkeit kraft Sachzusammenhang daran geknüpft, dass eine dem Bund zugewiesene Materie verständlicherweise nicht geregelt werden könne, ohne dass zugleich eine nicht ausdrücklich zugewiesene Materie mit geregelt würde, wenn also ein Übergreifen in nicht ausdrücklich zugewiesene Materien unerlässliche Voraussetzung für die Regelung einer der Bundesgesetzgebung zugewiesenen Materie sei.[32] Auch insoweit fehlt aber jedweder Hinweis auf eine entsprechende Herleitung. Infolgedessen kann nicht davon ausgegangen werden, dass das BAG auf diesen dogmatischen Ansatz aus dem Verfassungsrecht zurückgegriffen hat. In keiner der Entscheidungen des BAG, in denen auf den unmittelbaren und zwingenden Zusammenhang abgestellt wird, lässt das Gericht wenigstens im Ansatz eine Anlehnung an die Rechtsprechung des Bundesverfassungsgerichts erkennen.

Auch der Hinweis des BAG, der Umfang des Mitbestimmungsrechts sei kongruent mit der einzelvertraglichen Rechtsposition des Arbeitnehmers[33],

30 Larenz, Methodenlehre, S. 369; Larenz/Canaris, Methodenlehre der Rechtswissenschaft, S. 189-190.

31 BVerfGE 29, S. 407 ff.

32 BVerfGE 29, S. 407 (421).

33 BAG a.a.O., S.1464 (1465).

überzeugt nicht. In diesem Zusammenhang verweist das Gericht auf die Vorschrift des § 270 I BGB a.F. Nach dieser Regelung habe der Schuldner Geld im Zweifel auf seine Gefahr und seine Kosten dem Gläubiger an dessen Wohnsitz zu übermitteln.

Diese offensichtlich *zufällige* Parallele ist keineswegs geeignet, der Auffassung des BAG ein dogmatisches Fundament zu geben. Insbesondere fehlt es an einer Allgemeingültigkeit des Argumentationsansatzes. Hieran ändert auch der Hinweis auf die Entscheidung vom 15.12.1976 zu dem Az. 4 AZR 531/75 nichts.[34] Dort hatte das BAG im Rahmen der Einführung der bargeldlosen Zahlung entschieden, dass der Arbeitgeber bei fehlender anderweitiger Regelung nach den §§ 269, 270 BGB die Kosten der Übermittlung der Vergütung zu tragen habe.[35] Unabhängig von einer entfernten Problemverwandtschaft enthält die Entscheidung jedoch keine weiteren Anhaltspunkte für die Argumentation des BAG im Zusammenhang mit Annexbedingungen.

Im Ergebnis ist festzuhalten, dass die Begründung des BAG ohne erkennbaren dogmatischen Ansatz und damit nicht tragfähig ist.[36]

2. Beschluss des BAG vom 31. August 1982 Az. 1 ABR 8/81[37]

Dem Beschluss des BAG vom 31. August 1982 zu dem Az. 1 ABR 8/81 lag ebenfalls ein Spruch einer Einigungsstelle zugrunde, mit dem diese den Arbeitgeber zur Zahlung der Kontoführungsgebühren nach Einführung bargeldloser Lohnzahlung verpflichtet hatte.[38] Wesentlicher Unterschied zu der oben wiedergegebenen Entscheidung des BAG vom 08.03.1977 war, dass die Tarifparteien bereits eine Regelung getroffen hatten, über deren Sperrwirkung im Zuge der Instanzen Meinungsverschiedenheiten bestanden.[39]

In dieser Entscheidung wiederholte das BAG seine Rechtsauffassung, wonach sich das Mitbestimmungsrecht des Betriebsrats auch auf die *Kostentragung* erstrecke, wenn diese als Annexregelungen *notwendig und unmittelbar* mit dem Mitbestimmungstatbestand zusammenhingen.[40] Insoweit bestätigte es mit dieser Entscheidung den bereits dargestellten Beschluss vom 8. März 1977 zu dem Az. 1 ABR 33/75.[41] Dass der streitgegenständliche Spruch der Einigungsstelle

34 BAG DB 1977, S. 679 ff.
35 BAG, a.a.O., S. 679.
36 Vgl. auch Posselt, Annexkompetenzen im Betriebsverfassungsrecht, S. 52 f.
37 BAGE 39, S. 351 ff.
38 BAGE 39, S. 351 ff.
39 Vgl. BAG, a.a.O., S. 351 ff.
40 BAG, a.a.O., S. 351 (354).
41 Vgl. Fn. 15.

gleichwohl für unwirksam erachtet wurde, beruhte auf der zuvor getroffenen Regelung zwischen den Tarifparteien, die das BAG, anders als das LAG, nicht als lückenhaft ansah.[42]

Vor dem Hintergrund des Hinweises auf die eigene Rechtsprechung im Beschluss vom 8. März 1977[43] kann die dogmatische Begründung gleichermaßen nicht genügen. Der Arbeitgeber hatte gegen die Entscheidung des BAG vom 31.08.1982 Verfassungsbeschwerde erhoben.[44] Im Wesentlichen berief er sich als Beschwerdeführer auf eine Verletzung der Grundrechte aus Art. 14 und 12 GG.[45] Im Hinblick auf die gerügte Verletzung des Grundrechts aus Art. 14 GG stellte das BVerfG fest, dass weder der Spruch der Einigungsstelle noch die den Spruch bestätigenden gerichtlichen Entscheidungen eine Grundrechtsverletzung darstellen würden.[46] Die zusätzlich vom Arbeitgeber zu tragenden Kosten vereitelten weder die Funktionsfähigkeit noch die wirtschaftliche Leistung des Unternehmens.[47] Die Umsetzung betriebsverfassungsrechtlicher Mitbestimmungs- und Beteiligungsrechte sei nicht kostenlos.[48] Die im Rahmen des Betriebsverfassungsrechts zulässige Auferlegung von Geldleistungspflichten lasse deshalb die Eigentumsgarantie unberührt.[49] Auch ein unzulässiger Eingriff in Art. 12 GG wird mit dem Hinweis verneint, dass eine betriebseinheitliche Regelung der Entgeltauszahlung unter Belastung des Arbeitgebers mit einer Kontoführungsgebühr nicht den Freiraum des Unternehmens und Arbeitgebers verletze.

Das BVerfG hat die Entscheidung des BAG mithin für *verfassungskonform* erklärt. Ihr sind jedoch keinerlei Angaben über die dogmatische Begründung der Annexbedingungen zu entnehmen. Ihre dogmatische Existenz wird unterstellt. Eine Verletzung spezifischen Verfassungsrechts wird verneint. Insgesamt sind daher der Entscheidung des BVerfG keine Anhaltspunkte zu entnehmen, die Aufschluss über die dogmatische Begründung geben könnten. Hierüber hatte das BVerfG letztlich auch nicht zu befinden.

---

42 BAGE 39, S. 351 (354/355).

43 Vgl. Fn. 15.

44 BVerfG DB 1987, S. 2361 f.

45 BVerfG DB 1987, S: 2361.

46 BVerfG DB 1987, S. 2361.

47 BVerfG DB 1987, S. 2361.

48 BVerfG DB 1987, S. 2361.

49 BVerfG DB 1987, S. 2361.

3. Urteil des BAG vom 1.12.1992 Az. 1 AZR 260/92[50]

In dem Verfahren zu dem Az. 1 AZR 260/92 hatte das BAG über die Wirksamkeit einer Betriebsvereinbarung zu entscheiden, durch die den Arbeitnehmern eine Kostenbeteiligung für die Bereitstellung einer *vornehmlich* im Interesse des Arbeitgebers liegenden einheitlichen Arbeitskleidung auferlegt wurde.[51]

Das BAG erkennt beanstandungslos an, dass die Einführung einheitlicher Arbeitskleidung dem Mitbestimmungstatbestand des § 87 I Nr. 1 BetrVG unterliegt. Danach seien Fragen der Ordnung des Betriebes und des Verhaltens der Arbeitnehmer im Betrieb mitbestimmungspflichtig. Nach den zutreffenden Feststellungen der Vorinstanz betreffe die Kleiderordnung eine Frage der Ordnung des Betriebes, weil hierdurch bestimmt würde, in welcher Art und Weise die Arbeitnehmer ihre Arbeiten zu verrichten hätten.[52]

Die Betriebspartner seien jedenfalls nicht durch den Mitbestimmungskatalog des § 87 I BetrVG ermächtigt gewesen, eine Beteiligung der Arbeitnehmer an den Kosten der vom Arbeitgeber bereitgestellten Arbeitskleidung zu vereinbaren.[53]

Das BAG begründet seine Auffassung im Wesentlichen damit, dass die Regelungskompetenz der Betriebspartner durch den Mitbestimmungstatbestand selbst begrenzt sei. Nach dem Wortlaut der Vorschrift würden nur *Fragen der betrieblichen Ordnung des Betriebes* und des *Verhaltens der Arbeitnehmer im Betrieb* der Mitbestimmung unterliegen. Ausschließlich bezüglich dieser Angelegenheiten stehe dem Betriebsrat folglich ein Mitbestimmungsrecht zu. Dagegen enthalte das Gesetz keine Regelung darüber, welche der Betriebsparteien anlässlich einer Regelung nach § 87 I Nr. 1 BetrVG die im Zusammenhang damit anfallenden Kosten zu tragen habe. Kostentragungspflichtig sei vielmehr derjenige, in dessen Sphäre die Kosten anfielen.[54]

Die Regelung der Kostenbeteiligung der Arbeitnehmer stelle auch keine zulässige *Annexregelung* zu der nach § 87 I Nr. 1 BetrVG mitbestimmungspflichtigen Einführung von Arbeitskleidung dar.[55] Eine Berücksichtigung der Entscheidung des BAG vom 8.3.1977 zu dem Az. 1 ABR 33/79[56] führe zu keinem anderslautenden Ergebnis.[57]

---

50 BAG AP Nr. 20 zu § 87 BetrVG 1972 (Ordnung des Betriebes), Bl. 1 ff.
51 BAG AP Nr. 20 zu § 87 BetrVG 1972 (Ordnung des Betriebes), Bl. 1 ff.
52 BAG AP Nr. 20 zu § 87 BetrVG 1972 (Ordnung des Betriebes), Bl. 1 R.
53 BAG AP Nr. 20 zu § 87 BetrVG 1972 (Ordnung des Betriebes), Bl. 2 R.
54 BAG AP Nr. 20 zu § 87 BetrVG 1972 (Ordnung des Betriebes), Bl. 2 R.
55 BAG AP Nr. 20 zu § 87 BetrVG 1972 (Ordnung des Betriebes), Bl. 2 R.
56 BAG DB 1977, S. 1464 ff.
57 BAG AP Nr. 20 zu § 87 BetrVG 1972 (Ordnung des Betriebes), Bl. 2 R.

Das BAG hält nämlich in seiner Begründung die Übernahme der Kontoführungsgebühren für unvergleichbar mit der Beteiligung der Arbeitnehmer an einer einheitlichen Arbeitskleidung. Der Unterschied liege darin, dass es im Falle der Kostenbeteiligung für die Arbeitskleidung an dem *unmittelbaren* und *zwingenden* Zusammenhang fehle.[58] Die unmittelbare und zwingende Wirkung im Fall der Kontoführungsgebühren beruhe vornehmlich darauf, dass der Arbeitgeber nach § 270 I BGB verpflichtet sei, dem Arbeitnehmer den Lohn auf seine Kosten zu übermitteln. Bei fehlender anderweitiger Vereinbarung habe der Arbeitgeber daher dem Arbeitnehmer die durch die Einführung der bargeldlosen Zahlung entstehenden Kosten zu erstatten. Dieser unmittelbare Zusammenhang zwischen Lohnzahlung und Erstattungspflicht rechtfertige ein Mitbestimmungsrecht bei der Regelung der Übernahme der entstehenden Kosten.[59]

Das BAG verwendet in dieser Entscheidung dieselben Abgrenzungskriterien für die Zugehörigkeit von Annexbedingungen zum Mitbestimmungskatalog wie im Fall der Übernahme der Kontoführungsgebühren. Infolgedessen muss auch hier gelten, dass die Begründung des BAG dogmatisch nicht hinreichend begründet ist und sich vornehmlich an Billigkeitsgesichtspunkten orientiert.[60]

Im Übrigen hat das BAG die Zulässigkeit des Abschlusses einer freiwilligen Betriebsvereinbarung mit dem Hinweis auf das Günstigkeitsprinzip verneint.[61] Durch die Vereinbarung würde belastend in die Individualrechte des Arbeitnehmers eingegriffen. Dies führe zur Unwirksamkeit der betreffenden Betriebsvereinbarung.[62]

Ferner handele es sich, so das BAG, bei der betreffenden Regelung um eine unzulässige Lohnverwendungsbestimmung.[63] Die Regelung greife in die Freiheit der Arbeitnehmer ein, nach Belieben über ihren Lohn zu verfügen.[64] Etwas anderes gelte im Zusammenhang mit der Beteiligung der Arbeitnehmer an Kosten für Arbeitskleidung, wenn die Nutzung auch im privaten Bereich ermöglicht würde und die Arbeitnehmer dies wünschten.

---

58 BAG AP Nr. 20 zu § 87 BetrVG 1972 (Ordnung des Betriebes), Bl. 2 R.

59 BAG AP Nr. 20 zu § 87 BetrVG 1972 (Ordnung des Betriebes), Bl. 2 R.

60 Vgl. o. S. 9 f.

61 BAG AP Nr. 20 zu § 87 BetrVG 1972 (Ordnung des Betriebes), Bl. 3 R.

62 BAG AP Nr. 20 zu § 87 BetrVG 1972 (Ordnung des Betriebes), Bl. 3 R.

63 BAG AP Nr. 20 zu § 87 BetrVG 1972 (Ordnung des Betriebes), Bl. 3 R.

64 BAG AP Nr. 20 zu § 87 BetrVG 1972 (Ordnung des Betriebes), Bl. 3 R.

4. Urteil des BAG vom 11.07.2000 Az. 1 AZR 551/99[65]

In einer neueren Entscheidung hatte sich das BAG mit der Frage zu befassen, ob Arbeitnehmer durch Betriebsvereinbarung verpflichtet werden können, die Kosten für Kantinenessen auch dann zu tragen, wenn sie es nicht in Anspruch nähmen.[66] Anlass des höchstrichterlich entschiedenen Rechtsstreits war eine Betriebsvereinbarung, nach der *jeder* Mitarbeiter an der Vollverpflegung teilnahm und die entsprechenden Kosten unabhängig davon zu tragen hatte, ob das Essen tatsächlich in Anspruch genommen wurde.[67]

Das BAG hielt die betreffende Regelung der Betriebspartner für unwirksam. Es wies darauf hin, dass dem für die Gesamtregelung für einschlägig befundenen Mitbestimmungstatbestand des § 87 I Nr. 1 BetrVG keine ausdrückliche Regelung zu entnehmen sei, wer die durch die einzelnen Maßnahmen verursachten Kosten zu tragen habe. Sie seien vielmehr von derjenigen Partei zu übernehmen, in dessen *Sphäre* sie anfielen. Verursache die Regelung eines mitbestimmungspflichtigen Tatbestandes zusätzliche betriebliche Kosten, habe diese grundsätzlich der Arbeitgeber zu tragen. Zur Bestätigung seiner Ansicht beruft sich das BAG nicht zuletzt auf die oben dargelegte Entscheidung zur Arbeitskleidung.[68]

Das BAG betont, dass insbesondere auch eine *Annexkompetenz* zu der mitbestimmungspflichtigen Änderung der Nutzungsbedingungen der Kantine ausscheide. Die Ausgestaltung der Kantinenbenutzung sei nicht zwingend mit der Kostenbeteiligung der Arbeitnehmer verbunden, die das Kantinenessen nicht in Anspruch nähmen. Die Betriebspartner könnten die Kantinenbenutzung regeln, ohne diesen Mitarbeitern Kosten aufzuerlegen. Die Arbeitnehmer, die das Kantinenessen nicht in Anspruch nähmen, träfe weder eine gesetzliche noch eine arbeitsvertragliche Pflicht, zu den Kosten beizutragen.[69]

Auch im Zusammenhang mit der Übernahme der Kosten des Kantinenessens vertritt das Gericht die Auffassung, dass die Arbeitnehmer nicht durch eine freiwillige Betriebsvereinbarung zu einer Beteiligung an den Kosten herangezogen werden könnten, da eine solche Vereinbarung gegen das *Günstigkeitsprinzip* verstoße. Insoweit entspricht die Argumentation ebenfalls derjenigen in der oben dargelegten Entscheidung über die Kostenbeteiligung der Arbeitnehmer an einer einheitlichen Arbeitskleidung.[70]

---

65 BAG NZA 2001, S. 462 ff.

66 BAG NZA 2001, S. 462 ff.

67 BAG NZA 2001, S. 462.

68 BAG NZA 2001, S. 462 (463).

69 BAG NZA 2001, S. 462 (464).

70 Vgl. o. S. 28 ff.

Das BAG greift in seiner Entscheidung erneut auf die Begründungen zu der Übernahme der Kontoführungsgebühren sowie die einheitliche Arbeitskleidung zurück. Infolgedessen ist auch im Zusammenhang mit dieser Entscheidung die Begründung des BAG dogmatisch nicht fundamentiert.

5. Beschluss des BAG vom 6.12.1983 zu dem Az. 1 ABR 43/81[71]

Gegenstand des dem Beschluss des BAG vom 6.12.1983 zu dem Az. 1 ABR 43/91 zugrundeliegenden Verfahrens war unter anderem das Begehren eines Gesamtbetriebsrates, eine Regelung zu erzwingen, durch die ihm anlässlich der Einführung von Bildschirmarbeitsplätzen Auskunfts-, Überwachungs- und Kontrollrechte eingeräumt würden.[72] Namentlich forderte er eine Regelung, mit der Informations- und Unterrichtungspflichten des Arbeitgebers im Zusammenhang mit Bildschirmarbeitsplätzen festgelegt würden. Zudem sollte sie die Einrichtung einer Überwachungskommission vorschreiben, der Überwachungsaufgaben und das Recht zustehen sollte, Verbesserungsvorschläge zu machen, die für den Arbeitgeber verbindlich sein sollten.[73]

Das BAG hat einen entsprechenden Anspruch des Gesamtbetriebsrates auch unter dem Gesichtspunkt der *Annexkompetenz* abgelehnt.[74] Unter ausdrücklichem Hinweis auf die bis dahin zur Annexkompetenz ergangene Rechtsprechung verneinte es einen unmittelbaren und notwendigen Zusammenhang zwischen einer Regelung über Informations- und Unterrichtungspflichten und der Einführung von Bildschirmarbeitsplätzen.[75]

Mit absoluter Selbstverständlichkeit erstreckt das BAG in dieser Entscheidung seine bisherige Rechtsprechung auch auf den Bereich der *formellen* Annexbedingungen. Der unmittelbare Zugriff hierauf belegt jedoch zugleich, dass eine dogmatische Begründung für die Behandlung von Annexbedingungen nicht nachgeholt wird.

6. Beschluss des BAG vom 2.4.1996 zu dem Az. 1 ABR 47/95[76]

In einem weiteren Beschlussverfahren zu dem Az. 1 ABR 47/95 hatte das BAG unter anderem über ein Initiativrecht des Betriebsrates betreffend der Einfüh-

71 BAG AP Nr. 7 zu § 87 BetrVG 1972 Überwachung.
72 BAG AP Nr. 7 zu § 87 BetrVG 1972 Überwachung.
73 BAG AP Nr. 7 zu § 87 BetrVG 1972 Überwachung, Bl. 21.
74 BAG AP Nr. 7 zu § 87 BetrVG 1972 Überwachung, Bl. 21 R.
75 BAG AP Nr. 7 zu § 87 BetrVG 1972 Überwachung, Bl. 21 R.
76 BAG AP Nr. 7 zu § 87 BetrVG 1972 Überwachung.

rung eines vom Arbeitgeber zu führenden Bestandsverzeichnisses über Bildschirmarbeitsplätze zu entscheiden.[77]

Der Gesamtbetriebsrat hatte sich darauf berufen, er sei zur Durchführung seiner Aufgaben im Zusammenhang mit der Bildschirmarbeit notwendigerweise auf entsprechende Informationen des Arbeitgebers angewiesen.[78]

Das BAG hat ein auf die Einführung eines solchen Bestandsverzeichnisses gerichtetes Recht insbesondere mit dem Argument abgelehnt, die Führung eines entsprechenden Verzeichnisses sei nicht *notwendiger Gegenstand* einer Regelung über die Einführung technischer Überwachungseinrichtungen.[79]

Ohne es ausdrücklich zu erwähnen, führt das BAG offensichtlich in diesem Zusammenhang seine Rechtsprechung zu den Annexbedingungen fort.

Die zugrunde liegende Entscheidung belegt, dass die Rechtsprechung des BAG zu Annexbedingungen sich entgegen der insoweit verwendeten Terminologie nicht ausschließlich auf materielle, sondern gleichermaßen auf formelle Annexbedingungen erstreckt. Unabhängig davon allerdings werden dogmatische Argumente für den Komplex der Annexbedingungen auch in dieser Entscheidung nicht geliefert.

7. Beschluss des Landesarbeitsgerichts Düsseldorf/Köln vom 27. Februar 1975 zu dem Az. 16 TA BV 113/74[80]

Von besonderem Interesse ist die Entscheidung des LAG Düsseldorf/Köln vom 27. Februar 1975 zu dem Az. 16 TA BV 113/74. Es hatte als Vorinstanz zu der späteren Entscheidung des BAG über die Frage der Kostenverteilung bei der Einführung bargeldloser Lohnzahlung zu entscheiden. Entgegen späterer Auffassung des BAG hatte das LAG unter Aufhebung der erstinstanzlichen Entscheidung die Unwirksamkeit des Beschlusses der Einigungsstelle festgestellt.[81] Es begründete den Beschluss damit, dass die Einigungsstelle mit der Zuweisung der Übernahme der Gebühren an den Arbeitgeber ihre *Regelungsbefugnisse* überschritten habe.[82] Eine *erweiternde* Auslegung des Mitbestimmungskataloges komme nicht in Betracht. Die im Vergleich zum BetrVG 1952 erweiterte Fassung des § 87 I Nr. 4 BetrVG spreche vielmehr dafür, dass der Gesetzgeber die im Geltungsbereich des BetrVG 1952 in Rechtsprechung und Literatur gegen

77 BAG AP Nr. 7 zu § 87 BetrVG 1972 Überwachung, S. 1 ff.

78 BAG AP Nr. 7 zu § 87 BetrVG 1972 Überwachung, S. 18.

79 BAG AP Nr. 7 zu § 87 BetrVG 1972 Überwachung, S. 18.

80 LAG Düsseldorf/Köln, EzA § 87 zu BetrVG 1972, Lohn und Arbeitsentgelt Nr. 1.

81 LAG Düsseldorf/Köln, EzA § 87 zu BetrVG 1972, Lohn und Arbeitsentgelt Nr. 1, S. 1 ff.

82 LAG Düsseldorf/Köln, EzA § 87 zu BetrVG 1972, Lohn und Arbeitsentgelt Nr. 1, S. 5.

den Übergang von der Barauszahlung zur bargeldlosen Zahlung bestehenden Bedenken beseitigen wollte.[83] Wenn er die Übernahme der Kontoführungsgebühren nicht geregelt habe, sei die Einigungsstelle zu einer Korrektur des Gesetzes nicht befugt.[84]

Im Ergebnis stellte das LAG Düsseldorf/Köln demzufolge fest, dass *Annexbedingungen* nicht vom Mitbestimmungskatalog des § 87 I BetrVG umfasst seien.

Anders als das BAG hat das LAG versucht, im Ansatz eine an dogmatischen Grundsätzen ausgerichtete Begründung zu liefern. Jedoch genügt die Feststellung nicht, die im Vergleich zum BetrVG 1952 erweiterte Fassung des § 87 I Nr. 4 BetrVG spreche dafür, Annexregelungen seien nicht vom Tatbestand umfasst. Diese Argumentation beschränkt sich ausschließlich darauf, die *Normvorstellungen* des Gesetzgebers zu berücksichtigen. Unabhängig davon, dass es sich um *eines* von mehreren gleichrangigen Auslegungskriterien handelt[85], kann die Argumentation vor allem deshalb nicht überzeugen, weil über die diesbezügliche Regelungsabsicht des Gesetzgebers keine hinreichenden Informationen vorliegen. Das LAG hätte demzufolge zumindest die weiteren Auslegungskriterien prüfen müssen, um die *allenfalls* schwache Indikation der sich aus der Erweiterung des Wortlautes ergebenden Regelungsabsicht des Gesetzgebers zu verifizieren. Dies gilt auch deshalb, weil an der Richtigkeit des Ergebnisses der Auslegung erhebliche Zweifel bestehen. Ausschlaggebend dafür ist, dass allein die Erweiterung des Wortlautes der Vorschrift des § 87 I Nr. 4 BetrVG insbesondere dann wenig bedeutungsvoll erscheint, wenn dessen Abänderung als Reaktion des Gesetzgebers auf *andere* Auslegungsfragen gewertet wird.[86] Nach Auffassung des LAG sollten nämlich durch die Abänderung des Wortlautes lediglich die *allgemeinen* Bedenken gegen den Übergang von der Barauszahlung zur bargeldlosen Lohnzahlung beseitigt werden.[87] Eine weitergehende Bedeutung kann der Erweiterung des Wortlautes weder für noch gegen die Zugehörigkeit von Annexbedingungen zum Mitbestimmungskatalog entnommen werden.

Im Ergebnis ist festzuhalten, dass die Begründung des LAG daher nicht in dem notwendigen Maße zu überzeugen vermag.

---

83 LAG Düsseldorf/Köln, EzA § 87 zu BetrVG 1972, Lohn und Arbeitsentgelt Nr. 1, S. 5/6.

84 LAG Düsseldorf/Köln, EzA § 87 zu BetrVG 1972, Lohn und Arbeitsentgelt Nr. 1, S. 5/6.

85 Vgl. Larenz, Methodenlehre, S. 328 ff.

86 Vgl. LAG Düsseldorf/Köln, a.a.O., S. 5-6.

87 LAG Düsseldorf/Köln,. EzA § 87 zu BetrVG 1972, Lohn und Arbeitsentgelt Nr. 1, S. 5-6.

8. Beschluss des LAG Düsseldorf vom 20.8.1973 Az. 10 Ta BV 46/73[88]

Das LAG Düsseldorf hat in einem Beschluss vom 20.8.1973 zu dem Az. 10 Ta BV 46/73 die Zugehörigkeit von Annexbedingungen zum Mitbestimmungstatbestand des § 87 I Nr.4 BetrVG ohne größeren Begründungsaufwand bejaht.[89] Das Gesetz ordne den Lohnzahlungsvorgang *generell* zu, so dass auch die mit der bargeldlosen Lohnzahlung verbundenen Kosten in den Mitbestimmungstatbestand einbezogen seien. Jede anderweitige Betrachtung würde dem durch den Fortschritt bedingten Wandel nicht mehr gerecht.[90]

Es ist offensichtlich, dass das LAG eine dogmatisch ausgerichtete Begründung nicht liefert. Der Hinweis auf die *Unbilligkeit*" einer anderweitigen Entscheidung vermag die notwendige Erläuterung der Auffassung nicht zu ersetzen.

9. Lösung der Beispielsfälle unter Berücksichtigung der Ansichten der Rechtsprechung

a) Berücksichtigung der Rechtsprechung des BAG

Nach der Rechtsprechung des BAG hat die Einigungsstelle im Beispielsfall I ihre Kompetenzen überschritten. Die Modalitäten der Überstundenabgeltung sind nicht notwendig und unmittelbar mit dem Mitbestimmungstatbestand des § 87 I Nr. 3 BetrVG verbunden.

In Beispielsfall II hat die Einigungsstelle dagegen innerhalb ihrer Kompetenz gehandelt. Die Regelung über die Auszahlung des Gehaltes im Ausland als mitbestimmungspflichtige Angelegenheit i.S.d. § 87 I Nr. 4 BetrVG setzt notwendig eine Regelung über die Kosten der Einrichtung und der Unterhaltung voraus.

Im Beispielsfall III ist die Erstattung von Benzinkosten für die Fahrten der betreffenden Arbeitnehmerinnen nicht notwendig mit der Vereinbarung über die Abholung der zu verarbeitenden Platinen verbunden. Infolgedessen war unter Berücksichtigung der Rechtsprechung des BAG die Einigungsstelle nicht berechtigt, eine Regelung über die Erstattung der Fahrtkosten zu treffen.

---

88 LAG Düsseldorf BB 1974, S. 556.

89 LAG Düsseldorf BB 1974, S. 556.

90 LAG Düsseldorf BB 1974, S. 556..

b) Berücksichtigung der Rechtsprechung der Landesarbeitsgerichte

Nach der Entscheidung des LAG Düsseldorf/Köln vom 27. Februar 1975[91] umfasst der Mitbestimmungskatalog des § 87 I BetrVG keine Annexbedingungen. Demzufolge waren weder die Einigungsstelle noch die Betriebspartner in den Beispielsfällen zur Regelung der Annexbedingungen berechtigt.

Auf der Grundlage der Entscheidung des LAG Düsseldorf vom 20.8.1973 kann eine Beurteilung der Beispielsfälle nicht erfolgen, da nicht einmal ansatzweise wenigstens Tendenzen einer Begründung dargestellt werden.

II. Die Ansichten in der Literatur

Auch innerhalb der Literatur wird die Zugehörigkeit der Annexbedingungen zum Mitbestimmungskatalog des § 87 I BetrVG unterschiedlich beurteilt.

1. Befürworter der Zugehörigkeit von Annexbedingungen zum Mitbestimmungskatalog

Ein Teil der Literatur befürwortet die Rechtsprechung des BAG zu den Annexregelungen.

a) Auffassung von Wiedemann und Moll[92]

Wiedemann und Moll[93] befassen sich anlässlich des Beschlusses des BAG[94] vom 08.03.1977 zur Übernahme der Kontoführungsgebühren mit der *Annexkompetenz.*

Nach ihrer Ansicht liegt die Wurzel der Begründung der Zuständigkeit des Betriebsrats im Staatsrecht.[95] Unstrittig sei dort eine Kompetenz kraft Sachzusammenhangs gegeben, wenn eine dem Bund zugewiesene Materie vernünftigerweise nicht geregelt werden könne, ohne dass zugleich eine andere Materie geregelt würde, die nicht ausdrücklich im Kompetenzkatalog enthalten sei.[96] Die *Annexkompetenz* stelle eine besondere Form der Kompetenzverteilung dar. Eine dem Bund nicht zugewiesene Materie stehe in einem derart engen Zusammen-

91 Vgl. S. 23 ff.

92 Wiedemann/Moll, Anm. zu BAG AP Nr. 1 zu § 87 BetrVG 1972.

93 Wiedemann/Moll, Anm. zu BAG AP Nr. 1 zu § 87 BetrVG 1972., Bl. 1 ff.

94 S.o. S. 22 ff.

95 Wiedemann/Moll, Anm. zu BAG AP Nr. 1 zu § 87 BetrVG 1972, Bl. 5.

96 Wiedemann/Moll, Anm. zu BAG AP Nr. 1 zu § 87 BetrVG 1972, Bl. 5.

hang zu einer Bundeskompetenz, dass eine isolierte Regelung nicht oder jedenfalls unter rationalen Erwägungen nicht möglich sei.[97]

Wiedemann/Moll übertragen dieses *„Zuweisungsprinzip"* auf den Katalog des § 87 BetrVG. Allerdings komme ein unmodifizierter Transfer nicht in Betracht. Insoweit wird auf den abschließenden Charakter des Kataloges in § 87 I BetrVG verwiesen. Es bestehe die Gefahr der *uferlosen* Ausweitung des Enumerationsprinzips.[98]

Deshalb sei eine restriktive Anwendung, wie auch vom BAG gefordert, notwendig. Es könne nicht jeder einfache Sachzusammenhang genügen, um eine Kompetenzzuweisung an die Betriebspartner zu begründen. Eine Erweiterung des Mitbestimmungskataloges komme nur dann in Betracht, wenn die im Gesetz ausgewiesene Materie *notwendigerweise* die Entscheidung über eine andere Materie beinhalte.[99]

Im Fall der Überwälzung der Kontoführungsgebühren wird der kompetenzbegründende Umstand damit erklärt, dass eine Nichtregelung der Materie durch die Betriebspartner nicht etwa zu einem *regelungsfreien* Raum führe. Vielmehr gelte dann eine Regelung mit dem Inhalt, dass die Arbeitnehmer die Kosten für die Kontoführung zu tragen hätten. Unter diesem Gesichtspunkt würde also nicht eine neue Materie geregelt, sondern es würde über einen bereits *geregelten* Gegenstand in der Sache *abweichend* entschieden. Das bedeute, dass in jedem Fall, auch ohne Regelung zwischen den Betriebspartnern, im Falle der Kosten für Kontoführung eine Regelung eingreife. Wenn aber im Rahmen der Mitbestimmung über die Art der Entgeltzahlung *in jedem Fall* und *notwendigerweise* über die Kostentragung entschieden würde, gehöre zur Art der Entgeltauszahlung auch der positive Ausspruch über die Kostentragung.[100]

Wiedemann und Moll begründen als Befürworter der Zugehörigkeit von Annexbedingungen zum Mitbestimmungskatalog ihre Auffassung zumindest ansatzweise dogmatisch. Sie verweisen auf das Verfassungsrecht, im Rahmen dessen in Art. 71 ff. GG eine Gesetzgebungszuständigkeit *„kraft Natur der Sache"* und *„kraft Sachzusammenhanges"* begründet werden kann.

Obwohl die Begründung dogmatisch ausgerichtet ist, mangelt es ihr an einer entsprechenden konkreten Grundlage. Es ist im Zuge der Auseinandersetzung mit der Rechtsprechung des BAG dargestellt worden, dass unter bestimmten Voraussetzungen ein Rückgriff auf die im Verfassungsrecht bei der Verteilung der Gesetzgebungszuständigkeiten verwendeten Prinzipien in Betracht gezogen

97 Wiedemann/Moll, Anm. zu BAG AP Nr. 1 zu § 87 BetrVG 1972, Bl. 5.
98 Wiedemann/Moll, Anm. zu BAG AP Nr. 1 zu § 87 BetrVG 1972, Bl. 6.
99 Wiedemann/Moll, Anm. zu BAG AP Nr. 1 zu § 87 BetrVG 1972, Bl. 6.
100 Wiedemann/Moll, Anm. zu BAG AP Nr. 1 zu § 87 BetrVG 1972, Bl. 6.

werden kann. Allerdings kann dies nicht ohne rechtsdogmatische Einordnung dieser Prinzipien geschehen. Der *bezugslose* Hinweis, im Verfassungsrecht würde *„entsprechend"* verfahren, vermag keine hinreichende dogmatische Grundlage zu schaffen.

Diese kann infolge der *Inanspruchnahme eines Rechtsprinzips* aus dem Verfassungsrecht ausschließlich auf eine gesetzesübersteigende *Rechtsfortbildung* zurückgeführt werden. Deren Wesen liegt darin, dass sie zwar eine Erweiterung des Gesetzes durch richterliche Rechtsfortbildung zulässt, aber vor dem Hintergrund der Gewaltenteilung außerordentlich restriktiv anzuwenden ist.[101]

Voraussetzung ist die Feststellung einer Lücke i.w.S. Eine solche liegt nur vor, wenn das Fehlen einer rechtlichen Regelung nicht schon am Plan des Gesetzgebers selbst, wohl aber gemessen an den *Erfordernissen* der Gesamtrechtsordnung als behebungsbedürftige Unvollständigkeit erscheint.[102] Daraus folgt zum einen, dass es sich bei der Rechtsfortbildung nicht um ein *contra legem-Judizieren* handeln darf. Zum anderen muss die Rechtsfortbildung durch allgemeine Rechtsprinzipien legitimiert werden. In diesem Zusammenhang genügt nicht der bloße Rückgriff auf ein solches Rechtsprinzip. Notwendig ist, dass die Unvollständigkeit des Gesetzes *positiv begründet* wird.[103] Dies setzt voraus, dass die ausfüllungsbedürftige Unvollständigkeit mit rechtlichen Argumenten darzutun ist.[104] Eine entsprechende Begründung bieten Wiedemann/Moll nicht an.

Infolgedessen genügen auch diese Ausführungen den dogmatischen Anforderungen nicht. Ein verantwortungsvoller Umgang der Gerichte mit der gesetzesübersteigenden Rechtsfortbildung ist unbedingte Voraussetzung zur Verhinderung einer Willkürjustiz.

Unter Zugrundelegung der Auffassung von Wiedemann/Moll war die Einigungsstelle im Beispielsfall I nicht autorisiert, eine Regelung über die Optionen zur Abgeltung von Überstunden zu treffen. Eine solche Regelung ist nicht notwendig mit dem Mitbestimmungstatbestand des § 87 I Nr. 3 BetrVG verbunden.

Im Beispielsfall II konnte die Einigungsstelle eine Regelung über die für die Einrichtung der Konten erforderlichen Kosten treffen, da die Kostenregelung notwendig mit dem Mitbestimmungstatbestand des § 87 I Nr. 4 BetrVG verbunden ist.

---

101 Larenz, Methodenlehre, S. 413; Larenz/Canaris, Methodenlehre der Rechtswissenschaft, S. 232-233.

102 Larenz, Methodenlehre, S. 413-414; Larenz/Canaris, Methodenlehre der Rechtswissenschaft, S. 232-233.

103 BVerfG, NJW 1992, S. 1219; BVerfGE 87, S. 280; Larenz, Methodenlehre, S. 413-414; Larenz/Canaris, Methodenlehre der Rechtswissenschaft, S. 232-233.

104 Larenz, Methodenlehre, S. 413-414; Larenz/Canaris, Methodenlehre der Rechtswissenschaft, S. 232-233.

Im Beispielsfall III wären die Benzinkosten von den Heimarbeiterinnen zu tragen gewesen, wenn keine anderweitige Regelung getroffen worden wäre, so dass die Einigungsstelle nach Wiedemann/Moll berechtigt gewesen ist, eine Kostenregelung zu treffen.

b) Auffassung von Hanau und Hanau/Reitze[105]

Hanau hat sich bereits frühzeitig mit dem Problem der Mitbestimmung über Annexbedingungen befasst.[106] Ihm kommt insbesondere das Verdienst zu, die bislang nur oberflächlich abgehandelte Materie immer wieder erneut zur Diskussion gestellt zu haben.

Hanau begründete seine Auffassung zunächst damit, es spreche eine Vermutung dafür, dass sachlich zusammengehörige Materien auch sinnvollerweise gemeinsam zu regeln seien.[107] Später erweiterte er die Begründung in der Festschrift für Wiese gemeinsam mit Reitze durch den Hinweis auf die Parallele zur Kompetenzverteilung im *Staatsorganisationsrecht.* Dort, wo materielle Fragen untrennbar mit dem Mitbestimmungstatbestand verbunden seien, müßten sie zwingend der Mitbestimmung unterworfen werden.[108] Nur so könne die Materie insgesamt einer sachgerechten und ausgewogenen Lösung zugeführt werden.[109] Eine Abspaltung von mit dem Mitbestimmungstatbestand untrennbar verbundenen Materien wäre sinnwidrig.[110]

Das Defizit der Abhandlung von Hanau/Reitze liegt darin, dass sich die Verfasser darauf beschränken, den Hinweis auf die Verteilung der Gesetzgebungszuständigkeiten im Verfassungsrecht ohne jedweden dogmatischen Zusammenhang darzustellen. Die Besonderheiten der gesetzesübersteigenden Auslegung[111] bleiben auch bei Hanau/Reitze unberücksichtigt.

Wird die Auffassung von Hanau/Reitze auf die Beispielsfälle angewandt, ergibt sich ein Lösungsprofil, welches dem unter Anwendung der Rechtsprechung entspricht.

---

105 Hanau, RdA 1973, S. 281 (283).

106 Hanau, RdA 1973, S. 281 (283).

107 Hanau, RdA 1973, S. 281 (283); Hanau/Reitze, S. 149 ff. (151-152).

108 Hanau/Reitze, FS für Wiese, S. 152.

109 Hanau/Reitze, FS für Wiese, S. 152.

110 Hanau/Reitze, FS für Wiese, S. 152.

111 S.o. S. 37 f.

c) Auffassung von Reuter[112]

Reuter vertritt gleichermaßen die Auffassung, dass die im Mitbestimmungskatalog geregelten formellen Angelegenheiten auch solche Annexregelungen einschließen würden, ohne die diese sinnvoll nicht gestaltet werden könnten.[113] Dieses allgemeine Prinzip lasse sich aus § 87 I Nr. 3 und Nr. 11 BetrVG ableiten. Im Übrigen verweist er zur näheren Begründung auf die „grundlegende Darstellung" von Hanau[114].[115] Auch Reuter verzichtet mit diesem Hinweis auf eine dogmatische Begründung seiner Auffassung.

Die Auffassung von Reuter zugrundegelegt entspricht die Lösung der Beispielsfälle ebenfalls den Lösungen des BAG. Denn die unter der Bedingung des „sinnvollen Zusammenhanges" vorgenommene Zulassung von Annexbedingungen gleicht bei verständiger Würdigung dem von der Rechtsprechung des BAG geforderten notwendigen Zusammenhanges.

d) Auffassung von Gester und Isenhardt[116]

Auch Gester und Isenhardt sind Befürworter der *Lehre von den Annexbedingungen.*[117]

Im Ansatz gehen sie davon aus, dass die Unterscheidung zwischen formellen und materiellen Arbeitsbedingungen, wie sie noch unter Anwendung des BetrVG 1952 gegolten habe, ihre Bedeutung für die erzwingbare Mitbestimmung verloren habe.[118] Infolgedessen sei die Reichweite der einzelnen Tatbestände des Mitbestimmungskataloges neu zu bestimmen.[119]

Unter Hinweis auf Hanau[120] wollen sie den Mitbestimmungskatalog im Bereich formeller Arbeitsbedingungen um diejenigen materiellen Bedingungen erweitert wissen, die in einem *engen sachlichen Zusammenhang* mit dem jeweiligen Mitbestimmungstatbestand stünden.[121] Die Methode, in unmittelbarem Zusammenhang stehende Materien gemeinsam zu regeln, sei dem BetrVG nicht fremd.[122] So sei das in § 2 II BetrVG enthaltene Zutrittsrecht der Gewerkschaf-

---

112 Reuter, RdA 1981, S. 201 ff.
113 Reuter, RdA 1981, S. 201 (207).
114 Hanau, RdA 1973, S. 281 (283).
115 Reuter, RdA 1981, S. 201 (207).
116 Gester/Isenhardt, RdA 1974, S. 80 ff.
117 Gester/Isenhardt, RdA 1974, S. 80 (83, 84).
118 Gester/Isenhardt, RdA 1974, S. 80 (83).
119 Gester/Isenhardt, RdA 1974, S. 80 (83).
120 Hanau, RdA 1973, S. 281 ff.
121 Gester/Isenhardt, RdA 1974, S. 80 (84).
122 Gester/Isenhardt, RdA 1974, S. 80 (84).

ten nicht auf die Fälle beschränkt, in denen das Gesetz diesen Organisationen ausdrücklich Aufgaben und Befugnisse zuweise. Vielmehr seien auch solche Aufgaben umfasst, die in einem „inneren Zusammenhang" mit dem Betriebsverfassungsgesetz stünden.[123] Insoweit nehmen Gester/Isenhardt auf die entsprechende Rechtsprechung des BAG[124] Bezug.[125]

Gester/Isenhardt als Befürworter der Zugehörigkeit von Annexbedingungen zum Mitbestimmungskatalog des § 87 I BetrVG verweisen im Rahmen ihrer Begründung ebenfalls im Wesentlichen auf die Ausführungen von Hanau[126].[127] Zwangsläufig gelten für die Bewertung ihrer Begründung die Ausführungen zu der von Hanau/Reitze vertretenen Auffassung[128] entsprechend. Der Versuch, die Begründung von Hanau mit einem aus der Vorschrift des § 2 II BetrVG abgeleiteten Prinzip zu stützen, muss mangels dogmatischer Herleitung im Zusammenhang mit rechtsergänzenden Maßnahmen fehlschlagen.[129] Ein Rückgriff hierauf kann ausschließlich im Rahmen einer gesetzesübersteigenden Rechtsfortbildung erfolgen.[130] Eine sich daraus ergebende Ausweitung einer gesetzlichen Regelung bedarf neben der Feststellung des Bestehens einer Regelungslücke einer gesicherten Ableitung des in Anspruch genommenen Prinzips.[131] Insoweit ist in der Methodenlehre anerkannt, dass die Rechtsfortbildung durch spezifische rechtliche Kriterien legitimiert werden muss.[132] Diese Voraussetzungen erfüllen die Darlegungen von Gester/Isenhardt nicht.

Die Lösungen der Beispielsfälle entsprechen denen des BAG.[133]

e) Auffassung von Fitting[134]

Fitting vertreten ebenfalls die Auffassung, dass in Ausübung eines im Katalog enthaltenen Mitbestimmungsrechts "alles zu regeln" sei, was mit der "Ange-

---

123 Gester/Isenhardt, RdA 1974, S. 80 (84).
124 BAG DB 1973, S. 2146 ff.
125 Gester/Isenhardt, RdA 1974, S. 80 (84).
126 Hanau, RdA 1973, S. 281 ff.
127 Gester/Isenhardt, RdA 1974, S. 84.
128 Hanau/Reitze, FS für Wiese, S. 149.
129 Gester/Isenhardt, RdA 1974, S. 84.
130 Larenz, Methodenlehre, S. 366; Larenz/Canaris, Methodenlehre der Rechtswissenschaft, S. 188-189.
131 Larenz, Methodenlehre, S. 366; Larenz/Canaris, Methodenlehre der Rechtswissenschaft, S. 189.
132 Larenz, Methodenlehre, S. 366; Larenz/Canaris, Methodenlehre der Rechtswissenschaft, S. 189.
133 S.o. S. 34 f.
134 Fitting, BetrVG, § 87 Rdnr. 26.

legenheit unmittelbar zusammenhänge".[135] Begründet wird diese Auffassung allerdings nicht, so dass sie unverwertbar ist.

Es muss davon ausgegangen werden, dass auch nach dieser Meinung ein notwendiger Zusammenhang nach dem Verständnis des BAG zu fordern ist, so dass die Lösung der Beispielsfälle mit dem unter Zugrundelegung der Auffassung des BAG erzielten Ergebnis identisch ist.

f) Auffassung von Gola[136]

Gola befürwortet ebenfalls das Mitbestimmungsrecht des Betriebsrats in Bezug auf Annexbedingungen. Namentlich dokumentiert er diese Auffassung im Zusammenhang mit dem Mitbestimmungsrecht in Bezug auf Kontoführungsgebühren. Zur Begründung weist er auf das bedeutende finanzielle Interesse des Arbeitgebers an der bargeldlosen Zahlung sowie auf den Schutz der von den Arbeitnehmern erreichten Einsparungen hin.[137]

Die Begründung von Gola ist unzureichend. Es wird nicht deutlich, auf welche Weise ein nicht näher definiertes finanziell erhebliches Interesse des Arbeitgebers die Auffassung dogmatisch begründen kann. Entsprechendes gilt für die von ihm als schützenswert dargestellten erreichten Einsparungen.

Die Ausführungen von Gola sind nach alledem nicht geeignet, die Beispielsfälle 1-3 einer ordnungsgemäß begründeten Lösung zuzuführen.

g) Auffassung von Peterek[138]

Peterek scheint in seiner Stellungnahme zu dem Beschluss des BAG vom 8. März 1977 Annexbedingungen grundsätzlich dem jeweiligen Mitbestimmungstatbestand zuzuordnen.[139] Gleichwohl verneint er die Eigenschaft der Kontoführungsgebühren als Annexbedingungen, da diese wegen des Eigeninteresses des Arbeitnehmers an der Eröffnung eines Kontos nicht mehr notwendig und unmittelbar mit dem Mitbestimmungstatbestand des § 87 I Nr. 4 BetrVG verbunden seien.[140] Infolge dieser Argumentation hat Peterek von einer näheren Betrachtung der Annexbedingungen abgesehen und eine Begründung für deren Bestätigung nicht gegeben. Eine vollständige Beurteilung der Beispielsfälle kommt mithin auf der Grundlage der Ausführungen von Peterek nicht in Betracht.

---

135 Fitting, BetrVG, § 87 Rdnr. 26.

136 Gola, BB 1975, S. 46 f.

137 Gola. BB 1975, S. 46 (47).

138 Peterek, BAG SAE 1978, S. 139 ff.

139 Peterek, BAG SAE 1978, S. 139 (142, 143).

140 Peterek, BAG SAE 1978, S. 143.

h) Auffassung von Schneider[141]

Schneider befürwortet die Zuordnung von Annexbedingungen zum Mitbestimmungskatalog. Er verweist zur Begründung auf die Entscheidung des BAG zur Übernahme der Kontoführungsgebühren bei der Umstellung auf bargeldlose Lohnzahlung.[142] Eine über diesen Hinweis hinausgehende Begründung erfolgt nicht. Im Hinblick auf die Lösung der Beispielsfälle kann mithin auf die vorstehenden Darstellungen verwiesen werden.

i) Auffassung von Schoof[143]

Schoof befürwortet die Einbeziehung von Annexbedingungen in den Mitbestimmungskatalog des § 87 I BetrVG. Er begründet seine Auffassung damit, dass die gegenteilige Auffassung einheitliche Lebenssachverhalte zerschneiden würde. In jedem Fall seien jedenfalls Kompensationsregelungen von der Annexkompetenz des Betriebsrates gedeckt.[144]

Schoof verzichtet darauf, seine Auffassung dogmatisch zu belegen. Sein Argument, zusammenhängende Sachverhalte seien einheitlich zu regeln, stellt nur einen zu berücksichtigenden Teilaspekt dar, dem bereits der enumerative Charakter des Mitbestimmungskataloges des § 87 I BetrVG entgegensteht.

j) Auffassung von Posselt[145]

In jüngerer Zeit hat Posselt in einer umfassenden Abhandlung die „Annexkompetenzen" im Betriebsverfassungsrecht untersucht. Im Ergebnis hält sie die Erweiterung des Mitbestimmungskataloges durch Annexbedingungen für zulässig.[146] Sie begründet ihre Auffassung mit der Übertragbarkeit der Annexkompetenz als Unterfall der ungeschriebenen Gesetzgebungskompetenzen aus dem Grundgesetz in das Betriebsverfassungsrecht. Die der Annexkompetenz immanente These, wonach sich eine ausdrücklich erteilte Kompetenz auf bestimmte unselbständige Materien erstrecke, sei grundsätzlich verallgemeinerungsfähig.[147] Allerdings seien die Besonderheiten der Rechtsgebiete zu beachten, in welche

141 Schneider, BlStSozArbR 1977, S. 196 ff.
142 Schneider, BlStSozArbR 1977, S. 196 (198).
143 Schoof, ArbuR 2008, S. 271 f.
144 Schoof, ArbuR 2008, S. 271 f.
145 Posselt, Annexkompetenzen im Betriebsverfassungsrecht, S. 23 ff.
146 Posselt, Annexkompetenzen im Betriebsverfassungsrecht, S. 147 f., S. 205 f.
147 Posselt, Annexkompetenzen im Betriebsverfassungsrecht, S. 80.

die Annexkompetenz übertragen würde.[148] Implizite Kompetenzen müssten sich an den jeweiligen Wertmaßstäben des Gesetzes messen lassen.[149]

Dem kann – jedenfalls – in der Begründung nicht gefolgt werden. Ausgangspunkt für die Beurteilung der Zulässigkeit der Erweiterung des Mitbestimmungskataloges durch Annexbedingungen ist zunächst einmal das Schweigen des Gesetzes dazu, ob mit dem Mitbestimmungskatalog verbundene, in ihm aber nicht ausdrücklich aufgeführte Regelungsbereiche, dem gesetzlichen Tatbestand zuzuordnen sind. Ist der Regelungsbereich einer Vorschrift ungewiss, so ist er unter Anwendung der üblichen methodischen Mittel festzulegen. Zunächst ist demzufolge der Gegenstand der gesetzlichen Regelung durch Auslegung zu ermitteln.[150] Erweist sich eine gesetzliche Vorschrift als nicht auslegungsfähig, ist ihr Regelungsgehalt durch die gesetzesimmanente oder die gesetzesübergreifende Rechtsfortbildung zu bestimmen.[151] Posselt greift im Zusammenhang mit der Frage der Zulässigkeit der Erweiterung des Tatbestandes durch Annexbedingungen nicht auf die herkömmliche Methodik zurück. Sie unterstellt vielmehr, dass die aus dem Verfassungsrecht bekannten ungeschriebenen Gesetzgebungskompetenzen auf das Betriebsverfassungsrecht übertragbar und dementsprechend dort anwendbar seien.[152] Im Mittelpunkt ihrer Ausführungen steht folgerichtig der Versuch einer methodischen Einordnung von Annexbedingungen sowie die Erstellung einer Anwendungsregel.[153] Die Ausblendung der herkömmlichen Methodik vermag nicht zu überzeugen.

Bedenken bestehen zunächst gegen die nahezu kritiklose Übernahme der Lehre der Annexkompetenzen aus dem Verfassungsrecht in die Betriebsverfassung. Einen verifizierbaren Nachweis für die Geltung der Annexkompetenz als einen Unterfall der aus dem Grundgesetz bekannten ungeschriebenen Gesetzgebungskompetenzen liefert Posselt nicht. Sie sieht das Kernproblem in der methodischen Einordnung der Annexkompetenzen als ein in der Betriebsverfassung bereits geltendes Institut.

Zum Anderen führt die Annahme einer aus dem Verfassungsrecht entlehnten Annexkompetenz dazu, dass faktisch eine Erweiterung des Mitbestimmungskataloges erfolgt, ohne dass dies im Wortlaut des Gesetzes einen Rückhalt fände. Posselt übergeht das Schweigen des Gesetzes. Hierbei geht sie sogar

---

148 Posselt, Annexkompetenzen im Betriebsverfassungsrecht, S. 80.

149 Posselt, Annexkompetenzen im Betriebsverfassungsrecht, S. 81.

150 Larenz, Methodenlehre, S. 316 ff.; Larenz/Canaris, Methodenlehre der Rechtswissenschaft, S. 134; Schwintowski, Juristische Methodenlehre, S. 65 ff.

151 Larenz, Methodenlehre, S. 370 ff.; Larenz/Canaris, Methodenlehre der Rechtswissenschaft, S. 187; vgl. Schwintowski, Juristische Methodenlehre, S. 83 f.

152 Posselt, Annexkompetenzen im Betriebsverfassungsrecht, S. 54.

153 Posselt, Annexkompetenzen im Betriebsverfassungsrecht, S. 54.

davon aus, der Gesetzgeber habe die Enumeration in § 87 I BetrVG in der Kenntnis getroffen, dass durch die mitbestimmungspflichtigen Maßnahmen für jeden der Betriebspartner Kosten entstehen können.[154] Im Interesse der Einheitlichkeit habe er jedoch von Kostenregelungen abgesehen.[155] Insbesondere eine planwidrige Gesetzeslücke liege nicht vor.[156]

Geht Posselt davon aus, der Gesetzgeber habe bewusst keine Kostenregelungen getroffen, würde sich eine Umgehung des Willens des Gesetzgebers durch die Zulassung von Annexkompetenzen *grundsätzlich* verbieten. Eine Erweiterung des Gesetzes ist zwar auch und gegen den gesetzgeberischen Plan möglich; allerdings gelten hierfür strenge Maßstäbe.[157] Diese sind von Posselt nicht geprüft, da sie *außerhalb* der üblichen methodischen Mittel die Übernahme der Annexkompetenz zugelassen hat.

Insoweit ist eine weitergehende Prüfung unverzichtbar.

2. Gegner der Lehre von den Annexbedingungen

Die Einbeziehung von Annexbedingungen in den Mitbestimmungskatalog des § 87 I BetrVG stößt in der Literatur auch auf Ablehnung.

a) Auffassung von Wiese[158]

Nach der Auffassung von Wiese erstreckt sich die Mitbestimmung des Betriebsrates ausschließlich auf die im Mitbestimmungskatalog aufgeführten Angelegenheiten. Über Kosten, die anlässlich der Durchführung einer mitbestimmungspflichtigen Maßnahme anfielen, habe der Betriebsrat *nicht* mitzubestimmen. Hierfür enthalte das Gesetz keinerlei Anhaltspunkte. Die Kosten habe derjenige zu tragen, in dessen *Sphäre* sie fielen. Dies sei grundsätzlich der *Arbeitgeber*, da dieser auch die Kosten für die Durchführung mitbestimmungspflichtiger Angelegenheiten zu tragen habe, die auf Initiative des Betriebsrates angestrengt worden seien.[159]

Die Erweiterung der Mitbestimmung lasse sich auch nicht mit dem Schlagwort der „materiellen Annexbedingungen" begründen.[160] Erst recht könne aus dem Gesetz keine *„Vermutung"* dafür abgeleitet werden, dass eine entsprechen-

154 Posselt, Annexkompetenzen im Betriebsverfassungsrecht, S. 98.

155 Posselt, Annexkompetenzen im Betriebsverfassungsrecht, S. 99.

156 Posselt, Annexkompetenzen im Betriebsverfassungsrecht, S. 99.

157 Juristische Methodenlehre und Rechtsbegriff, S. 481 ff.; Vgl. Ipsen, Richterrecht und Verfassung, S. 53 ff.; Larenz, Methodenlehre, S. 414.

158 Wiese in: GK-BetrVG, § 87 Rdnr. 39 ff.

159 Wiese in: GK-BetrVG, § 87 Rdnr. 39;

160 Wiese in: GK-BetrVG, § 87 Rdnr. 41.

de Erweiterung vorzunehmen sei. Wiese lehnt insoweit die frühere Begründung von Hanau[161] als einem Befürworter der Zugehörigkeit von Annexbedingungen zum Mitbestimmungskatalog ab.

Er begründet seine ablehnende Auffassung im Wesentlichen damit, dass eine Einbeziehung von *„Annexbedingungen"* in den Mitbestimmungskatalog zu einem „Einfallstor" für die Begründung unüberschaubarer zusätzlicher Leistungspflichten werden würde.[162] Eine so weitreichende Entscheidung könne ausschließlich der Gesetzgeber treffen.

Gleichwohl sei der unmittelbare Zusammenhang zwischen der Durchführung einer mitbestimmungspflichtigen Maßnahme und einer materiellen Folge keinesfalls bedeutungslos. Denn diese unmittelbare Verbindung indiziere die *Sphäre*, in welche die materielle Folge falle. Diese Sphäre sei bedeutsam für die Entscheidung, ob der Arbeitgeber oder eventuell die Arbeitnehmer die Kosten zu tragen hätten.[163]

Wiese verneint *generell* die Anwendbarkeit des Mitbestimmungskataloges auf materielle Annexbedingungen. Seine Begründung stellt vornehmlich auf den Gesetzeswortlaut ab. Dem Gesetz seien keine Anhaltspunkte zu entnehmen, die auf eine *Ausweitung der Mitbestimmung* in sozialen Angelegenheiten hindeuteten.[164]

Die Begründung unter Hinweis auf den Wortlaut ist nicht überzeugend. Der unzureichende Wortlaut ist letztlich Anlass der Fragestellung.

Ebenso wenig vermag der Hinweis von Wiese auf die Sphärentheorie zu überzeugen. Der Sphärengedanke könnte, wenn es sich mehr als um eine Rechtsfolgendarstellung handelte, bestenfalls als Inhalt einer gesetzesübersteigenden Rechtsfortbildung gewertet werden. Denn insoweit könnte im Zusammenhang mit der Sphärentheorie von einem *speziellen Rechtsprinzip* des Arbeitsrechts gesprochen werden. Nach Wiese könnte deren Anwendung zur Ablehnung einer entsprechenden Rechtsfortbildung führen. Allerdings lässt sich dieser dogmatische Begründungsansatz allenfalls vage vermuten.

Die Darlegungen von Wiese werden den hohen Anforderungen, die im Rahmen der richterlichen Rechtsfortbildung gelten, nicht gerecht. Diese Anforderungen müssen auch dann gelten, wenn die Prüfung eines allgemeinen Rechtsprinzips zur Ablehnung einer richterlichen Rechtsfortbildung führt. Auch insoweit erfolgt eine für die Bewertung künftiger Fälle bedeutsame *Prägung* durch die Rechtsprechung.

---

161 Hanau, RdA 1973, S. 281 (283).

162 Wiese in: GK-BetrVG, § 87 Rdnr. 42.

163 Wiese in: GK-BetrVG, § 87 Rdnr. 42.

164 Wiese in: GK-BetrVG, § 87 Rdnr. 42.

b) Auffassung von Blomeyer[165]

Blomeyer schließt sich in einer Stellungnahme zu der Entscheidung des LAG Düsseldorf/Köln der Auffassung des Gerichts an und lehnt die Einbeziehung von Annexbedingungen in den jeweiligen Mitbestimmungstatbestand ab.[166] Gegenstand dieser Entscheidung war die Umstellung von Barzahlung auf bargeldlose Lohnzahlung, wobei die Kontoführungsgebühren aufgrund eines umstrittenen Spruches der Einigungsstelle dem Arbeitgeber übertragen worden waren.[167]

Er begründet seine ablehnende Auffassung zum einen mit dem Gesetzeswortlaut, der keine Anhaltspunkte für eine Zugehörigkeit von Annexbedingungen zum Mitbestimmungskatalog des § 87 I BetrVG enthalte.[168]

Zum anderen aber sei die Erweiterung des Mitbestimmungskataloges rechtsdogmatisch außerordentlich zweifelhaft. Ausgangspunkt für die Argumentation von Blomeyer ist hierbei die Unterscheidung zwischen formellen und materiellen Arbeitsbedingungen. Die Umstellung der Zahlungsmodalitäten stelle für sich betrachtet eine formelle Arbeitsbedingung dar, deren Wirksamkeit sich nach der Vorschrift des § 87 I Nr. 4 BetrVG richte.[169]

Dagegen handele es sich bei der Kostentragungspflicht um die materielle Seite der Zahlungsumstellung. Für die Beurteilung der Kostenlast seien unterschiedliche Rechtsgrundlagen maßgeblich. Hieran ändere auch ein *enger sachlicher* Zusammenhang zur formellen Arbeitsbedingung nichts. Sie beurteile sich vordergründig nach dem *Direktionsrecht* des Arbeitgebers. Bestehe dies nicht, komme es auf eine vertragliche Regelung der Arbeitsvertragspartner an. Komme eine Einigung nicht zustande, könne sie u.U. durch den Abschluss einer normativ wirkenden freiwilligen Betriebsvereinbarung ersetzt werden oder der Arbeitgeber müsse eine Änderungskündigung aussprechen.[170]

Die Begründung von Blomeyer, die Ausweitung auf materielle Annexbedingungen sei „dogmatisch bedenklich“, vermag für sich nicht zu überzeugen. Sein Hinweis, die formelle Mitbestimmungsangelegenheit und die Frage der Verteilung der Kosten unterfielen unterschiedlichen Regelungsmaterien, kann keine abschließende Aussage über Inhalt oder Reichweite des Mitbestimmungskataloges treffen. Der Umstand, dass materielle Annexbedingungen Gegenstand anderweitiger vertraglicher Absprachen sein können, steht ihrer Einbeziehung in den Mitbestimmungskatalog nicht entgegen.

---

165 Blomeyer, EZA zu BetrVG 1972, Lohn- u. Arbeitsentgelt Nr. 1, S. 13 ff.

166 Blomeyer, EZA zu BetrVG 1972, Lohn- u. Arbeitsentgelt Nr. 1, S. 13 ff.

167 S.o. S. 22 f.

168 Blomeyer, EZA zu BetrVG 1972, Lohn- u. Arbeitsentgelt Nr. 1, S. 13.

169 Blomeyer, EZA zu BetrVG 1972, Lohn- u. Arbeitsentgelt Nr. 1, S. 13.

170 Blomeyer, EZA zu BetrVG 1972, Lohn- u. Arbeitsentgelt Nr. 1, S. 13.

c) Auffassung von Mengel[171]

Mengel stellt sich ebenfalls gegen eine Einbeziehung von Annexbedingungen in den Mitbestimmungskatalog des § 87 I BetrVG.[172] Er argumentiert mit dem systematisch-teleologischem Standort sowie dem geschichtlichen Ursprung des Mitbestimmungskataloges des § 87 I BetrVG.[173] Beides spreche gegen eine Mitbestimmung in Bezug auf alle etwaigen materiellen Folgekosten.[174] Hätte der Gesetzgeber dem Betriebsrat wirtschaftliche Entscheidungsbefugnis einräumen wollen, wäre dies in der Neuregelung des BetrVG 1972 erfolgt.

Diese Argumentation kann für sich allein nicht überzeugen. Das gilt bereits deshalb, weil Mengel nicht feststellt, ob der Gesetzgeber die betreffende Problematik erkannt hat. Mit dieser Frage hätte er sich jedoch auseinandersetzen müssen, um die Tatsache, dass Annexbedingungen im Gesetz nicht erwähnt werden, als maßgebliches Argument zu verwenden.

d) Auffassung von Huber[175]

Auch Huber lehnt – jedenfalls die generelle – Einbeziehung von Annexbedingungen in den Mitbestimmungskatalog des § 87 I BetrVG ab.[176]

Ausgeschlossen sei die Einbeziehung von Annexregelungen dann, wenn der nachteilig belastete Betriebspartner nicht infolge der geänderten sozialen Angelegenheit in annähernd gleichwertiger Weise begünstigt würde.[177]

Huber, der bei seiner Betrachtung von einer Entscheidung der Einigungsstelle ausgeht, hält für die Beurteilung von Kostentragungsregeln die Vorschrift des § 76 V S. 3 BetrVG für maßgeblich. Nach dieser Regelung habe die Einigungsstelle in jedem Einzelfall die beiderseitigen Interessenlagen zu bewerten und abzuwägen. Über Annexbedingungen könne nur entschieden werden, wenn feststehe, wer die mitbestimmungspflichtige Hauptforderung initiiert habe bzw. welcher Seite die überwiegend Vorteile biete.[178]

Nur dann, wenn dieser Vorteil eindeutig beim Arbeitgeber liege oder dieser die (Neu-)Regelung forciert habe, könnten dem Arbeitgeber die Kosten der betreffenden Maßnahme auferlegt werden.

---

171 Mengel, DB 1982, S. 43 ff.
172 Mengel, DB 1982, S. 43 ff.
173 Mengel, DB 1982, S. 43 (44).
174 Mengel, DB 1982, S. 43 (44).
175 Huber, DB 1980, S. 1643 ff.
176 Huber, DB 1980, S. 1643 (1645).
177 Huber, DB 1980, S. 1645.
178 Huber, DB 1980, S. 1643 (1644).

Die Argumentation von Huber vermag nicht zu überzeugen. Angesichts seiner Vorteilsausgleich-Überlegung wird die Argumentation auf Billigkeitserwägungen zurückgeführt. Es läßt sich nicht nachvollziehen, wie der Paritätsgesichtspunkt von Huber dogmatisch flankiert wird. Allein die Berufung auf die Vorschrift des § 76 V 3 BetrVG genügt nicht, um eine schlüssige Argumentation für die Gesamtproblematik zu erhalten. Denn die Vorschrift kann herangezogen werden, wenn die Einigungsstelle beteiligt ist. Eine generelle oder wenigstens übertragbare Lösung der Zuordnung von Annexbedingungen zum Mitbestimmungstatbestand auch in den Fällen, in denen die Einigungsstelle nicht beteiligt ist, lässt sich über die Argumentation mit § 76 V 3 BetrVG nicht erzielen.

e) Auffassung von Richardi[179]

Richardi lehnt ebenfalls eine Einbeziehung der Annexregelungen in den Katalog des § 87 I BetrVG ab.[180]

Der Umstand, dass materielle Annexregelungen eine besondere Nähe zu einem der Tatbestände im Mitbestimmungskatalog aufweisen würden, begründe für sich kein Mitbestimmungsrecht des Betriebsrates über zusätzliche Leistungen.[181] Der Betriebsrat habe aber das Recht, die Zustimmung zu einer mitbestimmungspflichtigen Angelegenheit von der Regelung der materiellen Folgewirkungen abhängig zu machen.[182] Daraus folge, dass der Betriebsrat über die Möglichkeit der Verknüpfung der Zustimmung mit weiteren Forderungen de facto den Mitbestimmungskatalog jedenfalls um solche Angelegenheiten erweitern könne, die unmittelbar mit dem Mitbestimmungstatbestand verbunden seien.[183]

Richardi bewertet damit das Recht des Betriebsrates im Zusammenhang mit materiellen Annexregelungen als bloßes „Zustimmungsverweigerungsrecht“, bis eine Regelung der verbundenen materiellen Folgebedingungen erzielt worden ist.

Richardi verzichtet darauf, die von ihm vertretene Ablehnung der Einbeziehung von Annexbedingungen in den Mitbestimmungskatalog zu begründen. Im Übrigen sieht er offensichtlich für eine dogmatisch fundierte Lösung des Problems keine Veranlassung und belegt dies mit dem eher pragmatischen Hinweis auf das Zustimmungsverweigerungsrecht des Betriebsrates. In diesem Zusam-

---

179 Richardi in: Richardi/Thüsing-BetrVG, § 87 Rdnr. 38.

180 Richardi in: Richardi/Thüsing-BetrVG, § 87 Rdnr. 38.

181 Richardi in: Richardi/Thüsing-BetrVG, § 87 Rdnr. 38.

182 Richardi in: Richardi/Thüsing-BetrVG, § 87 Rdnr. 38.

183 Vgl. Richardi in: Richardi/Thüsing-BetrVG, § 87 Rdnr. 38.

menhang berücksichtigt Richardi nicht hinreichend, dass das seinerseits dem Betriebsrat gewährte Zustimmungsverweigerungsrecht unmittelbar die Problematik der Zulässigkeit von Koppelungsgeschäften berührt. Es besteht keine Veranlassung, bereits an dieser Stelle abschließend deren Zulässigkeit zu beurteilen. Fest steht aber in jedem Fall, dass das Recht des Betriebsrates, seine Zustimmung mit Blick auf die Erfüllung materieller Annexbedingungen zu verweigern, nicht schrankenlos gewährt werden kann. Nach der Darstellung von Richardi handelt es sich um ein zielgerichtetes Unterlassen der Ausübung der Mitbestimmung durch den Betriebsrat. Allein diese Intention stößt zumindest auf Bedenken.

Im Ergebnis ist festzuhalten, dass Richardis Ausführungen ebenfalls nicht geeignet sind, ein dogmatisch überzeugendes Konzept zu liefern.

3. Lösung der Beispielsfälle

Unter Zugrundelegung der Auffassungen, die eine Zugehörigkeit von Annexbedingungen zu den jeweiligen Mitbestimmungstatbeständen ablehnen, sind in den Beispielsfällen I-III weder die Betriebspartner noch die Einigungsstelle befugt gewesen, Regelungen über die Kosten zu treffen. Infolgedessen können aus den betreffenden Vereinbarungen der Betriebspartner sowie Sprüchen der Einigungsstelle keine Rechte abgeleitet werden.

4. Zusammenfassung

Die Auseinandersetzung mit den unterschiedlichen in Rechtsprechung und Literatur vertretenen Auffassungen hat ergeben, dass keine eine überzeugende dogmatische Begründung beinhaltet. Insbesondere die aus dem Bereich der Rechtsprechung stammenden Begründungen orientieren sich ganz überwiegend an Billigkeitsgesichtspunkten. Das dogmatische Fundament gerät dabei in den Hintergrund oder entfällt ganz.

Die in der Literatur vertretenen Auffassungen greifen zwar überwiegend auf dogmatische Ansätze zurück, die aber nicht den strengen Anforderungen genügen, die an die Rechtsfortbildung gestellt werden. Von ihr wird bekanntlich verlangt, dass sie für die Zukunft gleichsam wie eine Rechtsnorm kalkulierbar sei und entsprechende Rechtsklarheit und Rechtssicherheit biete.[184]

Infolgedessen ist eine methodisch orientierte Untersuchung des Problems der Annexbedingungen notwendig.

---

184 Vgl. o. S. 37.

F. Eigene Untersuchung der Zugehörigkeit von Annexbedingungen zum Mitbestimmungskatalog des § 87 I BetrVG

Die Beantwortung der Frage, ob der Mitbestimmungskatalog des § 87 I BetrVG auch Annexbedingungen umfasst, kann nur unter strenger Betrachtung der rechtswissenschaftlichen Methodik erfolgen.

I. Auslegung der Vorschrift des § 87 I BetrVG

Die Erfassung des Inhaltes und des Sinnes einer Norm erfolgt mit den Mitteln der Auslegung.[185] Grundlage der Auslegung ist der dem allgemeinen Sprachgebrauch zu entnehmende Wortsinn. Dieser bildet zugleich auch deren Grenze.[186] Ausschlaggebend dafür ist, dass *außerhalb* jedes möglichen Wortsinns liegende Interpretationen des Gesetzes nicht mehr als dessen Inhalt angesehen werden können.[187]

Maßgebend ist also, ob der Wortlaut des Gesetzes Zweifel an dessen *Wertung* hervorbringt. Dies ist nur dann der Fall, wenn der ermittelte Wortsinn Bedeutungsvarianten eröffnet. Wenn selbst bei *weitestem* Verständnis eines Wortes ein bestimmter Sachverhalt nicht untergeordnet werden kann, ist dieser Sachverhalt vom Inhalt der Norm nicht mehr umfasst.[188] In diesem Fall ist die Grenze zwischen Auslegung und Analogie überschritten.[189] Die Zulässigkeit einer

185 Larenz, Methodenlehre, S. 316 ff.; Larenz/Canaris, Methodenlehre der Rechtswissenschaft, S. 134; Schwintowski, Juristische Methodenlehre, S. 65 ff.

186 BVerfGE 71, S. 115; BVerfG 1992, S. 891; BGHZ 46, 74, 76; BGHSt 4, 148; Canaris, Die Feststellung von Lücken im Gesetz, S. 15; Engisch, Einführung in das juristische Denken, S. 195; Fikentscher, Methoden des Rechts in vergleichender Darstellung, S. 288; Larenz, Methodenlehre, S. 320; Larenz/Canaris, Methodenlehre der Rechtswissenschaft, S. 134; Müller, Juristische Methodik, S. 300; Prümm, Juristische Methodik, S. 43; Raisch, Juristische Methoden, S. 142 f. Schwintowski, Juristische Methodenlehre, S. 66; Vogel, Juristische Methodik, S. 117; Zippelius, Juristische Methodenlehre, S. 47.

187 BVerfGE 71, S. 115; BVerfG 1992, S. 891; BGHZ 46, 74, 76; BGHSt 4, 148; Canaris, Die Feststellung von Lücken im Gesetz, S. 15; Fikentscher, Methoden des Rechts in vergleichender Darstellung, S. 288; Larenz, Methodenlehre, S. 320; Müller, Juristische Methodik, S. 300; Prümm, Juristische Methodik, S. 43; Raisch, Juristische Methoden, S. 142 f., Schwintowski, Juristische Methodenlehre, S. 66; Vogel, Juristische Methodik, S. 117; Wank, Die Auslegung von Gesetzen, S. 71; Zippelius, Juristische Methodenlehre, S. 47.

188 Vgl. o. Fn. 187.

189 Larenz, Methodenlehre, S. 367.

Analogie ist an besondere Voraussetzungen geknüpft, um das Gesetz als *Ursprung* des Rechts nicht als Primärquelle auszuhebeln.[190]

Wird der Wortlaut des Mitbestimmungskataloges des § 87 I Nr. 1-12 BetrVG berücksichtigt, lässt sich feststellen, dass dieser im Hinblick auf die Regelung von Annexbedingungen keine Bedeutungsvarianten enthält. Keiner der einzelnen Tatbestände umfasst selbst bei weitester Auslegung seines Wortlautes deren Regelung. Die einzelnen Mitbestimmungstatbestände sind ausdrücklich definiert. Jeder Tatbestand ist spezifiziert gefasst. Aufgrund dessen kann nicht einfach von einem *„Schweigen"* des Wortlautes der einzelnen Tatbestände ausgegangen werden, das eine mehrdeutige Interpretation zuließe.

Demgemäß ist festzustellen, dass der Mitbestimmungskatalog des § 87 I BetrVG im Hinblick auf Annexbedingungen nicht auslegungsfähig ist.

II. Erweiterung des Mitbestimmungskataloges des § 87 I BetrVG um Annexbedingungen durch Rechtsfortbildung

Es stellt sich die Frage, ob eine Erweiterung des Mitbestimmungskataloges des § 87 I BetrVG um Annexbedingungen durch Rechtsfortbildung in Betracht kommt. Diese wird unterschieden in die gesetzesimmanente und die gesetzesübersteigende Rechtsfortbildung.[191]

Die gesetzesimmanente Rechtsfortbildung ist eine Rechtsfortbildung über die Grenzen des Wortsinns hinaus, die sich aber noch im Sinne des *ursprünglichen Plans* des Gesetzes selbst hält.[192]

Die hierüber hinausgehende, sich aber noch innerhalb des Rahmens und der leitenden *Prinzipien der Gesamtrechtsordnung* bewegende Rechtsfortbildung ist die gesetzesübersteigende Rechtsfortbildung.[193]

1. Gesetzesimmanente Rechtsfortbildung

Im Wege der gesetzesimmanenten Rechtsfortbildung werden in der Zuständigkeit der Gerichte Gesetzeslücken geschlossen. Unter *„Gesetz"* sind einerseits

190 Larenz, Methodenlehre, S. 366 ff.; Sauer, Juristische Methodenlehre, S. 304 ff.; Vgl. Schwintowski, Juristische Methodenlehre, S. 83; vgl. Vogel, Juristische Methodik, S. 53; Zippelius, Juristische Methodenlehre, S. 63.

191 Larenz, Methodenlehre, S. 370 ff.; Larenz/Canaris, Methodenlehre der Rechtswissenschaft, S. 187; vgl. Schwintowski, Juristische Methodenlehre, S. 83 f.

192 Bydlinski, Juristische Methodenlehre und Rechtsbegriff, S. 477; Larenz, Methodenlehre, S. 370; Larenz/Canaris, Methodenlehre der Rechtswissenschaft, S. 187.

193 Larenz, Methodenlehre., S. 413; Larenz/Canaris, Methodenlehre der Rechtswissenschaft, S. 187; Zippelius, Juristische Methodenlehre, S. 71.

die Gesetze sowie das Gewohnheitsrecht, andererseits die in ständiger Rechtsprechung ausgeformten Rechtssätze zu verstehen.[194] Innerhalb der gesetzesimmanenten Rechtsfortbildung wird unterschieden zwischen der Gesetzes- und der Rechtsanalogie.

a) Möglichkeit der Ausfüllung einer offenen Gesetzeslücke durch Gesetzesanalogie

Offene Gesetzeslücken werden im Wesentlichen im Wege der *Analogie* geschlossen.[195] In Betracht kommt eine Lückenausfüllung durch *Gesetzesanalogie*. Hierunter wird die Übertragung der für einen oder mehrere Tatbestände geltenden Regel auf eine vom Gesetz nicht geregelten Tatbestand, der dem Geregelten *ähnlich* ist, verstanden.[196] In erster Linie setzt die Gesetzesanalogie neben einer *planwidrigen Gesetzeslücke* deshalb eine analogiefähige Norm voraus.[197]

Unabhängig von der Definition einer offenen Gesetzeslücke ist Rechtfertigung für die Übertragung, dass beide Tatbestände wegen ihrer Ähnlichkeit aus dem Gebot des Gleichheitssatzes heraus gleich zu bewerten sind.[198] Daraus folgt

---

194 Larenz, Methodenlehre., S. 370; Larenz/Canaris, Methodenlehre der Rechtswissenschaft, S, 202; Pawlowski, Methodenlehre für Juristen, Rdnr. 472; Schneider/Schnapp, Logik für Juristen, S. 154; Zippelius, Juristische Methodenlehre, S. 58 ff.

195 Bastian, Der Richter als Gesetzgeber, S. 75; Bovensiepen, Analogie und per argumentum e contrario, S. 134; Bydlinski, Juristische Methodenlehre und Rechtsbegriff, S. 472 ff., Canaris, Die Feststellung von Lücken im Gesetz, S. 72; Larenz, Methodenlehre, S. 366; Larenz/Canaris, Methodenlehre der Rechtswissenschaft, S. 202; Nawiasky, Allgemeine Rechtslehre, S. 146; Prümm, Juristische Methodik, S. 52; Regelsberger, Pandekten, S. 154; Reichel, Gesetz und Richterspruch, S. 114; Sauer, Juristische Methodenlehre, S. 305; vgl. Schwintowski, Juristische Methodenlehre, S. 83; v. Thur, Der allgemeine Teil des Deutschen Bürgerlichen Rechts, S. 41; Wächter, Pandekten, S. 123; Zippelius, Juristische Methodenlehre, S. 68-69.

196 Biermann, Die Gründe der Zweifelhaftigkeit rechtlicher Ergebnisse, S. 10; Canaris, Die Feststellung von Lücken im Gesetz, S. 72; Chanos, Begriff und Geltungsgrundlagen der Rechtsanalogie im heutigen juristischen Methodenstreit, S.102; Larenz, Methodenlehre., S. 381; Regelsberger, Pandekten, S. 156 f.; Sauer, Juristische Methodenlehre, S. 306; Wach, Handbuch des Deutschen Zivilprozessrechts, S. 273; Zippelius, Juristische Methodenlehre, S. 68, 74 f.

197 Bydlinski, Juristische Methodenlehre und Richterspruch, S. 474; Engisch, Einführung in das juristische Denken, S. 255; Larenz, Methodenlehre, S. 366; Pawlowski, Methodenlehre für Juristen, Rdnr. 481; Vgl. Prümm, Juristische Methodik, S. 52; vgl. Schneider/Schnapp, Logik für Juristen, S. 154.

198 Bydlinski. Juristische Methodenlehre und Rechtsbegriff, S. 305; Larenz, Methodenlehre, S. 381; Larenz/Canaris, Methodenlehre der Rechtswissenschaft, S. 202; Pawlowski, Methodenlehre für Juristen, Rdnr. 481; Schneider/Schnapp, Logik für Juristen, S. 154;

zugleich, dass die Tatbestände nicht „*gleich*" sein dürfen. Denn dann findet die betreffende gesetzliche Regelung unmittelbar Anwendung.[199] Sie dürfen aber auch nicht absolut „*ungleich*" sein, da dann der in Betracht gezogenen Vorschrift ihre Analogiefähigkeit versagt werden muss.[200] Erforderlich ist, dass die Tatbestände in den für die rechtliche Bewertung *maßgebenden Belangen* übereinstimmen.[201] Das bedeutet, dass grundsätzlich eine Offenlegung der die Vorschrift prägenden Faktoren zu erfolgen hat. Um zu erkennen, welche Elemente des Tatbestandes für die gesetzliche Wertung bedeutsam sind, bedarf es regelmäßig der Feststellung des *Normzweckes*.[202]

Unter Berücksichtigung dieser methodischen Grundsätze ist die Vorschrift des § 87 I BetrVG bereits in Ansehung der Definition von Annexbedingungen nicht analogiefähig. Unter Annexbedingungen sind solche Bedingungen zu verstehen, die in dem Mitbestimmungstatbestand nicht erwähnt, mit ihm aber unmittelbar in einem Sachzusammenhang stehen.[203] Durch diese Definition ist belegt, dass Annexbedingungen in Bezug auf den geregelten Mitbestimmungstatbestand ein *„aliud"* darstellen. Es handelt sich *per definitionem* um solche Regelungen, die zu dem Mitbestimmungstatbestand durch einen mehr oder weniger engen Sachzusammenhang geprägt sind. Das bedeutet aber zugleich, dass die Regelungsinhalte absolut different sind. Denn begründet die Regelung einer Angelegenheit der notwendigen Mitbestimmung die Notwendigkeit der Regelung weiterer Angelegenheiten, kann angesichts der Art der Entstehung bereits keine rechtliche Gleichwertigkeit vorliegen. Die eine Regelung ist die Folge der anderen und weist damit zwingend *differente* rechtliche Inhalte auf.

Darüber hinaus indiziert der Begriff *„Sachzusammenhang"* eine Unvereinbarkeit mit der Forderung nach „rechtlicher Gleichwertigkeit" im Rahmen der Prüfung der Analogiefähigkeit. Dort, wo ein *„Sachzusammenhang"* besteht, kann nicht zugleich eine *„rechtliche Gleichwertigkeit"* vorliegen. Ausschlaggebend dafür ist, dass das Vorliegen eines *sachlichen Zusammenhanges* per se die Verbindung unterschiedlicher Materien vorgibt. Das Vorhandensein eines

---

Schwintowski, Juristische Methodenlehre, S. 84; vgl. Weinberger, Rechtslogik, S. 280-281.

199 Larenz, Methodenlehre, S. 381.

200 Larenz, Methodenlehre, S. 381; Larenz/Canaris, Methodenlehre der Rechtswissenschaft, S. 202.

201 Juristische Methodenlehre und Rechtsbegriff, S. 477; Larenz, Methodenlehre, S. 381; Larenz/Canaris, Methodenlehre der Rechtswissenschaft, S. 202.

202 Larenz, Methodenlehre, S. 366; Larenz/Canaris, Methodenlehre der Rechtswissenschaft, S. 202; Vgl. Schwintowski, Juristische Methodenlehre, S. 86; Vogel, Juristische Methodik, S. 133.

203 Vgl. o. S. 16.

Sachzusammenhanges belegt die Abhängigkeit zweier oder mehrerer Sachverhalte von dem jeweils anderen. Die Beurteilung des einen Sachverhaltes kann mithin auf die Beurteilung des anderen Einfluss haben. Es bleiben jedoch *unterschiedliche* Sachverhalte.

Nach alledem steht fest, dass die Vorschrift des § 87 I BetrVG nicht *analog* auf Annexbedingungen angewandt werden kann.

Diesem Ergebnis kann auch nicht entgegengehalten werden, die Analogiefähigkeit der Vorschrift könne ausschließlich an den Einzeltatbeständen festgemacht werden. Maßgebend dafür ist vor allem, dass die Ablehnung der Analogiefähigkeit der Vorschrift des § 87 I BetrVG aus der Definition und dem Charakter der Annexbedingungen folgt. Infolgedessen kann sich in diesem Fall bei einer Betrachtung des Einzelfalles keine von der generellen Aussage abweichende Beurteilung ergeben.

Eine Erweiterung des Mitbestimmungstatbestandes durch Gesetzesanalogie scheidet mithin aus.

b) Möglichkeit der Ausfüllung einer offenen Gesetzeslücke durch Rechtsanalogie

Des Weiteren können offene Gesetzeslücken im Wege der Rechtsanalogie geschlossen werden.[204] Die Rechtsanalogie ist dadurch geprägt, dass mehreren gesetzlichen Bestimmungen, die an verschiedene Tatbestände die gleiche Rechtsfolge anknüpfen, ein *allgemeiner Rechtsgrundsatz* entnommen wird.[205] Dieser Rechtsgrundsatz trifft auf den gesetzlich nicht geregelten Tatbestand ebenso zu wie auf die geregelten Tatbestände.[206]

Im Zusammenhang mit Annexbedingungen scheitert eine Rechtsanalogie daran, dass keine Tatbestände zur Verfügung stehen, denen ein entsprechender allgemeiner Rechtsgrundsatz entnommen werden könnte.

---

204 Bydlinski, Juristische Methodenlehre und Rechtsbegriff, S. 478; Larenz, Methodenlehre, S. 383-384; Larenz/Canaris, Methodenlehre der Rechtswissenschaft, S. 204; Pawlowski, Methodenlehre für Juristen, Rdnr. 481; Vogel, Juristische Methodik, S. 134.

205 Vgl. BGHZ 9, S. 157 (161 ff.); Chanos, Begriff und Geltungsgrundlagen der Rechtsanalogie im heutigen juristischen Methodenstreit, S. 89 ff; Fikentscher, Methoden des Rechts in vergleichender Darstellung, S. 284; Larenz, Methodenlehre, S. 384; Larenz/Canaris, Methodenlehre der Rechtswissenschaft, S. 204; Vogel, Juristische Methodik, S. 134; Zippelius, Juristische Methodenlehre, S. 69.

206 Larenz, Methodenlehre, S. 383-384; Larenz/Canaris, Methodenlehre der Rechtswissenschaft, S. 204.

c) Erweiterung des Gesetzes durch teleologische Extension

Eine Erweiterung des Gesetzestextes kann ferner im Wege der teleologischen Extension erfolgen.[207] Der zu enge Wortlaut einer Vorschrift wird erweitert, ohne dass es sich um eine Analogie handelt.[208] Entgegen den Grundsätzen der Gesetzesanalogie wird der gesetzlich nicht geregelte Fall nicht einer Norm unterstellt, in der ein ähnlicher Fall geregelt wird.[209] Vielmehr erfolgt unter – ausschließlicher – Berücksichtigung des Zweckes eine Korrektur der betreffenden Vorschrift.[210] Durch die alleinige Ausrichtung am Zweck unterscheidet sich die teleologische Extension zugleich von der Rechtsanalogie, die sich nicht am Zweck, sondern an allgemeinen Rechtsgrundsätzen[211] orientiert.

Die alleinige Ausrichtung der Korrektur am Zweck bedeutet insbesondere, dass eine Ähnlichkeit zwischen dem geregelten und dem ungeregelten Sachverhalt nicht vorliegen muss.[212] Demzufolge vermag ein absolut ungleicher Tatbestand in die Regelung einbezogen werden.[213] Der Wortlaut des geregelten Tatbestandes ist entweder zu eng oder widersprüchlich geraten, so dass über die teleologische Extension eine durch die Judikative veranlasste Korrektur des Gesetzes erfolgt. In den Auswirkungen kommt die teleologische Extension der Analogie gleich.[214] Demzufolge sind die Voraussetzungen der teleologischen Extension mit denen der Analogie weitestgehend identisch.[215]

207 Bydlinski, Juristische Methodenlehre und Rechtsbegriff, S. 475; Larenz, Methodenlehre, S. 397; Larenz/Canaris, Methodenlehre der Rechtswissenschaft, S. 216; Pawlowski, Methodenlehre für Juristen, Rdnr. 497 ff.; Vgl. Raisch, Juristische Methoden, S. 106.

208 Larenz, Methodenlehre, S. 397. Larenz/Canaris, Methodenlehre der Rechtswissenschaft, S. 216.

209 Larenz, Methodenlehre, S. 397; Larenz/Canaris, Methodenlehre der Rechtswissenschaft, S. 216.

210 Larenz, Methodenlehre, S. 398. Larenz/Canaris, Methodenlehre der Rechtswissenschaft, S. 216.

211 S.o. S. 54.

212 Larenz, Methodenlehre, S. 399; Larenz/Canaris, Methodenlehre der Rechtswissenschaft, S. 217-218.

213 Larenz, Methodenlehre, S. 399; Larenz/Canaris, Methodenlehre der Rechtswissenschaft, S. 217-218.

214 Larenz, Methodenlehre, S. 400; Larenz/Canaris, Methodenlehre der Rechtswissenschaft, S. 217-218.

215 Vgl. Larenz, Methodenlehre, S. 382 ff.

aa) Vorliegen einer Gesetzeslücke

Jede Form der Rechtsfortbildung setzt das Vorliegen einer Gesetzeslücke voraus.[216] Gesetzeslücken können entweder in der Unvollständigkeit einer Rechtsnorm oder aber einer ganzen gesetzlichen Regelung auftreten.[217] Dort, wo sich eine Norm als lückenhaft erweist, wird von einer „Normlücke" gesprochen.[218] Dagegen wird die Unvollständigkeit einer gesamten gesetzlichen Regelung folgerichtig als „Regelungslücke" bezeichnet.[219]

Innerhalb der Gesetzeslücken wird unterschieden zwischen offenen und verdeckten Gesetzeslücken.[220] Eine *offene* Gesetzeslücke liegt dann vor, wenn das Gesetz für eine bestimmte Fallgruppe keine Regelung enthält, obwohl der Sinn und Zweck des Gesetzes eine anwendbare Regelung erwarten ließe.[221]

Eine *verdeckte* Regelungslücke liegt dagegen vor, wenn eine Vorschrift eine auf eine solche Fallgruppe anwendbare Regel enthält, diese aber, wiederum nach dem Sinn und Zweck der Vorschrift beurteilt, nicht passt.[222] In diesem Fall besteht die Lücke in dem Fehlen einer Einschränkung.[223] Die Ausfüllung einer solchen Lücke erfolgt im Wege der *teleologischen Reduktion*.[224]

In Bezug auf Annexbedingungen wird das Vorliegen einer offenen Regelungslücke dadurch indiziert, dass bereits die unmittelbare Anwendung der Vorschrift des § 87 I BetrVG abgelehnt werden musste.[225] Ausschlaggebend hierfür

216 Vgl. Bydlinski, Juristische Methodenlehre und Rechtsbegriff, S. 472; Canaris, Die Feststellung von Lücken im Gesetz, S. 17; Larenz, Methodenlehre, S. 366 f.; Pawlowski, Methodenlehre für Juristen, Rdnr. 455.

217 Larenz, Methodenlehre, S. 372.

218 Larenz, Methodenlehre, S. 372; Pawlowski, Methodenlehre für Juristen, Rdnr. 464.

219 Larenz, Methodenlehre, S. 372; Larenz/Canaris, Methodenlehre für Juristen, S. 198; Pawlowski, Methodenlehre für Juristen, Rdnr. 467.

220 Canaris, Die Feststellung von Lücken im Gesetz, S. 59 ff.; Larenz, Methodenlehre, S. 377; Larenz/Canaris, Methodenlehre der Rechtswissenschaft, S. 198.

221 Canaris, Die Feststellung von Lücken im Gesetz, S. 59 ff.; Larenz, Methodenlehre, S. 377. Larenz/Canaris, Methodenlehre der Rechtswissenschaft, S. 198.

222 Bydlinski, Juristische Methodenlehre und Rechtsbegriff, S. 480; Larenz, Methodenlehre, S. 377; Larenz/Canaris, Methodenlehre der Rechtswissenschaft, S. 191 ff.; Pawlowski, Methodenlehre für Juristen, Rdnr. 493; Vogel, Juristische Methodik, S. 134.

223 Bydlinski, Juristische Methodenlehre und Rechtsbegriff, S. 480; Pawlowski, Methodenlehre für Juristen, Rdnr. 493; Larenz, Methodenlehre., S. 377; Vogel, Juristische Methodik, S. 134.

224 Bydlinski, Juristische Methodenlehre und Rechtsbegriff, S. 480; Pawlowski, Methodenlehre für Juristen, Rdnr. 493; Larenz, Methodenlehre, S. 377; Vogel, Juristische Methodik, S. 134.

225 S.o. S. 51.

war, dass Annexbedingungen vom Wortsinn der Vorschrift nicht umfasst sind.[226] Hieraus folgt die Regelungslücke.

Diesem Zwischenergebnis steht nicht etwa die Vorschrift des § 270 I BGB a.F. entgegen. Das BAG hatte im Fall der Einführung bargeldloser Lohnzahlung zumindest zur Bestätigung der entwickelten Rechtsauffassung auf die Rechtsfolge dieser Vorschrift hingewiesen.[227] Gemäß der Vorschrift des § 270 I BGB a.F. hat der Schuldner „Geld im Zweifel auf seine Gefahr und seine Kosten dem Gläubiger an dessen Wohnsitz zu übermitteln". Infolgedessen könnte eine Regelung vorhanden sein, durch die eine Verteilung der materiellen Folgen von Mitbestimmungsregelungen vollzogen wird. Allerdings vermag die Vorschrift des § 270 BGB a.F. keine allgemeingültige Regelung zu schaffen. Die Regelung erfasst lediglich *zufällig* den Fall bargeldloser Lohnzahlung.

bb) „Planwidrigkeit" der Gesetzeslücke

Die Gesetzeslücke muss im Widerspruch zu dem *gesetzgeberischen Plan* stehen.[228] In diesem Zusammenhang ist zu berücksichtigen, dass dem Gesetzgeber sowohl eine positive als auch negative Regelungsfreiheit zukommt.[229] Das bedeutet, dass Anlass für eine Gesetzeslücke die Entscheidung des Gesetzgebers gewesen sein kann, einen bestimmten Bereich *nicht* zu regeln. Unerheblich ist, ob sich die betreffende gesetzgeberische Entscheidung als *rechtspolitischer Fehler* erweist.[230] Denn in keinem Fall darf die richterliche Rechtsfortbildung als Mittel zur Korrektur rechtspolitischer Fehler der Legislative genutzt werden.[231]

Die Frage, von welchem Standpunkt aus die „Planwidrigkeit" zu beurteilen ist, wird nicht einheitlich beurteilt.[232] Die Bandbreite reicht von dem eigenen Rechtsbewusstsein des Rechtsanwendenden bis zum Plan des Gesetzes selbst.[233]

Nach der h.L. kommt es für die Beurteilung der Planwidrigkeit auf den Standpunkt des Gesetzes selbst an.[234]

---

226 S.o. S. 51.

227 S.o. S. 25 f.

228 Canaris, Die Feststellung von Lücken im Gesetz, S. 31; Chanos, Begriff und Geltungsgrundlagen der Rechtsanalogie im heutigen juristischen Methodenstreit, S. 106-107; Engisch, Einführung in das juristische Denken, S. 241;. Larenz, Methodenlehre, S. 373.

229 Vgl. Bydlinski, Juristische Methodenlehre und Rechtsbegriff, S. 472: Vgl. Canaris, Die Feststellung von Lücken im Gesetz, S. 73; Vgl. Larenz, Methodenlehre, S. 373-374.

230 Vgl. Canaris, Die Feststellung von Lücken im Gesetz, S. 73; vgl. Langhein, Das Prinzip der Analogie als juristische Methode, S. 204; Larenz, Methodenlehre, S. 374.

231 Vgl. Canaris, Die Feststellung von Lücken im Gesetz, S. 73; vgl. Langhein, Das Prinzip der Analogie als juristische Methode, S. 204, 206.

232 Vgl. Canaris, Die Feststellung von Lücken im Gesetz, S. 31.

233 Vgl. Canaris, Die Feststellung von Lücken im Gesetz, S. 31 ff.

Dies ist zutreffend. Die Auffassungen, die von einer anderen Beurteilungsbasis ausgehen, sind abzulehnen. Ausschlaggebend dafür ist, dass das Vorliegen einer „planwidrigen“ Gesetzeslücke zwingend eine Berücksichtigung der Entwicklung des Gesetzes und der Regelungsabsicht des Gesetzgebers voraussetzt. Nur so kann ermittelt werden, ob der Gesetzgeber seinerzeit einen Tatbestand *versehentlich* nicht in den Regelungsbereich der betreffenden Norm aufgenommen hat. Die anderen Auffassungen, die als Anknüpfungspunkt das Rechtsbewusstsein des Rechtsanwendenden oder einen sozialen Interessengegensatz bevorzugen[235], lassen die in der Entstehung und der Entwicklung der betreffenden Norm enthaltenen Aussagen unberücksichtigt. Demzufolge besteht die Gefahr, dass diese Auffassungen im Einzelfall nicht auf die Ausfüllung einer Gesetzeslücke gerichtet sind, sondern zu einer Korrektur des Gesetzes führen.[236] Denn das Maß für die Feststellung einer Gesetzeslücke außerhalb des Gesetzes selbst zu suchen, bedeutet, die Beantwortung von sachfremden Erwägungen abhängig zu machen. Diese sachfremden Erwägungen, losgelöst von der Historie und Teleologie des Gesetzes, können keine verlässlichen Erkenntnisse über eine „planwidrige“ Lücke verschaffen. Infolgedessen ist mit der h.L. die Feststellung einer Gesetzeslücke durch einen geschichtlichen und am Zweck des Gesetzes orientierten Rückgriff festzustellen. Die Frage, ob eine „planwidrige“ Gesetzeslücke vorliegt, wird demgemäß nach den Regeln der Gesetzesauslegung festgestellt.[237] Maßgebend ist die dem Gesetz zugrunde liegende Regelungsabsicht, die im Wege der *historischen* und *teleologischen* Auslegung zu ermitteln ist.[238] Bei der Feststellung von Lücken unter Zugrundelegung teleologischer Aspekte sind die anzuwendenden Kriterien weit auszulegen. Bedeutsam sind nicht nur die Absichten und bewusst getroffenen Entscheidungen des Gesetzgebers, sondern auch objektive Rechtszwecke sowie allgemeine Rechtsprinzipien. In diesem Zusammenhang ist insbesondere der Gleichheitsgrundsatz zu beachten.[239]

(1) Historische Auslegung

Unter Berücksichtigung dessen ist zunächst die historische Auslegung als Entscheidungshilfe bei der Feststellung der Planwidrigkeit der Gesetzeslücke her-

---

234 Canaris, Die Feststellung von Lücken im Gesetz, S. 33; Larenz, Methodenlehre, S. 373.
235 So etwa Isay, Rechtsnorm und Entscheidung, S. 224.
236 vgl. auch Canaris, Die Feststellung von Lücken im Gesetz, S. 33.
237 BGHZ 72, S. 88; Larenz, Methodenlehre, S. 373.
238 BGHZ 72, S. 88; Larenz, Methodenlehre, S. 373.
239 Larenz, Methodenlehre, S. 373; Canaris, Die Feststellung von Lücken im Gesetz, S. 34.

anzuziehen. Sie ist gerichtet auf die Feststellung der rechtsgeschichtlichen Entwicklung der geregelten Materie.[240]

Maßgeblich ist demzufolge, ob eine historische Betrachtung Aufschluss über eine die *teleologische Extension* ermöglichende Gesetzeslücke gibt. Da die einzelnen Mitbestimmungstatbestände durch einen einheitlichen historischen Ablauf geprägt sind, orientiert sich die Auslegung nicht am *einzelnen* Mitbestimmungstatbestand, sondern *generell* an der Vorschrift des § 87 I BetrVG.

(aa) Betriebsrätegesetz

In der Zeit vom Beginn der Industrialisierung bis zu den von Bismarck im Jahr 1891 als Arbeiterschutzgesetz in die Gewerbeordnung aufgenommenen Regularien waren die Mitbestimmungsrechte streng limitiert.[241] Infolgedessen konnte ihre Manifestation keinesfalls richtungsweisend für die Beurteilung der Einbeziehung von Annexbedingungen sein.

Erstmals im Betriebsrätegesetz vom 4.2.1920 wurde die Mitbestimmung innerhalb der Betriebsverfassung *verwirklicht.*[242] Der Umfang der Mitbestimmung war noch gering ausgeprägt.[243]

Die Rechte des Betriebsrates erschöpften sich im Wesentlichen auf Unterrichtung, Vermittlung und sonstige Mitwirkung.[244]

Echte Mitbestimmungsrechte bestanden beim Erlass von Arbeitsordnungen, Dienstvorschriften sowie bei der Vereinbarung bestimmter Arbeitsbedingungen und Einstellungsrichtlinien durch Betriebsvereinbarung (§§ 66 Nr. 5, 78 Nr. 3, 80 BRG).

Unter *Dienstvorschriften* im Sinne des Betriebsrätegesetzes waren solche Regelungen zu verstehen, mit denen die Ordnung des Betriebes und das Verhalten der Arbeitnehmer im Betrieb festgelegt wurden.[245]

Die dem Betriebsrat eingeräumten Mitbestimmungsrechte waren ein erheblicher Fortschritt, blieben in ihrem Regelungsumfang jedoch weit hinter den späteren Regelungen des Betriebsverfassungsgesetzes zurück.

---

240 Larenz, Methodenlehre, S. 328; Wank, Die Auslegung von Gesetzen, S. 93.

241 Vgl. GewO v. 1.6.1891, RGBl. S. 261.

242 Bachner in: D/K/K-BetrVG, Einl. Rdnr. 10; Fitting, BetrVG, Einl. Rdnr. 1; Wiese in: GK-BetrVG, Einl. Rdnr. 13; Richardi in: Richardi/Thüsing-BetrVG, Einleitung, Rdnr. 11.

243 Bachner in: D/K/K-BetrVG, Einl. Rdnr. 10; Fitting, BetrVG, Einl. Rdnr. 1; Wiese in: GK-BetrVG, Einl. Rdnr. 14; Richardi in Richardi/Thüsing-BetrVG, Einleitung, Rdnr. 11.

244 Bachner in: D/K/K-BetrVG, Einl. Rdnr. 10; Fitting, BetrVG; Einl. Rdnr. 1; Wiese in: GK-BetrVG, Einl. Rdnr. 14; Richardi in: Richardi/Thüsing-BetrVG, Einl. Rdnr. 11.

245 Mansfeld, Betriebsrätegesetz, § 66, S. 319, Ziff. 6 a.

Die Bedeutung des Betriebsrätegesetzes für Annexbedingungen liegt einerseits in der Erfassung der beschwerlichen historischen Entwicklung der echten Mitbestimmung von Arbeitnehmervertretungen. Denn noch immer war der Gesetzgeber damit befasst, die Missstände des Beginns der Industrialisierung einzudämmen.

Andererseits kommt diesem historischen Abschnitt deshalb Gewicht zu, weil er im Hinblick auf die Regelung von Annexbedingungen eine *negative* Aussage trifft. Diese besteht darin, dass Annexbedingungen seinerzeit evident nicht zur Regelungsdisposition standen Die rechtliche Innovation war vielmehr geprägt dadurch, dass erstmals eine Mitbestimmung der Arbeitnehmer – wenn auch geringen Umfanges – reglementiert wurde. Der offensichtliche Charakter dieser Rechte als Maximalbedingungen kann argumentum e contrario nur dahingehend gewertet werden, dass eine weite Auslegung keinesfalls beabsichtigt war. Infolgedessen sind Annexbedingungen unter Berücksichtigung der Regelungsinhalte des Betriebsrätegesetzes und den damit verbundenen Absichten des Gesetzgebers nicht vom Regelungsgehalt des § 87 I BetrVG erfasst. Denn insoweit würden die dort erfassten Regelungstatbestände ebenfalls als Maximalbedingungen zu verstehen sein.

(bb) Betriebsverfassungsgesetz von 1952

Bereits im BetrVG 1952 bildete die Beteiligung des Betriebsrates in sozialen Angelegenheiten den Kernbereich der betrieblichen Mitbestimmung.[246] Auch im Geltungsbereich dieses Gesetzes subsumierte man unter den Begriff „soziale Angelegenheiten“ sowohl die materiellen als auch die formellen Arbeitsbedingungen.[247] Ferner bezog man den Bereich „Arbeitsschutz“ sowie die „Wohlfahrtseinrichtungen“ in den Geltungsbereich ein.[248] Die zentrale Bedeutung der *sozialen Angelegenheiten* im Bereich der Mitbestimmung hat ihren Ursprung zum einen in der historischen Entwicklung, da die Arbeitnehmer insbesondere dort sowie im Bereich der Arbeitsordnung dem einseitigen Weisungsrecht und damit nicht zuletzt der Willkür des Arbeitgebers ausgesetzt waren.[249] Zum anderen folgt das Schwergewicht der Mitbestimmung im Bereich der sozialen Angelegenheiten aus der *Natur der Sache*, da es sich regelmäßig um solche Angelegenheiten handelt, durch die die Arbeitnehmer *unmittelbar* betroffen werden.[250]

---

246 Nikisch III, Arbeitsrecht, § 112 I. 1.
247 Neumann-Duesberg, Betriebsverfassungsrecht, S. 453.
248 Neumann-Duesberg, Betriebsverfassungsrecht, S. 453.
249 Nikisch III, Arbeitsrecht, § 112 I. 1.
250 Nikisch III, Arbeitsrecht, § 112 I. 1.

Gleichwohl befinden sich trotz einer fortgeschrittenen praktischen Entwicklung der Mitbestimmung weder in den Materialien zum BetrVG 1952 noch in dem Gesetz selbst ausdrückliche oder konkludente Hinweise auf die rechtliche Einordnung von *Annexbedingungen*. Insbesondere die rege Diskussion, ob sich die Vorschrift des § 56 BetrVG nur auf formelle oder auch auf materielle Arbeitsbedingungen erstrecke, belegt, dass ganz offensichtlich die Problematik der Annexbedingungen entweder nicht bekannt oder jedenfalls nicht relevant war. Infolgedessen spricht die historische Entwicklung der Vorschrift des § 56 BetrVG 1952 *gegen* eine Einbeziehung von Annexbedingungen in den Mitbestimmungstatbestand des § 87 I BetrVG.

(cc) Betriebsverfassungsrecht von 1972

Im BetrVG 1972 erfuhr die Mitbestimmung in sozialen Angelegenheiten eine Verbesserung und Erweiterung, die auch in der Begründung des Entwurfes bestätigt wurde.[251]

Rückschlüsse auf die rechtliche Behandlung von Annexbedingungen im Zusammenhang mit der Mitbestimmung in sozialen Angelegenheiten können den Gesetzesmaterialien jedoch nicht entnommen werden. Sie werden weder unmittelbar erwähnt noch wird die Problematik mittelbar berührt.

Das Schweigen des historischen Umfeldes des BetrVG 1972 trifft keine Aussage über die Zugehörigkeit von Annexbedingungen.

(dd) Auswertung der historischen Aspekte

Die Auswertung der historischen Betrachtung enthält zwar im Ergebnis eine Tendenz dazu, im Zusammenhang mit den nicht geregelten Annexbedingungen eine planwidrige Gesetzeslücke zu verneinen. Eine verlässliche Aussage kann jedoch nicht getroffen werden. Die Berücksichtigung der Zeit des Beginns der Industrialisierung verschafft den Mitbestimmungsrechten der Arbeitnehmerschaft den Charakter von Maximalbedingungen. Dies spräche naturgemäß gegen das Vorliegen einer planwidrigen Gesetzeslücke. Gleichwohl führt der enorme und bis dahin einmalige Entwicklungssprung vom Beginn der Industrialisierung bis zum BetrVG 1972 zu einer weitgehenden Unverwertbarkeit der so gewonnenen Erkenntnisse. Die Regelungsentwicklungen sind derart erheblich, dass sich die Bedeutung des Beginns der Industrialisierung und der nachfolgenden Jahre darauf beschränken muss, „Stein des Anstoßes“ für die spätere Entwicklung gewesen zu sein.

---

251 Bundesrat, a.a.O., S. 31.

Bedeutsamer ist dagegen das Schweigen in den Gesetzesmaterialien zu den Betriebsverfassungsgesetzen von 1952 und 1972 und den Gesetzen selbst zu bewerten. Denn gerade die fortschreitende Entwicklung der Mitbestimmung konnte die Problematik in dem einen oder anderen Bereich in den Focus gerückt haben, mit der Folge, dass die Nichtregelung für eine entsprechende Absicht des Gesetzgebers streiten könnte.

Allerdings müssen auch diese Indikationen wegen ihres vagen Charakters unberücksichtigt bleiben.

Im Ergebnis ist demgemäß festzustellen, dass aufgrund der historischen Auslegung keine Aussage über die Planwidrigkeit der Nichtregelung von Annexbedingungen getroffen werden kann.

(2) Teleologische Auslegung

Die teleologische Auslegung orientiert sich an den *erkennbaren Zwecken* und den *Grundgedanken* einer Regelung.[252] Die Ermittlung des Normzweckes erfolgt zum einen über die Berücksichtigung der einer Norm anhaftenden *sozialen Wirklichkeit*. Dieser Ausschnitt wird als Normbereich bezeichnet.[253] Der Anteil der sozialen Wirklichkeit ist für die objektive Auslegung deshalb bedeutsam, weil das Gesetz im Zweifel eine der Sache nach angemessene Regelung bezweckt.[254]

Unter Berücksichtigung dessen ist festzuhalten, dass keiner der einzelnen Mitbestimmungstatbestände des § 87 I BetrVG einen Zweck verfolgt, der es unerlässlich machte, ihm Annexbedingungen zuzuordnen.

(3) Ergebnis der historischen und teleologischen Auslegung

Im Ergebnis ergeben weder die historische noch die teleologische Auslegung Anhaltspunkte für eine *„planwidrige“* Gesetzeslücke. Es kann nicht einmal mit Gewissheit ausgeschlossen werden, dass der Gesetzgeber *absichtlich* von einer Regelung der Annexbedingungen abgesehen hat. Auf der Grundlage einer teleologischen Extension kommt eine Einbeziehung von Annexbedingungen in den Mitbestimmungstatbestand des § 87 I BetrVG nicht in Betracht.

---

252 Bydlinski, Juristische Methodenlehre und Rechtsbegriff, S. 453-454; Larenz, Methodenlehre, S. 328; Pawlowski, Methodenlehre für Juristen, Rdnr. 368; Wank, Die Auslegung von Gesetzen, S. 97; Zippelius, Juristische Methodenlehre, S. 50.

253 Larenz, Methodenlehre, S. 333-334; vgl. Wank, Die Auslegung von Gesetzen, S. 99.

254 Larenz, Methodenlehre, S. 334; Müller, FS 600 Jahre Uni Heidelberg, S. 69.

2. Gesetzesübersteigende Rechtsfortbildung

Die Schließung von Gesetzeslücken kann ferner im Wege der *gesetzesübersteigenden Rechtsfortbildung* erfolgen.[255] Diese ist dadurch geprägt, dass das Gericht *unabhängig* oder sogar *gegen* den Plan des Gesetzgebers eine Korrektur vorzunehmen berechtigt ist.[256] Die gesetzesübersteigende Rechtsfortbildung ist im Hinblick auf die Gewaltenteilung an enge Voraussetzungen geknüpft.

a) Vorliegen einer Rechtsfrage

Gegenstand der gesetzesübersteigenden Rechtsfortbildung kann nur eine *Rechtsfrage* sein.[257] Hierbei handelt es sich ausschließlich um solche Fragen, die eine *rechtliche* Antwort verlangen.[258] Durch die Anknüpfung an diese Voraussetzung sollen solche Fragen ausgeschlossen werden, die rechtlich irrelevant sind, weil sie in den rechtsfreien Raum fallen.[259]

Die Frage, ob der Mitbestimmungskatalog des § 87 I BetrVG auf *Annexbedingungen* auszudehnen ist, beinhaltet eine Rechtsfrage. Sie betrifft unmittelbar die materielle Regelung der Vorschrift. Es handelt sich mithin nicht um die Regelung einer Angelegenheit im *rechtsfreien* Raum.

b) Keine Lösung durch einfache Gesetzesauslegung oder gesetzesimmanente Rechtsfortbildung

Des Weiteren wird vorausgesetzt, dass die Frage weder im Zuge *einfacher Gesetzesauslegung* noch durch *gesetzesimmanente Rechtsfortbildung* beantwortet werden kann.[260]

---

255 BVerfGE, 34, S. 269; BGHZ 26, S. 249; BGHZ 39, 349; vgl. Bydlinski, Grundzüge der juristischen Methodenlehre, S. 70 ff.; vgl. Engisch, Einführung in das juristische Denken, S. 305; Larenz, Methodenlehre, S. 413; Wank, Die Auslegung von Gesetzen, S. 316; vgl. Zippelius, Juristische Methodenlehre, S. 79.

256 Bydlinski, Juristische Methodenlehre und Rechtsbegriff, S. 481 ff.; vgl. Ipsen, Richterrecht und Verfassungsrecht, S. 53 ff.; Larenz, Methodenlehre, S. 414.

257 Bydlinski, Juristische Methodenlehre und Rechtsbegriff, S. 481 ff.; vgl. Ipsen, Richterrecht und Verfassung, S. 55; Larenz, Methodenlehre, S. 426.

258 Bydlinski, Juristische Methodenlehre und Rechtsbegriff, S. 481 ff.; Larenz, Methodenlehre, S. 426.

259 Bydlinski, Juristische Methodenlehre und Rechtsbegriff, S. 481 ff.; Larenz, Methodenlehre, S. 426; Larenz/Canaris, Methodenlehre der Rechtswissenschaft, S. 245-246.

260 Bydlinski, Juristische Methodenlehre und Rechtsbegriff, S. 481 ff.; Larenz, Methodenlehre. S. 426; Wank, Die Auslegung von Gesetzen, S. 316 f.; Zippelius, Juristische Methodenlehre, S. 84.

Es ist festgestellt worden, dass weder die Auslegung der Vorschrift des § 87 I BetrVG eine Anwendbarkeit auf Annexbedingungen ergeben hat noch im Wege der Analogie oder der teleologischen Extension eine „Erweiterung" des Tatbestandes erzielt werden konnte. Infolgedessen ist auch diese Voraussetzung erfüllt.

c) Vorliegen einer besonderen Legitimation

Die gesetzesübersteigende Rechtsfortbildung bedarf einer besonderen *Legitimation*, da sie unabhängig vom Plan des Gesetzgebers erfolgt.[261]

Notwendig ist infolgedessen zunächst eine *grundsätzliche Rechtfertigung*, die sich entweder aus einem strikten Bedürfnis des Rechtsverkehrs, einem in seiner Bedeutung erst später erkannten Rechtsprinzip oder einem Verfassungsprinzip ergeben kann.[262]

Die gesetzesübersteigende Rechtsfortbildung hat sich nicht nur an einem möglicherweise noch erkennbaren Gesetzeszweck zu orientieren, sondern an einem darüber hinausgehenden Rechtsgedanken.[263] Die *Schranken der Rechtsfortbildung* bilden die allgemeinen Prinzipien der Rechtsordnung sowie die verfassungsmäßige Werteordnung.[264] *Allgemeine* Zweckmäßigkeitserwägungen vermögen unter keinen Umständen die Rechtsfortbildung zu rechtfertigen.[265] Es muss ausgeschlossen sein, dass die Lückenausfüllung nur deshalb erfolgt, weil der Gesetzgeber keine Regelung getroffen hat.[266]

aa) Rechtfertigung durch die Bedürfnisse des Rechtsverkehrs

Die Rechtsfortbildung hat insbesondere im Anwendungsbereich des Bürgerlichen Rechts Institute geschaffen, die für den Rechtsverkehr *unabdingbar* waren. Es handelt sich etwa um die Sicherungsübereignung, die Einziehungsermächtigung sowie das Anwartschaftsrecht.[267]

In Bezug auf die Anwendung der Mitbestimmungsregeln auf Annexbedingungen besteht kein *unabdingbares Bedürfnis* des Rechtsverkehrs, den Tatbestand der notwendigen Mitbestimmung auf Annexbedingungen auszuweiten. Es

---

261 Larenz, Methodenlehre, S. 414 ff.

262 Larenz, Methodenlehre, S. 413; vgl. Wank, Die Auslegung von Gesetzen, S. 330 f.

263 Larenz, Methodenlehre, S. 414.

264 Bydlinski, JZ 1985, S. 149 (152); Larenz, Methodenlehre., S. 414; vgl. Wank, Die Auslegung von Gesetzen, S. 330 f.

265 Larenz/Canaris, Methodenlehre der Rechtswissenschaft, S. 246.

266 Larenz/Canaris, Methodenlehre der Rechtswissenschaft, S. 246.

267 Bydlinski, Juristische Methodenlehre und Rechtsbegriff, S. 502; Larenz, Methodenlehre, S. 414-415.

muss vielmehr festgestellt werden, dass die Funktion der notwendigen Mitbestimmung auch *unabhängig* von der Frage der Annexbedingungen gesichert ist. Die Tatsache, dass im Rechtsverkehr zumeist von den Betriebsparteien Rechtsunsicherheiten auftreten, rechtfertigt für sich noch keine durch die Bedürfnisse des Rechtsverkehrs veranlasste Rechtsfortbildung. Infolgedessen scheidet eine gesetzesübersteigende Rechtsfortbildung, die ihre Berechtigung aus unabdingbaren Bedürfnissen des Rechtsverkehrs generieren würde, aus.

bb) Rechtfertigung kraft Rückgriffs auf ungeschriebene Gesetzgebungskompetenzen des Verfassungsrechts

Die Rechtfertigung für eine gesetzesübersteigende Rechtsfortbildung kann aufgrund einer Entlehnung der ungeschriebenen Gesetzgebungskompetenzen des Verfassungsrechts erfolgen.

Nach Art. 30 I GG ist die Ausübung der staatlichen Befugnisse und die Erfüllung der staatlichen Aufgaben Sache der Länder, soweit das Grundgesetz keine andere Regelung trifft oder zulässt. Die Norm enthält eine Generalklausel für die Zuständigkeitsverteilung zwischen Bund und Ländern.[268] Aufgrund dieser Klausel besteht eine – wenn auch widerlegbare – Zuständigkeitsvermutung zugunsten der Länder.[269] Die Zuständigkeitsvermutung in Art. 30 I GG wird für den Bereich der *Gesetzgebung* ergänzt durch Art. 70 I GG.[270] In den Art. 71 ff. GG werden dem Bund Gesetzgebungszuständigkeiten zugewiesen. Bei der Kompetenzzuweisung an den Bund unterscheidet das Grundgesetz zwischen mehreren Systemen. So wird in Art. 71, 73 GG die ausschließliche Gesetzgebungskompetenz des Bundes geregelt. Die Art. 72, 74 und 74 a GG beinhalten den Katalog der konkurrierenden Gesetzgebung. In Art. 75 GG ist die Rahmengesetzgebung des Bundes festgeschrieben. In den nicht in den Art. 70 ff. GG aufgeführten Sachgebieten greift grundsätzlich die ausschließliche Gesetzgebungskompetenz der Länder ein.[271]

Eine *Ausnahme* zu dieser Verteilung bilden die ungeschriebenen Gesetzgebungskompetenzen.[272] Angesichts der Tatsache, dass die enumerative Gestal-

268 Pernice in: H. Dreier (Hrsg.), GG-Komm., Art. 30 Rdnr. 15; Gubelt, in: v. Münch/ Kunig (Hrsg.), GG-Komm., Bd. II Art. 30 Rdnr. 1; Leibholz/Rinck, Art. 30 Rdnr. 16, GG-Komm.; Maunz: in Maunz-Dürig, GG-Komm., Art. 30 Rdnr. 1; Schmidt-Bleibtreu/ Klein, GG-Komm., Art. 30 Rdnr. 1.

269. Klein, FS für das Bundesverfassungsgericht, S. 278; Schmidt-Bleibtreu/Klein, GG-Komm., Art. 30 Rdnr. 3; Zinn, AöR 75, S. 291 (297).

270 Gubelt, in: v. Münch/Kunig (Hrsg.), GG-Komm., Bd. II Art. 30 Rdnr. 2; Schmidt-Bleibtreu/Klein, GG-Komm., Art. 30 Rdnr. 5.

271 Schmidt-Bleibtreu/Klein, GG-Komm., Art. 70 Rdnr. 1-2.

272 Maunz: in Maunz/Dürig, GG-Komm., Art. 70 Rdnr. 62.

tung der Zuständigkeit des Bundes im Grundgesetz dem Aufbau des Mitbestimmungskataloges des § 87 I BetrVG entspricht, stellt sich die Frage der Übertragbarkeit der ungeschriebenen Gesetzgebungskompetenzen auf Annexbedingungen. In diesem Zusammenhang wird deutlich, dass die Zweifel an der außerhalb der Methodik begründeten Übernahme der Annexkompetenz aus dem Verfassungsrecht in die Betriebsverfassung durch Posselt berechtigt waren.[273] Die Prüfung der Zulässigkeit der Übernahme einer ungeschriebenen Gesetzgebungskompetenz aus dem Verfassungsrecht folgt aus der Anwendung der üblichen methodischen Mittel selbst.

(1) Ausweitung des § 87 I BetrVG auf Annexbedingungen aufgrund Sachzusammenhanges

Eine ungeschriebene Zuweisung der Gesetzgebungszuständigkeit im Verfassungsrecht erfolgt aufgrund *„Sachzusammenhangs"*.[274] Eine dem Bund zugewiesene Materie könne verständigerweise nicht geregelt werden, ohne dass zugleich eine nicht ausdrücklich zugewiesene Materie mit geregelt würde.[275] Zuständigkeitsbegründende Wirkung habe demnach, wenn ein Übergreifen in nicht ausdrücklich zugewiesene Materien *unerlässliche* Voraussetzung für die Regelung einer der Bundesgesetzgebung zugewiesenen Materie sei.[276]

Diese strenge Formel von der *Unerlässlichkeit* eines Übergreifens des Bundes in Materien der Länderkompetenzen ist nur in wenigen Fällen verwendet worden.[277] Dort, wo sie zur Anwendung gekommen ist, hat sie stets zur Ablehnung einer Bundeskompetenz geführt.[278]

Unter Berücksichtigung dieser Grundsätze und der Vergleichbarkeit der Interessenlage im Anwendungsbereich des § 87 I BetrVG stellt sich die Frage, ob der *Sachzusammenhang* als verfassungsrechtliche Kompetenzzuweisung eine gesetzesübersteigende Rechtsfortbildung zu rechtfertigen vermag.

Unabhängig vom Einzelfall ist diese Fragestellung zunächst *abstrakt generell* zu beurteilen. Dann, wenn im Grundsatz eine durch den *Sachzusammenhang* gerechtfertigte gesetzesübersteigende Rechtsfortbildung zulässig ist, hat freilich eine am einzelnen Mitbestimmungstatbestand ausgerichtete Entscheidung zu

273 S. o. S. 43.

274 Rozek in: v. Mangoldt/Klein/Starck, GG-Komm., Art. 70 Rdnr. 44; Gubelt in: v. Münch, GG-Komm., Art 70 Rdnr. 24; Maunz in: Maunz/Dürig, GG-Komm., Art. 70 Rdnr. 67.

275 BVerfGE 3, S. 407 (421).

276 BVerfGE 3, S. 407 (421).

277 Bullinger, AöR 96, S. 242.

278 Bullinger, AöR 96, S. 242.

erfolgen. Denn der Sachzusammenhang lässt sich nur in Verbindung mit dem konkreten Sachverhalt feststellen.

Im Grundsatz ist die vom Bundesverfassungsgericht begründete *strenge Formel*, nach der eine Zuständigkeit nur dann begründet werden kann, wenn eine dem Bund zugewiesene Materie verständigerweise nicht geregelt werden kann, ohne dass zugleich eine nicht ausdrücklich zugewiesene andere Materie mit geregelt wird, *unmittelbar* auf die Ausweitung des Tatbestandes des § 87 I BetrVG durch Annexbedingungen anwendbar. Denn die im Verfassungsrecht geprägte Kompetenzzuweisung kraft *Sachzusammenhang* ist ohne weiteres mit der rechtlichen Situation im Bereich der Vorschrift des § 87 I BetrVG *vergleichbar*. Sowohl im Verfassungsrecht als auch im BetrVG können über den *Sachzusammenhang* Materien unter eine einheitliche Regelungsbefugnis gestellt werden, die *unmittelbar* und *notwendig* miteinander verbunden sind. Hier wie dort werden geschriebene Kompetenzregelungen auf nicht ausdrücklich geregelte Materien ausgeweitet.

In dem vom BAG entschiedenen Fall der Einführung der bargeldlosen Lohnzahlung[279] unterliegt unter Berücksichtigung der Formel des Bundesverfassungsgerichts die Übernahme der Kosten für die Einrichtung von Gehaltskonten der Mitbestimmung, da diese Regelung verständigerweise zugleich mit der dem Betriebsrat zugewiesenen Mitbestimmungsangelegenheit erfolgt. Die Einführung der bargeldlosen Lohnzahlung hatte – zumindest früher – notwendig zur Folge, dass die Arbeitnehmer Konten eröffnen mussten und bereits hierdurch sowie durch Kontogebühren Kosten entstanden.

Als Zwischenergebnis ist festzuhalten, dass unter Berücksichtigung des *Sachzusammenhanges* abstrakt-generell eine Ausweitung des Mitbestimmungskataloges auf *Annexbedingungen* erfolgen könnte. Die konkrete Erweiterung des Mitbestimmungskataloges bei Anwendung des Sachzusammenhanges stellt eine Frage des *Einzelfalles* dar, dessen Beurteilung sich aus der Anwendung der strengen Formel des Bundesverfassungsgerichts ergeben würde.

(2) Ausweitung des § 87 I BetrVG auf Annexbedingungen kraft „Natur der Sache"

Die Zugehörigkeit von Annexbedingungen zum Mitbestimmungskatalog des § 87 I BetrVG könnte auch kraft *„Natur der Sache"* begründet werden.

Das Grundgesetz regelt die Verteilung der Gesetzgebungskompetenz zwischen Bund und Ländern in der Weise, dass die Zuständigkeit *bei den Ländern*

---

279 S.o. Fn. 15.

liegt, soweit nicht eine ausdrückliche Zuweisung an den Bund erfolgt.[280] Entgegen dieser Verteilung nimmt das Bundesverfassungsgericht unter bestimmten Voraussetzungen eine Bundeskompetenz kraft *„Natur der Sache“* an, durch welche die Länderkompetenz eingeschränkt wird.[281] Die Verfassung wird insoweit korrigiert.[282]

Diese Voraussetzungen sind nach dem Bundesverfassungsgericht gemäß einer von Anschütz[283] übernommenen Definition dann erfüllt, wenn gewisse Sachgebiete, weil sie ihrer Natur nach eigenste, der partikularen Gesetzgebungszuständigkeit a priori entrückte Angelegenheiten des Reichs darstellen, vom Reiche und *nur* von ihm geregelt werden könnten.[284]

Werden diese Grundsätze auf *Annexbedingungen* übertragen, wäre zu verlangen, dass generell die jeweilige Annexbedingung „begriffsnotwendig“ und „ihrem Wesen nach“ der Mitbestimmung unterliegen würde. Eine solche Feststellung kann aber nicht getroffen werden. Denn es verhält sich nicht so, dass Annexbedingungen geradezu zwingend dem mitbestimmungsrechtlichen Schicksal der Hauptmaterie folgen müssten. Dies ergibt sich bereits daraus, dass das betriebsverfassungsrechtliche Gewicht der notwendigen Mitbestimmung nicht dadurch *geschmälert* wird, dass ihr der Annexbereich *nicht* zugeschlagen wird. Es kann noch nicht einmal festgestellt werden, dass eine mitbestimmungsrechtliche Trennung zwischen Hauptmaterie und Annexbereich unter dem Gesichtspunkt der Praktikabilität nachteilig wäre. Die Betriebspartner haben alternativ die Möglichkeit, den Annexbereich unter Beachtung der allgemeinen Grundsätze in freiwilligen Betriebsvereinbarungen zu regeln. Vor allem besteht aber auch die Option, dass der Annexbereich *keiner* Regelung unterworfen wird.

Festzuhalten ist deshalb, dass Annexbedingungen nicht *kraft „Natur der Sache“* der notwendigen Mitbestimmung zugeordnet werden können.

---

280 Larenz, Methodenlehre, S. 420; Larenz/Canaris, Methodenlehre der Rechtswissenschaft, S. 240.

281 Larenz, Methodenlehre., S. 420; Larenz/Canaris, Methodenlehre der Rechtswissenschaft, S. 240.

282 Larenz, Methodenlehre, S. 420; Larenz/Canaris, Methodenlehre der Rechtswissenschaft, S. 240.

283 Anschütz, Die Reichsaufsicht, S. 363, 367.

284 Anschütz, Die Reichsaufsicht, S. 363, 367.

(3) „Ausweitung“ des § 87 I BetrVG aufgrund „Annexkompetenz“

Eine mit der Kompetenz „kraft Sachzusammenhang“ verwandte Kompetenzzuweisung ist die Annexkompetenz.[285] Die Unterscheidung, die zwischen beiden in der Literatur getroffen wird, ist jedenfalls *überwiegend* terminologischer Art.[286]

Das Bundesverfassungsgericht gebraucht die Begriffe „Annex-Kompetenz“ und „Sachzusammenhang“ zwar nebeneinander, aber stets in *demselben* Sinnzusammenhang. Im Baurechtsgutachten verwendet es im Zusammenhang mit dem Ordnungsrecht den Begriff „Annex“.[287] In der Entscheidung zur Verjährung von Pressedelikten spricht es vom „Sachzusammenhang“.[288] In beiden Fällen umschreibt das Bundesverfassungsgericht den Zusammenhang einer unselbständigen Materie mit der Hauptmaterie.[289]

Das bedeutet, dass eine Übertragbarkeit der Annex-Kompetenz auf Annexbedingungen im Zusammenhang mit der notwendigen Mitbestimmung ohne weiteres in Betracht kommt. Unterschiede zu der Beurteilung der Kompetenzzuweisung „kraft Sachzusammenhang“ sind nicht vorhanden.

cc) Zwischenergebnis

Als Zwischenergebnis kann festgehalten werden, dass die gesetzesübersteigende Rechtsfortbildung *grundsätzlich* sowohl durch die Kompetenzzuweisung „kraft Sachzusammenhang“ als auch durch die „Annex-Kompetenz“ gerechtfertigt sein könnte. Ein Rückgriff auf die Kompetenzzuweisung kraft Natur der Sache scheidet aus.

d) Erforderlichkeit der Rechtsfortbildung und Grundsatz vom „argumentum e silentio legis“

Ferner muss die durch den Rückgriff auf allgemeine Prinzipien gerechtfertigte Rechtsfortbildung auch *erforderlich* sein.[290] Die Erforderlichkeit ist gemessen an der Gesamtrechtsordnung durch *spezifisch juristische* Argumente nachzuwei-

285 Bullinger, AöR 96, S. 237 ff.; Maunz: in Maunz/Dürig, GG-Komm., Art. 70 Rdnr. 71; Rozek in: v. Mangoldt/Klein/Starck, GG-Komm., Art. 70 Rdnr. 44; Gubelt in: v. Münch, GG-Komm., Art. 70 Rdnr. 25.

286 Bullinger, AöR 96, S. 237 ff.; Rozek in: v. Mangoldt/Klein/Starck, GG-Komm., Art. 70 Rdnr. 44.

287 BVerfGE 3, S. 407 (433).

288 BVerfGE 7, S. 43.

289 Vgl. Bullinger, AöR 96, S. 243.

290 Larenz/Canaris, Methodenlehre der Rechtswissenschaft, S. 247.

sen.[291] Bloße Zweckmäßigkeitserwägungen sind ebenso verfehlt wie persönliche Wertschätzungen des Gerichts.[292]

Kann dieser Nachweis nicht mit Erfolg geführt werden, hat die Rechtsfortbildung aufgrund eines *„argumentum e silentio legis"* zu unterbleiben.[293] Das Erfordernis der besonderen Legitimation entspricht in modifizierter Form dem an die Exekutive gerichteten *Gesetzesvorbehalt.*[294]

Das bedeutet, dass im Hinblick auf die Frage der Anwendbarkeit des Mitbestimmungskataloges auf Annexbedingungen eine Abwägung zwischen dem *„argumentum e silentio legis"* und der Erforderlichkeit der Rechtsfortbildung durch Anwendung der ungeschriebenen Gesetzgebungskompetenzen vorzunehmen ist. Nur dann, wenn die *Erforderlichkeit* der Ausdehnung des Mitbestimmungskataloges nachgewiesen wird, ist die Rechtsfortbildung legitimiert.

Ein solches *besonderes Erfordernis* wäre dann gegeben, wenn die notwendige Mitbestimmung ohne eine Erfassung materieller Annexbedingungen nicht sachgemäß durchführbar wäre. Unter Berücksichtigung der definierten *Erforderlichkeit* der Rechtsfortbildung genügt es nicht, wenn die Ausdehnung des Mitbestimmungskataloges lediglich *zweckmäßig* erscheint. In diesem Fall hat das „argumentum e silentio legis" Vorrang.

Ein entsprechendes Erfordernis begründen die mit der Hauptmaterie verbundenen Annexbedingungen im Rahmen der notwendigen Mitbestimmung nicht. Selbst dann, wenn davon ausgegangen wird, dass die praktische Durchführung der notwendigen Mitbestimmung *vereinfacht* würde, genügte dies den an eine gesetzesübersteigende Rechtsfortbildung gekoppelten Erfordernissen nicht. Denn Legitimation für die faktische Ausdehnung des Gesetzes dürfen nicht nur *Zweckmäßigkeitserwägungen* der Gerichte sein.

Die Vereinfachung läge insbesondere in einer deutlicheren Abgrenzung der Kompetenzen der Einigungsstelle. Bezeichnenderweise konzentriert sich eine Vielzahl der in der Rechtsprechung entschiedenen Fälle auf Kompetenzstreitigkeiten im Zusammenhang mit Sprüchen der Einigungsstelle. Allerdings generiert sich diese Argumentation aus Zweckmäßigkeitserwägungen, die bei der Frage der Beurteilung der Erforderlichkeit nicht berücksichtigt werden darf. Erst dann, wenn sich die praktische Durchführung der Mitbestimmung ganz oder zumindest teilweise als unmöglich erwiese, könnte die Schwelle zur Erforderlichkeit insoweit überschritten sein.

---

291 Larenz/Canaris, Methodenlehre der Rechtswissenschaft, S. 247.

292 Larenz/Canaris, Methodenlehre der Rechtswissenschaft, S. 247.

293 Larenz/Canaris, Methodenlehre der Rechtswissenschaft, S. 247.

294 Larenz/Canaris, Methodenlehre der Rechtswissenschaft, S. 247.

Ebenso wenig rechtfertigt die Tatsache, dass die Beurteilung von Koppelungsgeschäften von der rechtlichen Qualifizierung von Annexbedingungen abhängt, für sich die Rechtsfortbildung. Von vornherein kann keine unzulässige Koppelung vorliegen, wenn an die Hauptmaterie des jeweiligen Mitbestimmungstatbestandes Bedingungen geknüpft werden, die jedenfalls als Annex dem Tatbestand angehören. Erst dann, wenn die Ausdehnung der Mitbestimmung auf Annexbedingungen ganz oder teilweise abgelehnt wird, stellt sich die Frage der Zulässigkeit der Koppelung.

Es ist nicht von der Hand zu weisen, dass eine eindeutige rechtliche Einordnung der Annexbedingungen zu größerer Rechtsklarheit führte. Allerdings vermag dieser Umstand allein die Erforderlichkeit zur Rechtsfortbildung nicht zu begründen. Dies scheitert bereits daran, dass das Bedürfnis nach Rechtsklarheit keine Entscheidung in eine bestimmte Richtung erfordert. Sie wird durch die Entscheidung für den einen *oder* anderen Weg geschaffen.

Das bedeutet, dass das „argumentum e silentio legis" mangels begründeter Erfordernisse für eine Ausweitung des Mitbestimmungskataloges auf Annexbedingungen Vorrang genießen muss.

3. Zwischenergebnis

Als Zwischenergebnis ist festzuhalten, dass eine Erweiterung des Mitbestimmungskataloges durch eine gesetzesübersteigende Rechtsfortbildung *mangels nachgewiesener* Erforderlichkeit nicht in Betracht kommt.

III. Ergebnis der Rechtsfortbildung

Nach dem Ergebnis der Untersuchung kann die Vorschrift des § 87 I BetrVG unter keinem methodischen Aspekt auf *Annexbedingungen* angewandt werden.

G. Regelungsmöglichkeiten im Zusammenhang mit *materiellen* Annexbedingungen

Vor dem Hintergrund dieses Ergebnisses stellt sich die Frage, „ob" und gegebenenfalls „welche" Optionen den Betriebspartnern zur *Regelung* von Annexbedingungen zur Verfügung stehen.

Diese Frage stellt sich deshalb, weil mangels entsprechender Kompetenz sich im Bereich der *notwendigen* Mitbestimmung weder die Betriebspartner im Zuge einer Mitbestimmungsregelung wirksam über eine Annexbedingung einigen können, noch die Einigungsstelle die fehlende Einigung ersetzen kann.

Demzufolge ist einerseits zu prüfen, welche Regelungsmodalitäten den Betriebspartnern zur Verfügung stehen. Andererseits ist zu berücksichtigen, dass die Betriebspartner nicht notwendig eine Einigung herbeiführen müssen, so dass die mit einer Nichteinigung zusammenhängenden Folgen zu bewerten sind.

I. Individualvertragliche Regelungen zwischen Arbeitgeber und Arbeitnehmern

Arbeitgeber und Arbeitnehmer haben die Möglichkeit, individualvertragliche Regelungen abzuschließen, in denen die Annexbedingungen geregelt werden. Entsprechende Regelungen können entweder abstrakt-generell bereits in den Arbeitsverträgen oder aber konkret-individuell anlässlich der Reglung einer bestimmten Mitbestimmungsangelegenheit getroffen werden.

Beide Wege sind im Hinblick auf ihre Praxistauglichkeit nur von geringer Bedeutung. Nachträglich werden sich die Arbeitnehmer regelmäßig nicht verpflichten, weitere Leistungspflichten gegenüber dem Arbeitgeber zu übernehmen. Aber auch anlässlich einer konkreten Mitbestimmungsangelegenheit wird hierzu regelmäßig keine Bereitschaft bestehen.

Insgesamt kommt der Regelung durch die Parteien des Arbeitsverhältnisses deshalb nur eine geringe praktische Bedeutung zu.

II. Freiwillige Betriebsvereinbarungen als Regelungsinstrumentarium für Annexbedingungen

Es fragt sich, ob Annexbedingungen als Gegenstand von Betriebsvereinbarungen geregelt werden können. Auch insoweit kämen abstrakt-generelle sowie individuell-konkrete Regelungen in Betracht.[295] Vor dem Hintergrund der fehlenden Annexkompetenz kommt nur eine Regelung im Wege freiwilliger Betriebsvereinbarungen in Betracht.

Die Verpflichtung der Arbeitnehmer durch *Betriebsvereinbarung* hat im Hinblick auf das Günstigkeitsprinzip nur untergeordnete Bedeutung und kann unter Berücksichtigung des Verbotes von Lohnverwendungsbestimmungen gänzlich ausgeschlossen sein.

---

295 Vgl. o.

1. Günstigkeitsprinzip

Auch im Verhältnis Arbeitsvertrag und Betriebsvereinbarung gilt nach heute h.M. das Günstigkeitsprinzip.[296] Das bedeutet, dass die Arbeitnehmer sich auf die günstigere Regelung im Arbeitsvertrag berufen können. Darauf, ob die günstigere arbeitsvertragliche Vereinbarung vor oder nach Abschluss der Betriebsvereinbarung getroffen ist, kommt es nicht an.[297]

Im Rahmen der Durchführung des Günstigkeitsvergleiches ist jeweils zu prüfen, ob durch die betreffende Betriebsvereinbarung rechtliche Verpflichtungen der Arbeitnehmer abgebaut oder aber deren Rechte vermehrt werden.[298] Bei generellen Kostentragungsregelungen in Betriebsvereinbarungen etwa wird der Günstigkeitsvergleich regelmäßig zugunsten der Arbeitnehmer ausfallen. Denn die Gegenleistung des Arbeitgebers für auf die Arbeitnehmer übertragene Kosten wird regelmäßig nicht spezifiziert sein, so dass zunächst den vereinbarten Leistungen der Arbeitnehmer keine konkrete oder auch nur konkretisierbare Leistung des Arbeitgebers gegenübersteht. Daraus folgt, dass die Arbeitnehmer den Arbeitgeber auf die insoweit günstigeren Regelungen im Arbeitsvertrag verweisen können. Die betreffende Regelung der Betriebsvereinbarung wird infolgedessen in aller Regelung faktisch nicht zur Anwendung kommen.

Unter Hinweis auf das Günstigkeitsprinzip hat auch das BAG die Möglichkeit des Abschlusses einer Betriebsvereinbarung mit dem Ziel der Verteilung von Kosten anlässlich der Durchführung einer mitbestimmungspflichtigen Angelegenheit mehrfach abgelehnt. Hierauf ist das BAG nur in den Fällen eingegangen, in denen es eine Ausweitung des Mitbestimmungskataloges um materielle Annexbedingungen verweigert hat. Dies war namentlich bei der Beteiligung der Arbeitnehmer an den Kosten für eine einheitliche Arbeitskleidung[299] sowie

---

296 BAG NZA 1987, S. 168; Belling, DB 1982, S. 2513; Belling, Das Günstigkeitsprinzip im Arbeitsrecht, S. 107 ff.; Berg in: D/K/K-BetrVG, § 77 Rdnr. 19; Etzel, BetrVG, Rdnr. 1081; Fitting, BetrVG, § 88 Rdnr. 10; Frauenkron, Betriebsverfassungsrecht, § 77 Rdnr. 24; Galperin/Löwisch, BetrVG, § 77 Rdnr. 94; Kreutz in: GK-BetrVG, § 77 Rdnr. 230, 234 ff.; Hromadka/Maschmann, BetrVG, § 16 Rdnr. 384; Kreutz, Grenzen der Betriebsautonomie, S. 47 f., 223 f.; Lieb, Arbeitsrecht, Rdnr. 795 ff.; Richardi in: Richardi/Thüsing-BetrVG, § 77 Rdnr. 141 ff.; Schaub, Arbeitsrechtshandbuch, § 231 Rdnr. 36; Schmidt, Das Günstigkeitsprinzip im Tarifvertrags- und Betriebsverfassungsrecht, S. 75 ff.; Söllner/Waltermann, Arbeitsrecht, § 36 IV; Stege/Weinspach/Schiefer, BetrVG, § 77 Rdnr. 30; Zöllner/Loritz/Hergenröder, Lehrbuch zum Arbeitsrecht, S. 497.

297 Schaub, Arbeitsrechtshandbuch, Rdnr. 36.

298 BAG, DB 1993, S. 990 (991); BAG NZA 2001, S. 462 (464); Kreutz in: GK-BetrVG, § 77 Rdnr. 243 ff.

299 BAG DB 1993, S. 990 (991); vgl. dazu auch Kreutz in: GK-BetrVG, § 77 Rdnr. 287.

im Zusammenhang mit der Beteiligung der Arbeitnehmer am Kantinenessen[300] der Fall. In beiden Entscheidungen hat das BAG seine Auffassung, eine Beteiligung der Arbeitnehmer sei auch nicht durch eine freiwillige Betriebsvereinbarung möglich gewesen, mit dem Günstigkeitsprinzip begründet.

Insgesamt betrachtet ist die praktische Relevanz entsprechender Vereinbarungen vor dem Hintergrund des Günstigkeitsprinzips außerordentlich gering.

2. Lohnverwendungsbestimmungen

In dem Fall, in dem die Vereinbarung in der Verpflichtung zur *Übernahme* von Kosten durch die Arbeitnehmer besteht, sind die Regelungen zwischen den Betriebspartnern sogar rechtlich unzulässig. Ausschlaggebend dafür ist, dass derartige Kostentragungsregelungen sich als *Lohnverwendungsbestimmungen* darstellen, durch welche die Arbeitnehmer in ihrem Persönlichkeitsrecht beeinträchtigt werden.[301] Zumindest solche Bestimmungen, die den Arbeitnehmer ausschließlich belasten, sind grundsätzlich unzulässig.[302] Die Forderung zur Beachtung des allgemeinen Persönlichkeitsrechts der Arbeitnehmer ist unmittelbar in § 75 II BetrVG festgeschrieben. Die Einschränkung der freien Verwendung über das Entgelt stellt jedenfalls immer dann einen unzulässigen Eingriff in das allgemeine Persönlichkeitsrecht der Arbeitnehmer dar, wenn die Gegenleistung des Arbeitgebers allein in dessen Interesse liegt.[303] Maßgeblich ist letztlich eine am Einzelfall ausgerichtete Entscheidung. Die der höchstrichterlichen Rechtsprechung zugrundeliegenden Fälle[304] weisen überwiegend ein überragendes Interesse der Arbeitgeber an der von ihnen zu erbringenden Gegenleistung auf. Auch, wenn die Darstellung der vom BAG entschiedenen Fälle keinen Anspruch auf Vollständigkeit erhebt, spiegelt sie jedoch die maßgebliche Rechtsprechung wider. Sie belegt, dass entsprechende Vereinbarungen zwischen Arbeitgeber und Betriebsrat häufig an dem Verbot von Lohnverwendungsbestimmungen scheitern werden.

300 BAG NZA 2001, S. 462 (464).

301 BAG DB 1993, S. 990 (992); BAG NZA 2001, S. 462 (464); BAG EZA § 399 BGB Nr. 1 Bl. 2 R; Fitting, BetrVG, § 77 Rdnr. 57-58; Worzalla in: H/S/W/G/N-BetrVG, § 77 Rdnr. 22; Kreutz in: GK-BetrVG, § 77 Rdnr. 331 ff.; Richardi in: Richardi/Thüsing-BetrVG, § 77 Rdnr. 104.

302 BAG DB 1993, S. 990 (992); BAG NZA 2001, S. 462 (464); Fitting, BetrVG, § 77 Rdnr. 58; Kreutz in: GK-BetrVG, § 77 Rdnr. 332.

303 BAG DB 1993, S. 990 (993).

304 BAG DB 1993, S. 990; BAG NZA 2001, S. 462.

3. Kostenverteilung nach Sphären

Nach Wiese sind die Kosten der Durchführung einer mitbestimmungspflichtigen Angelegenheit von demjenigen zu tragen, in dessen *Sphäre* sie fallen.[305] Dies sei grundsätzlich der Arbeitgeber.[306] Eine dogmatische Überleitung für die Anwendbarkeit der *Sphärentheorie* im Zusammenhang mit materiellen Annexbedingungen bietet er nicht. Es stellt sich deshalb die Frage, ob sie ohne weiteres auf den Bereich der materiellen Annexbedingungen übertragen werden kann. Die *Sphärentheorie* ist ein „spezielles Produkt" des Arbeitsrechts. Sie ist im Bereich der Abgrenzung zwischen Unmöglichkeit und Verzug entwickelt worden.[307] Hintergrund war die Situation, dass der Arbeitnehmer seinen Vergütungsanspruch nach § 615 BGB behält, wenn der Dienstberechtigte sich mit der Annahme der Leistung in Verzug befindet. Anders gestaltet sich dies im Fall der Unmöglichkeit, bei deren Vorliegen der Anspruch auf die Vergütung gemäß § 323 BGB a.F. entfiel. Dies führte insbesondere dann zu unbilligen Ergebnissen, wenn die Unmöglichkeit der Leistung auf einer Betriebsstörung beruhte.[308]

Bereits der *Ursprung* der Sphärentheorie spricht gegen eine Verteilung der materiellen Annexbedingungen nach Sphären. Er ist einem individualarbeitsrechtlichem Bereich zuzuordnen, in dessen Kern es um die Verteilung des „Risikos" bei von beiden Vertragspartnern unverschuldeten *Ausfällen* kommt. So wurde zu Recht die unmodifizierte Anwendung der Vorschrift des § 323 I BGB a.F. als unbillig empfunden, wenn Ursache für die Nichterbringbarkeit der Leistung eine betriebliche Störung war.

Die Verteilung der materiellen Annexbedingungen als Folge der Durchführung mitbestimmungspflichtiger Angelegenheiten hat mit dieser „Risikoverteilung", wie sie unter Anwendung der Sphärentheorie vorgenommen werden soll, nichts gemein. Die Sphärentheorie stellt eine dem Arbeitsrecht angepasste Korrektur des Gesetzes dar, die notwendig ist, weil die Anwendung der gesetzlichen Vorschriften gerade in den Fällen zu unbilligen Ergebnissen geführt hat, in denen der Arbeitnehmer seine Arbeitsleistung aufgrund eines Umstandes nicht erbringen kann, der nach einem Billigkeitsgefühl ausschließlich dem Arbeitgeber zuzuschreiben ist. Denn korrespondierend mit dem unvergleichlich höheren

---

305 Wiese in: GK-BetrVG, § 87 Rdnr. 39.

306 Wiese in: GK-BetrVG, § 87 Rdnr. 39.

307 Vgl. RGZ 106, S. 277 ff.; BAG 3, S. 116 ff.; BAG AP BGB § 65 Betriebsrisiko Nr. 2; Preis in: ErfK-BetrVG, § 615 Rdnr. 120 ff.; Belling in: Erman, § 615 Rdnr. 61 ff.; Henssler in: Münch-Komm.-BGB, § 615 Rdnr. 93 ff.; Vgl. Weidenkaff in: Palandt-BGB, § 615 Rdnr. 21 ff.; Preis, Praxis-Lehrbuch, § 44 I 2.

308 Vgl. Henssler in: Münch-Komm.-BGB, § 615 Rdnr. 94 ff.; Weidenkaff in: Palandt-BGB, § 615 Rdnr. 21 ff.

wirtschaftlichen Nutzen, den der Arbeitgeber hat, muss auch das unternehmerische Risiko verteilt werden.

An einer vergleichbaren Situation fehlt es im Falle der materiellen Annexbedingungen. Denn unabhängig von den konkreten dogmatischen Voraussetzungen kann der Nachweis der Notwendigkeit der Korrektur des Gesetzes nicht erbracht werden. Korrekturbedürftige Nachteile, die mit einer Nichtregelung der Annexbedingungen zusammenhängen, sind nach den in dieser Untersuchung getroffenen Feststellungen nicht erkennbar. Infolgedessen würde mit der Anwendung der Sphärentheorie ohne rechtfertigenden Grund in das Gesetz eingegriffen.

Insgesamt ist die Sphärentheorie für die Regelung von Annexbedingungen deshalb abzulehnen.

4. Zustimmungsverweigerungsrecht

Es hat sich bis hierhin gezeigt, dass der Abschluss freiwilliger Vereinbarungen zwischen Arbeitnehmern und Arbeitgeber oder den Betriebsparteien in der Praxis regelmäßig nicht dazu führen werden, dass Arbeitnehmern materielle Verpflichtungen auferlegt werden, die im Zusammenhang mit einer mitbestimmungspflichtigen Angelegenheit stehen.

Wenn den Betriebsparteien – aus der Praxis beurteilt – keine für sie akzeptablen Möglichkeiten zur Verfügung stehen, – vornehmlich – materielle Annexregelungen zu treffen, stellt sich die Frage, ob dem Betriebsrat im Rahmen der Ausübung der Mitbestimmung ein Zustimmungsverweigerungsrecht zur Verfügung steht, bis sich der Arbeitgeber bereit erklärt, freiwillig die Kosten zu übernehmen, die anlässlich einer mitbestimmungspflichtigen Angelegenheit entstehen.

Teilweise wird ihm ein Zustimmungsverweigerungsrecht eingeräumt, wenn es darum geht, etwa im Fall der Übernahme für die Kosten der Kontoeröffnung diese dem Arbeitgeber aufzuerlegen.[309]

Es ist unverkennbar, dass mit der Beurteilung der Frage des Bestehens eines Zustimmungsverweigerungsrechts abermals der Problemkreis der Koppelungsgeschäfte betroffen ist. Eine Antwort auf dieses Problem kann deshalb jedenfalls abschließend erst dann gefunden werden, wenn die Untersuchung der Zulässigkeit von Koppelungsgeschäften abgeschlossen ist.

Bis dahin kann lediglich im Zuge einer vorläufigen Einschätzung die Besonderheit betont werden, dass es im Zusammenhang mit Annexbedingungen stets um solche Bedingungen geht, die eng mit dem Mitbestimmungstatbestand

309 Blomeyer, EZA zu BetrVG 1972, Lohn- u. Arbeitsentgelt, S. 13.

verknüpft sind. Es spricht einiges dafür, dass dieser Umstand bei der Beurteilung der Zulässigkeit von Koppelungsgeschäften Berücksichtigung finden wird.

Es bestätigt sich im Übrigen einmal mehr, dass die Komplexe der „Annexbedingungen" und „Koppelungsgeschäfte" nicht unabhängig voneinander beurteilt werden können.

5. Erweiterung des Mitbestimmungskataloges durch Betriebsvereinbarung oder Tarifvertrag

Die Ausschau nach einer *generell* verwendbaren Regelung für die Verteilung von Annexbedingungen wirft die Frage der Möglichkeit einer Erweiterung des Mitbestimmungskataloges durch Betriebsvereinbarung oder Tarifvertrag auf. Im Falle der Zulässigkeit könnten die Betriebs- bzw. Tarifparteien den Mitbestimmungskatalog des § 87 I BetrVG um *Annexbedingungen* erweitern.

Die Rechtsprechung und ein großer Teil der Literatur halten die Erweiterung des Mitbestimmungskataloges in den allgemein geltenden Schranken für zulässig. Dies gilt sowohl für eine Erweiterung durch Betriebsvereinbarung als auch durch Tarifvertrag.[310] Allerdings ist diese Auffassung keineswegs unumstritten. Ein nicht unerheblicher Teil Literatur versagt die Möglichkeit der Erweiterung der Mitbestimmung durch Betriebsvereinbarung oder Tarifvertrag.[311]

Die Streitfrage bedarf letztlich keiner Entscheidung. Ausschlaggebend ist vielmehr, den Betriebsparteien einen oder mehrere Wege aufzuzeigen, die ein notwendiges Maß an *Rechtssicherheit* im Umgang mit Annexbedingungen bieten. Dies kann nur dadurch erreicht werden, dass die Beurteilung dieser Frage sich an der aktuellen höchstrichterlichen Rechtsprechung ausrichtet. Infolgedessen wird im Folgenden der Rechtsprechung des BAG gefolgt, die eine Erweiterung des Mitbestimmungskataloges durch Betriebsvereinbarung oder Tarif-

---

310 BAG AP Nr. 3 zu § 56 BetrVG 1956 Bl. 2 R (für Betriebsvereinbarung); BAG AP Nr. 23 zu § 77 BetrVG 1972, Bl. 7 ff. (für Tarifvertrag); BAG AP Nr. 53 zu § 99 BetrVG 1972, Bl. 3 ff. (für Tarifvertrag); BAG AP Nr. 11 zu § 611 BGB „Akkordlohn" Bl. 4 R; Beck, AuR 1981, S. 367 ff.; Beuthien, ZfA 1986, S. 131 (136 ff.); Bunge, Tarifinhalt und Arbeitskampf, S. 344 ff.; Berg in: D/K/K-BetrVG, § 88 Rdnr. 6; Fitting, BetrVG, § 87 Rdnr. 6-7; Gast, Arbeitsvertrag und Direktion, S. 174 ff., Wiese in: GK-BetrVG, § 87 Rdnr. 10; Hanau, RdA 1973, S. 281 (293); Meier-Krenz, Die Erweiterung von Beteiligungsrechten, S. 139 ff.; Otto, NZA 1992, S. 97 (101 f.); Säcker, ZfA 1972, Sonderheft S. 41 (70).

311 ArbG Solingen NZA 1986, S. 102 (103); Richardi in: Richardi/Thüsing-BetrVG, Vorbem. § 87 Rdnr. 12-13; Galperin/Löwisch, § 87 Anm. 14; Worzalla in: H/S/W/G/N-BetrVG, § 87, Anm. 40 f.; Löwisch/Kaiser, BetrVG, § 87, Rdnr. 35 (für Tarifvertrag); Nikisch III, Arbeitsrecht, § 111 V 1, 2; Siebert, BB 1958, S. 421; Stege/Weinspach/Schiefer, BetrVG, § 87, Anm. 6/7.

vertrag für zulässig erachtet. Es sind demzufolge im Weiteren die Voraussetzungen zu prüfen, unter denen eine Erweiterung des Kataloges zulässig ist.

a) Schranken der Erweiterung des Mitbestimmungskataloges des § 87 I BetrVG

Die Erweiterung des Kataloges der notwendigen Mitbestimmung kann nicht schrankenlos gewährleistet werden.[312]

aa) Regelungsbefugnis der Betriebs- oder Tarifpartner

Eine Erweiterung kommt nur in solchen Angelegenheiten in Betracht, in denen die Betriebsparteien oder Tarifpartner selbst in der Sache eine Regelung hätten treffen können.[313] Diese an die Zulässigkeit der Erweiterung des Mitbestimmungskataloges gekoppelten Voraussetzungen stellen insofern eine Selbstverständlichkeit dar, als die diesbezügliche Legitimation der Tarifpartner oder Betriebsparteien nicht zu einer Umgehung der üblicherweise geltenden Schranken führen darf.

Daraus folgt, dass die allgemeinen und speziellen Schranken der Mitbestimmung einzuhalten sind.[314]

bb) Annexbedingungen als soziale Angelegenheiten

Ferner muss es sich um solche Annexbedingungen handeln, die *wesensmäßig* als soziale Angelegenheiten anzusehen sind.[315] Maßgebend hierfür ist die Intention, eine horizontale Vermengung der Rechte des Betriebsrats zu verhindern.[316]

Eine Erweiterung kommt deshalb nur in sozialen Angelegenheiten in Betracht, die keinem anderen Sachgebiet unterfallen.[317]

Es liegt gerade in der Natur der Sache der Annexbedingungen, dass sie mit einem Tatbestand des Mitbestimmungskataloges des § 87 I BetrVG sachlich verbunden sind. Infolgedessen kommt eine Erweiterung des Mitbestimmungskataloges durch Parteivereinbarung in Betracht. In der Praxis wird sich diese Option nicht erfolgreich durchsetzen, da die einzelnen in der Zukunft zu regelnden Annexbedingungen nicht vorhersehbar sein werden.

---

312 Vgl. Wiese in: GK-BetrVG, § 87 Rdnr. 13.

313 Wiese in: GK-BetrVG, § 87 Rdnr. 14.

314 Wiese in: GK-BetrVG, § 87 Rdnr. 13.

315 Vgl. BAG AP Nr. 2 zu § 76 BetrVG 1972 Einigungsstelle Bl. 3 R; Vgl. Wiese in: GK-BetrVG, § 87 Rdnr. 13; vgl. Wiedemann, TVG, § 1 Rdnr. 599 ff.

316 Wiese in: GK-BetrVG, § 87 Rdnr. 13.

317 Däubler, Das Grundrecht der Mitbestimmung, S. 368.

b) Ergebnis

Im Ergebnis ist festzuhalten, dass der Katalog der notwendigen Mitbestimmung des § 87 I BetrVG grundsätzlich sowohl durch Betriebsvereinbarungen als auch durch Tarifverträge erweitert werden kann. Der Nutzen für die Praxis muss jedoch mangels Vorhersehbarkeit des konkreten Regelungsbedarfs als gering eingestuft werden.

H. Rechtsfolgenbetrachtung im Zusammenhang mit formellen Annexbedingungen

Formelle Annexbedingungen betreffen die mit der Regelung einer mitbestimmungspflichtigen Angelegenheit zusammenhängenden Fragen der Ordnung des Betriebes.[318] Die Mitbestimmung in einer Angelegenheit kann – nicht muss – die Aufstellung weiterer Dienst- und Ordnungsvorschriften notwendig machen, die im Mitbestimmungskatalog nicht geregelt sind. Dies gilt etwa im Fall der Einrichtung von Bildschirmarbeitsplätzen. Da es sich ausschließlich um betriebliche Angelegenheiten handelt, ist für die Aufstellung der Folgeregelungen zwingend der Arbeitgeber zuständig. Kompetenzprobleme können mithin nicht auftreten. Die in diesem Zusammenhang auftretende Fragestellung ist ausschließlich darauf gerichtet, ob der Betriebsrat die Regelung der Annexmaterie vom Arbeitgeber verlangen kann und ob gegebenenfalls die Einigungsstelle über die Annexmaterie eine Entscheidung fällen kann.[319]

Ein Initiativrecht steht dem Betriebsrat nur zu, wenn die formelle Annexmaterie dem betreffenden Mitbestimmungstatbestand angehört. Entsprechendes gilt für die Zuständigkeit der Einigungsstelle.

Im Hinblick auf formelle Annexbedingungen ergeben sich gegenüber der Beurteilung materieller Annexbedingungen keine Besonderheiten. Sowohl formelle als auch materielle Annexbedingungen können nicht dem Mitbestimmungskatalog zugeordnet werden. Infolgedessen sind weder die Betriebspartner noch die Einigungsstelle befugt, im Zuge der notwendigen Mitbestimmung Regelungen hierüber zu treffen. Regelungen im Bereich freiwilliger Betriebsvereinbarungen sind grundsätzlich möglich, da zumindest das Lohnverwendungsverbot keine Schranke begründet. Im Einzelfall mag das Günstigkeitsprinzip eine Vereinbarung der Betriebspartner oder einen Spruch der Einigungsstelle neutralisieren.

---

318 Vgl. BAG DB 1984, S. 775 (784).

319 Vgl. BAG DB 1984, S. 775 (784).

I. Ergebnis der Rechtsfolgenbetrachtung

Als Ergebnis der Rechtsfolgenbetrachtung ist festzustellen, dass nur sehr eingeschränkt Möglichkeiten bestehen, Regelungen über Annexbedingungen zu treffen. Diese Regelungen können zwischen Arbeitgeber und Arbeitnehmer einerseits und Arbeitgeber und Betriebsrat andererseits getroffen werden. Der praktische Nutzen ist gering. Entsprechendes gilt für die Erweiterung des Mitbestimmungskataloges durch Betriebsvereinbarung oder Tarifvertrag. Einzig die Frage des Zustimmungsverweigerungsrechts könnte ein für beide Teile probates Mittel darstellen, den Mitbestimmungskatalog faktisch um Annexbedingungen zu erweitern. Die Frage nach deren Zulässigkeit muss einer Prüfung der Zulässigkeit von Koppelungsgeschäften vorbehalten bleiben.

K. Gesamtergebnis

Als Gesamtergebnis kann festgehalten werden, dass Annexbedingungen dem Mitbestimmungskatalog nicht zugeordnet werden können. Die Vorschrift des § 87 I BetrVG hatte sich im Hinblick auf Annexbedingungen als nicht auslegungsfähig erwiesen. Infolgedessen war zu prüfen, ob eine Erweiterung des Mitbestimmungskataloges durch Rechtsfortbildung in Betracht kommt. Eine Gesetzesanalogie schied mangels einer analogiefähigen Norm aus. Ebenso wenig kam eine Rechtsanalogie nicht in Betracht. Die Zugehörigkeit von Annexbedingungen durch teleologische Reduktion scheiterte an dem Vorliegen einer planwidrigen Gesetzeslücke.

Im Zusammenhang mit der gesetzesübersteigenden Rechtsfortbildung musste festgestellt werden, dass eine Einbeziehung von Annexbedingungen in den Mitbestimmungskatalog an der hierfür notwendigen Erforderlichkeit scheiterte.

Den Betriebsparteien stehen – in beschränktem Umfang – Möglichkeiten zur Verfügung, freiwillige Vereinbarungen über die Einbeziehung von Annexbedingungen zu treffen. Ob den Betriebspartnern ein – wirkungsvolles – Zustimmungsverweigerungsrecht zur Verfügung steht, muss wegen entsprechender Sachnähe der Prüfung der Zulässigkeit von Koppelungsgeschäften vorbehalten bleiben.

L. Lösung der Beispielsfälle

Auf der Grundlage des erzielten Ergebnisses sind die oben gebildeten Beispielsfälle zu lösen. Die Differenzierung zwischen den Fällen bereitet insoweit keine Schwierigkeiten, als eine Zugehörigkeit von Annexbedingungen zum Mitbestimmungskatalog grundsätzlich abzulehnen ist. Demzufolge können in den dargestellten Fällen die Betriebspartner Regelungen über Annexbedingungen nicht erzwingen. Auch die Einigungsstelle ist nicht befugt, Regelungen über solche Gegenstände zu treffen, die nicht der notwendigen Mitbestimmung unterliegen. Die Möglichkeit, Annexbedingungen etwa in freiwilligen Betriebsvereinbarungen zu regeln, bleibt hiervon unberührt. Dies gilt unabhängig von der Intensität des Zusammenhanges von der jeweiligen Annexbedingung zum betreffenden Tatbestand des Mitbestimmungskataloges des § 87 I BetrVG.

§ 3 Die Zulässigkeit von Koppelungsgeschäften im Bereich der notwendigen Mitbestimmung des § 87 I BetrVG

1. Teil: Definition der Koppelungsgeschäfte

A. Allgemeine Definition – „Bedingungsdefinition“ und Verursachungsdefinition“

Nach der allgemeinen wettbewerbsrechtlich orientierten Definition sind Koppelungsgeschäfte inhaltlich dadurch geprägt, dass zwei oder mehrere Waren oder Leistungen zu einem Gesamtangebot zusammengefasst werden.[320] Dies gelte unabhängig davon, ob zwischen den Waren und Dienstleistungen ein Funktionszusammenhang bestehe.[321] Es stehe dem Unternehmer demgemäß frei, komplett artverschiedene Waren und Dienstleistungen in diesem Angebot miteinander zu verbinden.[322] Im Zuge der Definition von Koppelungsgeschäften unterscheidet Burkert zwischen der Bedingungs- und Verursachungsdefinition.[323] Nach ersterer ist der Tatbestand eines Koppelungsgeschäftes erst dann erfüllt, wenn die Abgabe einer Ware oder Dienstleistung nur für den Fall erfolgt, dass auch die verbundene Ware oder Dienstleistung abgenommen wird.[324] Nach letzterer liegen die Voraussetzungen eines Koppelungsgeschäftes bereits dann vor, wenn der Unternehmer eine Ursache für die Abnahme der verbundenen Ware oder Dienstleistung gesetzt hat.[325] Welcher der beiden Definitionen zu folgen ist, bedarf zumindest an dieser Stelle keiner Entscheidung.

Naturgemäß kann die Wettbewerbsfreiheit nicht schrankenlos gewährt werden.[326] Die Einschränkungen stehen in Abhängigkeit zu den Gefahren, die von

---

320 BGH GRUR 2003, S. 538 (539); Burkert, Die Zulässigkeit von Koppelungsgeschäften aus wettbewerbsrechtlicher Sicht, S. 31 ff.; Köhler in: Köhler/Bornkamm, Wettbewerbsrecht, § 4 Rdnr. 1.44.

321 BGH GRUR 2003, S. 538 (539); Köhler in: Köhler/Bornkamm, Wettbewerbsrecht, § 4 Rdnr. 1.44.

322 BGH GRUR 2003, S. 538 (539); Stuckel in: Harte/Henning, UWG, § 4 Nr. 1 Rdnr. 39.

323 Burkert, Die Zulässigkeit von Koppelungsgeschäften aus wettbewerbsrechtlicher Sicht, S. 31.

324 Burkert, Die Zulässigkeit von Koppelungsgeschäften aus wettbewerbsrechtlicher Sicht, S. 31.

325 Burkert, Die Zulässigkeit von Koppelungsgeschäften aus wettbewerbsrechtlicher Sicht, S. 32.

326 Köhler in: Köhler/Bornkamm, Wettbewerbsrecht, § 4 Rdnr. 1.61.

den Geschäften für Verbraucher ausgehen.[327] Im Bereich des Wettbewerbsrechts etwa handelt nach § 4 Nr. 1 UWG derjenige unlauter, der Wettbewerbshandlungen vornimmt, die geeignet sind, die Entscheidungsfreiheit der Verbraucher oder sonstiger Marktteilnehmer unter anderem durch Ausübung von Druck zu beeinträchtigen. Im Geltungsbereich des Verwaltungsrechts fordert die Vorschrift des § 56 I 2 VwVfG ausdrücklich einen sachlichen Zusammenhang zwischen der Leistung einer Behörde und der für diese Leistung vereinbarten Gegenleistung. Dies wird mittelbar als Koppelungsverbot gewertet, da eine sachfremde Verbindung von Leistung und Gegenleistung qua Gesetz unterbunden wird.[328] Damit erfüllt die Vorschrift nicht zuletzt auch eine Schutzfunktion gegenüber dem Vertragspartner der Behörde, der infolge einer unzulässigen Koppelung – auch nicht mittelbar – mit unberechtigten Forderungen überzogen werden darf.[329]

B. Definition der Koppelungsgeschäfte im Anwendungsbereich des Betriebsverfassungsgesetzes

Im Anwendungsbereich des BetrVG wird zur Definition der Koppelungsgeschäfte, soweit sich Literatur und Rechtsprechung mit ihnen befasst haben, auf die allgemeine Definition zurückgegriffen. Der Betriebsrat knüpfe an eine erforderliche Mitwirkungshandlung die Erfüllung einer von ihm gestellten Forderung, auf die regelmäßig kein Anspruch bestehe.[330] Es werden demgemäß mehrere Angelegenheiten, namentlich die begehrte Zustimmung sowie die gekoppelte Forderung, in einem einheitlichen Angebot verbunden, über dessen Annahme dann der Arbeitgeber zu entscheiden hat.

Auffällig ist, dass die Rechtsprechung und der ganz überwiegende Teil der Literatur die Problematik der Koppelungsgeschäfte darauf reduzieren, dass sie ausschließlich vom Betriebsrat initiiert werden.[331] Nur eine Minderheit stellt auch die vom Arbeitgeber veranlasste Koppelung fest, beschränkt die Prüfung der Zulässigkeit aber dennoch ausschließlich auf vom Betriebsrat veranlasste Koppelungsgeschäfte.[332]

---

327 Köhler in: Köhler/Bornkamm, Wettbewerbsrecht, § 4 Rdnr. 1.61.

328 Kopp/Ramsauer, VwVfG, § 56 Rdnr. 16.

329 Kopp/Ramsauer, VwVfG, § 56 Rdnr. 1.

330 Brandl, Koppelungsgeschäfte, S. 142; Konzen, FS für Zöllner, S. 800 f.; Mundt, Über die Zulässigkeit von Koppelungsgeschäften, S. 4.

331 Etwa Mundt, Über die Zulässigkeit von Koppelungsgeschäften, S. 14.

332 Vgl. Brandl, Koppelungsgeschäfte, S. 8, 14; Konzen, FS für Zöllner, S. 800 f.

Diese ganz überwiegend dokumentierte einschränkende Sichtweise widerspricht nicht nur der Praxis, sondern erweist sich auch unter Zugrundelegung einer rein rechtlichen Betrachtung als unvollkommen. Denn bereits das dem Betriebsrat zustehende Initiativrecht indiziert eine Situation, die mit der vom Arbeitgeber geforderten Zustimmung nahezu identisch ist. Der Arbeitgeber kann seine notwendige Mitwirkung ebenfalls entweder verweigern oder aber von der Erfüllung einer Forderung abhängig machen.

C. Bedeutung der Koppelungsgeschäfte für die betriebliche Praxis

Auswertungen über die Bedeutung von Koppelungsgeschäften in der betrieblichen Praxis existieren nicht.[333] Es gibt in der älteren Literatur lediglich Hinweise darauf, dass Koppelungsgeschäfte zum Verhandlungsrepertoire der Betriebspartner, insbesondere des Betriebsrates, gehören.[334] Darüber hinaus erfolgte eine grundlegende Problematisierung lange nicht. Erst in jüngerer Zeit befassten sich vor allem Mundt[335] und Brandl[336] mit einem Teil der mit Koppelungsgeschäften zusammenhängenden Probleme.

Die Tatsache, dass den Koppelungsgeschäften bis dahin wenig Bedeutung beigemessen worden ist, darf keinesfalls als negative Indikation für deren Bedeutung gewertet werden. Denn der Bereich der notwendigen Mitbestimmung ist per se besonders geeignet, Forderungen durchzusetzen, auf die kein Anspruch besteht. Entsprechend wird es von den Betriebspartnern auch praktiziert. Fehlendes oder geringes Vorkommen von Koppelungsgeschäften in der Praxis ist mithin ebenso wenig die Ursache für die geringere wissenschaftliche Betrachtung wie etwa eine fehlende Einflussnahme auf den jeweiligen Betriebspartner.

Die lange Zeit einer eher geringen Problematisierung muss zum einen darauf zurückgeführt werden, dass die Betriebspartner überwiegend das rechtliche Spannungsfeld nicht erkennen. Das „Koppeln" im weitesten Sinne wird – undolos – als zulässige Form des Verhandelns gewertet. Zum anderen haben beide Betriebspartner Koppelungsgeschäfte in der betrieblichen Praxis als taugliches Mittel der Streitschlichtung erkannt. Die langwierige und kostenintensive Einschaltung der Einigungsstelle wird umgangen, indem eine Kompensation der

333 Vgl. auch Brandl, Koppelungsgeschäfte, S. 9.

334 Eich, Rechtsmissbräuchliche Nutzung von Mitbestimmungsrechten durch den Betriebsrat, S. 93 ff.; Hanau/Reitze, FS für Wiese, S. 152 ff.

335 Mundt, Über die Zulässigkeit von Koppelungsgeschäften, S. 1 ff.

336 Brandl, Koppelungsgeschäfte, S. 1 ff.

beiderseitigen Interessen vorgenommen wird. Sowohl Betriebsräte als auch Arbeitgeber instrumentalisieren die notwendige Mitbestimmung somit gleichermaßen, um ihre jeweiligen Ziele durchzusetzen. In diesem Bewusstsein prangert der jeweils betroffene Betriebspartner das (Fehl-)verhalten des anderen nicht notwendig an.

Abgesehen davon erfahren Koppelungsgeschäfte in der aktuellen Literatur eine weitaus größere Beachtung[337]. Infolgedessen hat ihre Bedeutung für die juristische Literatur offensichtlich zugenommen. Hierfür mögen einerseits die aufgrund der anhaltenden schlechteren wirtschaftlichen Bedingungen sich verhärtenden Verhandlungspraktiken der Betriebspartner, andererseits die zunehmende Verlagerung der Verantwortung von den Gewerkschaften auf die Betriebsparteien verantwortlich sein.

D. Die typischen Ausgangssituationen für Koppelungsgeschäfte und deren Initiatoren

Eine umfassende Beurteilung der Zulässigkeit von Koppelungsgeschäften sowie deren Definition im Anwendungsbereich des Betriebsverfassungsrechts setzen voraus, dass ihre typischen Ausgangssituationen dargestellt werden. An einer entsprechenden Darstellung fehlt es bislang. Unter anderem hieraus erklärt sich, dass der Verursachungsbeitrag der Arbeitgeber im Zusammenhang mit Koppelungsgeschäften keine oder nur wenig Berücksichtigung gefunden hat.

I. Notwendige Mitbestimmung des Betriebsrates

Eine wesentliche Basis für Koppelungsgeschäfte stellt die Notwendigkeit der Mitbestimmung des Betriebsrates im Rahmen des § 87 I BetrVG als Wirksamkeitsvoraussetzung[338] für eine vom Arbeitgeber geplante Maßnahme dar, die dem Mitbestimmungskatalog des § 87 I BetrVG unterliegt.[339] Arbeitgeber und

337 s. Fn. 335 u. 336.

338 So die h.M: BAG AP BetrVG § 56 Nr. 2 u. 4; BAG AP BetrVG 1972 § 87 Kurzarbeit Nr. 2; Brecht, § 87 Rdnr. 7; Klebe in: D/K/K, § 87 Rdnr. 4; Fitting, BetrVG, § 87 Rdnr. 599; Wiese in: GK-BetrVG, § 87 Rdnr. 98 ff.; Hanau, RdA 1973, S. 281; v. Hoyningen-Huene, DB 1987, S. 1426, 1428; Reuter/Streckel, Grundfragen der betriebsverfassungsrechtlichen Mitbestimmung, S. 21 ff.; Siebert, BB 1958, S. 163 ff.

339 Brandl, Koppelungsgeschäfte, S. 142; Mundt, Über die Zulässigkeit von Koppelungsgeschäfte, S. 3.

Betriebsrat haben sich hierüber zu einigen.[340] Gelingt ihnen dies nicht, so entscheidet nach § 87 II BetrVG die Einigungsstelle.

Auf der Grundlage dieses stark ausgeprägten Mitbestimmungsrechts tritt der Betriebsrat mit dem Arbeitgeber in *„Verhandlungen"* darüber, ob und gegebenenfalls unter welchen *Bedingungen* eine Einigung erzielt werden kann.[341] Eine typische vom Betriebsrat initiierte Koppelungssituation liegt vor, wenn er im Rahmen dessen eine Einigung über die betreffende mitbestimmungspflichtige Angelegenheit davon abhängig macht, dass der Arbeitgeber eine oder sogar mehrere im Interesse des Betriebsrates liegende Angelegenheiten regelt.

II. Koppelung durch den Arbeitgeber im Fall des Initiativrechts des Betriebsrates

Eine weitere typische Koppelungssituation wird zugunsten des Arbeitgebers durch das dem Betriebsrat im Zusammenhang mit den Angelegenheiten der notwendigen Mitbestimmung zustehende Initiativrecht[342] ausgelöst. Spiegelbildlich zur vom Betriebsrat initiierten Koppelungssituation macht der Arbeitgeber seine faktisch notwendige Mitwirkung von Konzessionen des Betriebsrates in anderen mitbestimmungspflichtigen Angelegenheiten abhängig. Die Machtposition des Arbeitgebers folgt im Wesentlichen daraus, dass der Betriebsrat ohne die Mitwirkung des Arbeitgebers keine Entscheidungen durchführen kann, da letzterem faktisch sowie rechtlich die betriebliche Leitungs- und Organisationsmacht zusteht. Dies wird in der Vorschrift des § 77 I BetrVG bestätigt.

340 Klebe in: D/K/K, § 87 Rdnr. 4; ErfK-Kania, § 87 Rdnr. 9; Fitting, BetrVG, § 87 Rdnr. 583; Wiese in: GK-BetrVG, § 87 Rdnr. 136.; Gross/Thon/Ahmad/Woitaschek, BetrVG, § 87 Rdnr. 1; Worzalla in: H/S/W/G/N, § 87 Rdnr. 87; Richardi in: Richardi/Thüsing, § 87 Rdnr. 53; Bender in: Wlotzke/Preis/Kraft, BetrVG § 87, Rdnr. 1; Mundt, Über die Zulässigkeit von Koppelungsgeschäften, S. 3; Brandl, Koppelungsgeschäfte, S. 5 ff.;

341 Vgl. auch Mundt, Über die Zulässigkeit von Koppelungsgeschäften, S. 4.

342 Vgl. BAG AP Nr. 1 zu § 87 BetrVG 1972; Klebe in: D/K/K, § 87 Rdnr. 18 ff.; Fitting, BetrVG, § 87 Rdnr. 583 ff., Wiese in: GK-BetrVG, § 87 Rdnr. 135; Worzalla in: H/SW/G/N, § 87 Rdnr. 42 ff.; Richardi in Richardi/Thüsing, § 87 Rdnr. 65 ff.; Weber/Ehrich/Hörchens/Oberthür, Handbuch zum Betriebsverfassungsrecht, Teil H, Rdnr. 27.

III. Koppelung des Arbeitgebers durch „Paketangebote“[343]

Der Arbeitgeber kann vom Betriebsrat die Zustimmung zu einer Angelegenheit der notwendigen Mitbestimmung abfordern, indem er aus eigener Initiative für die Erteilung der Zustimmung eine zusätzliche Leistung verspricht.[344] Diesen „Zusatzangeboten“ des Arbeitgebers ist immanent, dass sie vom Betriebsrat nur schwerlich zurückgewiesen werden können, da sie für die Arbeitnehmerschaft regelmäßig einen nennenswerten Vorteil versprechen. Hierdurch wird auf die Entscheidungsfreiheit des Betriebsrates in erheblichem Maß Einfluss genommen, da dieser sich im Fall der Nichtannahme des für die Arbeitnehmer günstigen Angebotes entsprechend zu rechtfertigen hat.

IV. Sprüche der Einigungsstelle

Mitbestimmungspflichtige Angelegenheiten können bzw. müssen in dem Fall, in dem sich Arbeitgeber und Betriebsrat nicht einigen, gem. § 87 II BetrVG dem Spruch der Einigungsstelle unterworfen werden. Denkbar ist, dass in diesem Spruch ein zusammengesetztes Geschäft vom Charakter eines Koppelungsgeschäftes enthalten ist, um die Kompromissfindung zu vereinfachen.[345] Denn de facto wird die Einigung zwischen den Betriebspartnern nur *ersetzt*. Da im Falle des Spruches der Einigungsstelle jedoch eine Willensbeeinflussung nicht in Betracht kommt, muss die Frage der Zulässigkeit entsprechender Sprüche auch unter anderen Gesichtspunkten untersucht werden.

E. Beispielsfälle

I. Zustimmung zu Kurzarbeit bei Kündigungsrücknahme

In einem mittelständischen Betrieb der Baubranche beabsichtigt der Arbeitgeber, in den auftragsschwachen Wintermonaten Kurzarbeit einzuführen. Der Betriebsrat will der Einführung der Kurzarbeit zustimmen, *wenn* der Arbeitgeber die kurz zuvor gegenüber einem Mitarbeiter ausgesprochene Kündigung zurücknimmt.

---

343 Der Begriff ist dem Wettbewerbsrecht entlehnt: vgl. etwa BVerwG v. 19.05.2008, 6 C 42/07, Quelle: Juris, Rdnr 1; OLG Hamburg v. 11.11.2009, 5 U 57/09, Quelle: Juris, Rdnr. 34.

344 Vgl. auch Brandl, Koppelungsgeschäfte, S. 8.

345 Vgl hierzu auch Brandl, Koppelungsgeschäfte, S. 8

II. Zustimmung zu Überstunden unter der Bedingung der Freiwilligkeit[346]

In einem Zulieferbetrieb der Automobilindustrie müssen zur rechtzeitigen Lieferung von elektronischen Bauteilen Überstunden geleistet werden. Der Arbeitgeber begehrt vom Betriebsrat den Abschluss einer entsprechenden Betriebsvereinbarung. Der Betriebsrat allerdings macht die Zustimmung zur Durchführung der Überstunden davon abhängig, dass die Arbeitnehmer sich *freiwillig* bereit erklären, entsprechende Mehrarbeit zu leisten.

III. „Zugabe" des Arbeitgebers für den Fall der Zustimmung zur Kurzarbeit

Für die Erteilung der Zustimmung zur Einführung von Kurzarbeit bietet der Arbeitgeber dem Betriebsrat an, dass die einem Arbeitnehmer gegenüber ausgesprochene Kündigung zurückgenommen würde. Die Betriebspartner schließen eine Betriebsvereinbarung. Hierin einigen sie sich über die Einzelheiten der Einführung von Kurzarbeit. Ferner wird aufgenommen, dass der Arbeitgeber sich verpflichtet, das Arbeitsverhältnis zu dem gekündigten Arbeitnehmer zu den ursprünglichen Bedingungen fortzusetzen.

IV. Einführung neuer Telefonanlagen im Call-Center

Der Arbeitgeber, der ein Call-Center betreibt, begehrt für die Einführung einer neuen Telefonanlage die Zustimmung des Betriebsrates. Die Anlage bietet die Möglichkeit, infolge der technischen Aufzeichnungen das Arbeitsverhalten der jeweiligen Mitarbeiter umfassend zu kontrollieren.

Der Arbeitgeber bittet den Betriebsrat um Erteilung der Zustimmung. Dieser will die Angelegenheit mit dem Arbeitgeber nur regeln, wenn dieser seinerseits mit ihm eine Vereinbarung trifft, nach der die technischen Aufzeichnungen der Anlage nicht zum Nachteil der Arbeitnehmer ausgewertet werden dürfen. Es kommt zum Abschluss einer Betriebsvereinbarung „Neue Telefonanlage", in der unter anderem geregelt wird, dass personelle Maßnahmen nicht auf Daten gestützt werden dürfen, die von der Anlage abgerufen worden sind.

---

346 Nach Eich, Rechtsmissbräuchliche Nutzung von Mitbestimmungsrechten durch den Betriebsrat, S. 93.

V. Mitwirkung durch den Arbeitgeber nur nach Zustimmung

Der Betriebsrat eines Unternehmens der Automobilindustrie begehrt für die Mitarbeiter eines bestimmten Fachbereiches eine Pausenregelung. Der Arbeitgeber will hierüber mit dem Betriebsrat nur dann eine Regelung treffen, wenn dieser der Anordnung von Kurzarbeit in einem anderen Fachbereich zustimmt. Hierüber kommt keine Vereinbarung zwischen den Betriebspartnern zustande. Der Spruch der Einigungsstelle enthält die ursprünglich von dem Betriebsrat gewünschte Regelung. Danach wird eine Pausenregelung getroffen. Ferner regelt die Einigungsstelle die vom Arbeitgeber begehrte Kurzarbeit.

2. Teil: Die Bestandteile des Koppelungsgeschäftes i.w.S.

Wenn bislang in Literatur und Rechtsprechung der Terminus *„Koppelungsgeschäfte"* verwendet wird, bleibt unklar, auf welchen Abschnitt, respektive welche Handlung sich dieser Terminus erstreckt. Teilweise wird mit dem Begriff das *gesamte* Geschehen umschrieben, welches von der Entäußerung des Koppelungsansinnens bis zu der darauf folgenden Vereinbarung reicht. Eine Unterscheidung zwischen den einzelnen Stadien wird nicht getroffen. Teilweise wird das Koppelungsgeschäft beschränkt auf die tatsächlich zwischen den Betriebspartnern abgeschlossene Vereinbarung.[347]

Diese nicht einheitliche Verwendung der Termini ist gleichermaßen unpräzise wie unpraktisch und erschwert die Auseinandersetzung mit den rechtlichen Problemen. Erforderlich ist deshalb, einheitliche Bezeichnungen aufzustellen, die es erlauben, die jeweiligen rechtlichen und tatsächlichen Problemstellungen gezielt und entsprechend terminologisch abgegrenzt einzuordnen.

In diesem Zusammenhang bietet es sich an, zunächst einen problemübergreifenden Terminus zu verwenden, der das rechtliche und tatsächliche Gesamtgeschehen der mit der Koppelung verbundenen Einzelakte umfasst. Dieses Gesamtgeschehen wird im Folgenden als *„Koppelungsgeschäft i.w.S."* bezeichnet.[348] Es definiert künftig den äußeren Rahmen der zum Koppelungsgeschehen gehörenden *einzelnen Elemente*.

Das *Koppelungsgeschäft i.w.S.* gliedert sich bei konkreter Betrachtung in unterschiedliche Bestandteile, von denen die einen notwendig, die anderen fakultativ sind.

A. „Das Koppelungsansinnen" als notwendiger Bestandteil

Ausgangspunkt jeder Koppelungssituation ist das von einem der Betriebspartner ausgehende *Koppelungsansinnen*. Es beinhaltet die ausdrückliche oder zumindest konkludente Erklärung, die eigene notwendige Mitwirkungshandlung von einer Leistung des anderen Betriebspartners *abhängig* zu machen. Gemeinsames Merkmal ist, dass ein auf die Leistung gerichteter, durchsetzbarer Anspruch,

347 So etwa Mundt, Über die Zulässigkeit von Koppelungsgeschäften, S. 8 ff.

348 Zu unterscheiden von Burkert, Die Zulässigkeit von Koppelungsgeschäften aus wettbewerbsrechtlicher Sicht, S. 35, der als Koppelungsgeschäfte i.w.S. im Geltungsbereich des Wettbewerbsrechts solche nach der Verursachungsdefinition beschreibt.

nicht besteht. Lediglich im Falle des „Paketangebotes“ greift der Arbeitgeber vor und bietet dem Betriebsrat von sich aus zu der eigentlich von ihm begehrten Angelegenheit eine weitere Leistung als „Lockmittel“ an, um so dessen Entscheidung positiv für sich zu beeinflussen.

Teilweise wird dem *Koppelungsansinnen* als Verhalten im *„Vorfeld“* des Abschlusses des Koppelungsgeschäftes i.e.S. in der Literatur eine im Hinblick auf die Rechtsschutzmöglichkeiten des Arbeitgebers maßgebliche Bedeutung beigemessen.[349] Ob sich diese Gewichtung als zutreffend erweist, ist fraglich und hängt von den Rechtsfolgen ab, die durch die Koppelungsgeschäfte i.w.S. ausgelöst werden.

B. „Das Grundgeschäft“[350] als fakultativer Bestandteil des Koppelungsgeschäftes i.w.S.

Ein weiterer Bestandteil des Koppelungsgeschäftes i.w.S. ist die von einem der Betriebspartner angestrebte Regelung einer mitbestimmungspflichtigen Angelegenheit. Sie ist Basis für die Reaktion des anderen Betriebspartners, die notwendige Mitwirkung von einer eigenen Forderung abhängig zu machen. Es bietet sich deshalb an, die Regelung der ursprünglich begehrten mitbestimmungspflichtigen Angelegenheit als *„Grundgeschäft“* zu bezeichnen.

Nicht wesentlich anders stellt sich die Situation im Fall des „Paketangebotes“ des Arbeitgebers dar. Die vermeintlich Abweichungen indizierende Besonderheit liegt darin, dass der Arbeitgeber die an sich vom Betriebsrat zu erwartende Koppelung bereits von sich aus veranlasst. Er nutzt eine evident die Interessen des Betriebsrates berührende Angelegenheit, um mit diesem eine in seinem Interesse liegende Regelung zu treffen. Das Grundgeschäft ist das vom Arbeitgeber verwendete „Lockmittel“, durch das eine im Interesse der Arbeitnehmerschaft liegende Angelegenheit geregelt wird. Die als „Lockmittel“ dienende Angelegenheit ist so zu behandeln, als ob der Betriebsrat selbst ein entsprechendes Begehren an den Arbeitgeber gerichtet und damit naturgemäß die Basis für eine Koppelung geschaffen hätte.

349 Mundt, Über die Zulässigkeit von Koppelungsgeschäften, S. 48.

350 Vgl. Brandl, Koppelungsgeschäfte, S. 129, die den Terminus im Zusammenhang mit privatrechtlichen Koppelungsgeschäften verwendet.

C. „Das Koppelungsgeschäft i.e.S."

Der koppelnde Betriebspartner macht im Rahmen des Koppelungsgeschäftes i.w.S. seine für die Durchführung des Begehrens des anderen Betriebspartners notwendige Mitwirkung von der Erfüllung einer eigenen Forderung abhängig. Basis für die Koppelung bildet das Grundgeschäft. Kommt es zum Abschluss einer entsprechenden Vereinbarung über die angekoppelte Forderung, handelt es sich hierbei um das eigentliche Koppelungsgeschäft. Es bietet sich daher an, den Terminus *„Koppelungsgeschäft i.e.S."* zu wählen.[351] Gegenstand des angekoppelten Geschäftes kann grundsätzlich jede beliebige Forderung sein. Oftmals wird es sich jedoch ebenfalls um eine mitbestimmungspflichtige Angelegenheit handeln.

351 Zu unterscheiden von Burkert, Die Zulässigkeit von Koppelungsgeschäften aus wettbewerbsrechtlicher Sicht, S. 35, der als Koppelungsgeschäfte i.e.S. im Geltungsbereich des Wettbewerbsrechts solche nach der Bedingungsdefinition beschreibt.

3. Teil: Meinungsstand zur Zulässigkeit von Koppelungsgeschäften im Anwendungsbereich des BetrVG

Die Zulässigkeit von Koppelungsgeschäften im Anwendungsbereich des BetrVG ist seit jeher heftig umstritten.[352] Das Spektrum der in Rechtsprechung und Literatur vertretenen Auffassungen ist mannigfaltig.[353] Dies gilt weniger im Hinblick auf die erwogenen Rechtsfolgen, die sich im Wesentlichen darauf beschränken, dass die einen Koppelungsgeschäfte für wirksam, die anderen für unwirksam erachten. Es sind vielmehr die unterschiedlichen rechtlichen Erwägungen, die das Meinungsbild prägen. Aus diesem Anlass gebietet es die Argumentationsvielfalt, die vertretenen Argumente unter den einzelnen Meinungen darzustellen.

A. Bestandsaufnahme der Rechtsprechung

Bereits innerhalb der Rechtsprechung hat sich zur Frage der Zulässigkeit von Koppelungsgeschäften ein unterschiedliches Meinungsspektrum herausgebildet.

I. Rechtsprechung des BAG[354]

Eine einschlägige Entscheidung des BAG liegt – bislang – nicht vor. Bereits Hanau/Reitze verweisen aber auf einen Beschluss des BAG vom 10.02.1988[355], dessen zu beurteilender Sachverhalt zumindest eine enge Verwandtschaft zur Koppelungsproblematik aufweist.[356]

Gegenstand dieser Entscheidung war ein Streit zwischen den Betriebsparteien über die Kürzung einer übertariflichen Zulage.[357] Unabhängig von dem bestehenden Tarifvertrag hatte der Arbeitgeber bislang das arbeitstägliche Urlaubsgeld nach dem Divisor „21" berechnet.[358] Nun beabsichtigte er eine Kürzung durch eine Anhebung des Divisors auf „22". Mit der Abänderung des Devisors

352 Vgl. Hanau/Reitze, FS für Wiese, S. 152.

353 Zur Darstellung des Meinungsstandes auch Mundt, Über die Zulässigkeit von Koppelungsgeschäften, S. 22 ff.

354 BAG BB 1988, S. 1118 ff.

355 BAG BB 1988, S. 1118 ff.

356 Hanau/Reitze, FS für Wiese, S. 153.

357 BAG BB 1988, S. 1118.

358 BAG BB 1988, S. 1118.

war eine Kürzung der Zulage in Höhe von 4,5 %. verbunden.[359] Der Betriebsrat wandte sich gegen die Kürzung, hatte sich mit deren Verteilung aber bereits einverstanden erklärt.[360]

Nach Auffassung des BAG konnte der Arbeitgeber die Reduzierung der übertariflichen Zahlung durchführen, da der Betriebsrat zur gleichmäßigen Verteilung der Kürzung bereits sein Einverständnis gegeben hatte. Hinsichtlich des mitbestimmungspflichtigen Teils habe man eine Einigung erzielt.[361] Dagegen unterliege die Kürzung selbst nicht der Mitbestimmung.

Nach Hanau/Reitze ist aus der Entscheidung wohl zumindest eine Tendenz abzulesen, dass das BAG die in einer Zustimmung des Betriebsrates enthaltene Bedingung jedenfalls dann als rechtlich unbeachtlich qualifiziert, wenn ihr Inhalt nicht selbst der notwendigen Mitbestimmung unterliegt.[362]

Trotz der Sachnähe zur Koppelungsproblematik darf die Entscheidung nicht überinterpretiert werden. Das BAG stellt lediglich fest, dass die Betriebsparteien im Zusammenhang mit einer aus einer Zustimmung und einer Ablehnung bestehenden Erklärung des Betriebsrates über den Gegenstand der Zustimmung eine Einigung erzielt hätten, über den Gegenstand der Ablehnung – naturgemäß – nicht. Der Umstand eines rechtlichen oder tatsächlichen Abhängigkeitsverhältnisses zwischen Ablehnung und Zustimmung wird nicht erörtert und demzufolge auch keiner rechtlichen Wertung unterzogen.

Im Ergebnis sind in der Entscheidung des BAG damit für die Beurteilung der Koppelungsproblematik keine richtungsweisenden Inhalte enthalten.

II. Rechtsprechung der Landesarbeitsgerichte

1. Rechtsprechung des Landesarbeitsgerichts Köln[363]

Gegenstand der Entscheidung des Landesarbeitsgerichts Köln war ein Streit der Beteiligten über den Umfang des Mitbestimmungsrechts im Zuge der Einführung von Kurzarbeit. Die Parteien des Rechtstreits hatten in einer Betriebsvereinbarung für einen bestimmten Betriebsbereich Kurzarbeit vereinbart. Der Arbeitgeber meldete dem Arbeitsamt den bevorstehenden Arbeitsausfall. Dieses teilte daraufhin mit, die Voraussetzungen für die Gewährung von Kurzarbeitergeld lägen vor. In der Folgezeit stellte der Arbeitgeber fest, dass die Mindestquote über den Umfang des Arbeitsausfalls als Voraussetzung für die Gewäh-

359 BAG BB 1988, S. 1119.
360 BAG BB 1988, S. 1118.
361 BAG BB 1988, S. 1119.
362 Hanau/Reitze, FS für Wiese, S. 153-154.
363 LAG Köln NZA 1989, S. 939 ff.

rung des Kurzarbeitergeldes nicht erfüllt worden war. Hierfür waren Krankheitsfälle ursächlich, die zu einer Zurücknahme der Kurzarbeit bei einer Reihe von Arbeitnehmern führten.[364]

Gleichwohl entschied sich der Arbeitgeber dafür, die Ausfallstunden so abzurechnen, wie er sie bei Vorliegen der gesetzlichen Voraussetzungen für die Gewährung von Kurzarbeitergeld hätte abrechnen müssen. Mit Rücksicht auf die Rechtslage stellte der Arbeitgeber beim Arbeitsamt keinen Antrag auf Zahlung des gewährten Kurzarbeitergeldes. Im Übrigen sicherte der Arbeitgeber den Arbeitnehmern in der Folgezeit mehrfach zu, entsprechend zu verfahren, wenn zukünftig nochmals ein Antrag auf Kurzarbeitergeld wegen Fehlens der gesetzlichen Voraussetzungen zurückgewiesen werden würde.[365]

Ungeachtet dessen beschloss der Betriebsrat für die Zukunft, die Zustimmung zur Einführung von Kurzarbeit von einer *Garantie* des Arbeitgebers abhängig zu machen, bei Nichtzahlung des Kurzarbeitergeldes durch das Arbeitsamt den *vollen* Lohnausgleich zu zahlen.[366]

Das erstinstanzliche Gericht hat einen gegen dieses Begehren gerichteten Feststellungsantrag des Arbeitgebers zurückgewiesen. Es legte die Garantieklausel dahingehend aus, dass die Gewährung von Kurzarbeitergeld eine zulässige *auflösende Bedingung* im Rahmen der Zustimmung zur Kurzarbeit sei.[367]

Das LAG hat dagegen dem Feststellungsantrag des Arbeitgebers entsprochen und die *bedingte Zustimmung* für unwirksam erklärt. Der Betriebsrat sei nicht berechtigt, künftige Betriebsvereinbarungen von der Aufnahme einer entsprechenden Garantieklausel abhängig zu machen. Ein derartiger Vorbehalt überschreite dessen Mitbestimmungsrecht. Das LAG begründete unter Ablehnung der Konstruktion einer auflösenden Bedingung die Unzulässigkeit der unter Vorbehalt gestellten Zustimmung mit einem gravierenden Verstoß gegen den Grundsatz der *vertrauensvollen Zusammenarbeit*. Dem Betriebsrat sei es verwehrt, seine Zustimmung von Zugeständnissen abhängig zu machen, die er isoliert im Rahmen der Mitbestimmung nicht erwirken könne.[368]

Nur dann also, wenn das Mitbestimmungsrecht im Zuge einer Verkürzung der betriebsüblichen Arbeitszeit nach § 87 I Nr. 3 BetrVG auch die Höhe des Entgeltes umfasste, wäre die Bedingung zulässig. Die Entlohnung sei jedoch evident von dem Mitbestimmungstatbestand des § 87 I Nr. 3 BetrVG nicht eingeschlossen, so dass der Vorbehalt des Betriebsrates unwirksam sei.[369]

---

364 LAG Köln NZA 1989, S. 939.
365 LAG Köln NZA 1989, S. 939.
366 LAG Köln NZA 1989, S. 939.
367 LAG Köln NZA 1989, S. 939.
368 LAG Köln NZA 1989, S. 939.
369 LAG Köln NZA 1989, S. 939.

Das LAG Köln hat sich in dieser Entscheidung mithin gegen die Zulässigkeit von Koppelungsgeschäften gewandt. Die Begründung allerdings, im Rahmen derer auf einen Verstoß gegen den Grundsatz der vertrauensvollen Zusammenarbeit hingewiesen wird, vermag insbesondere im Hinblick auf ihren pauschalen Charakter nicht zu überzeugen. Denn von vornherein vermögen Verhandlungsstrategien von Vertragspartnern, die eine Leistung des einen von der Leistung des anderen abhängig machen, einen Verstoß gegen den Grundsatz der vertrauensvollen Zusammenarbeit nicht auszulösen. Die Anforderungen, die insoweit vom Grundsatz der vertrauensvollen Zusammenarbeit an die Betriebspartner zu stellen sind, müssen zumindest näher definiert werden.

2. Rechtsprechung des Landesarbeitsgerichts Nürnberg[370]

Der Entscheidung des LAG Nürnberg vom 6.11.1990 lag ein Antrag des Arbeitgebers zugrunde, eine erstinstanzliche Unterlassungsanordnung aufzuheben. Hintergrund des vom Betriebsrat geltend gemachten Unterlassungsanspruches war die Anordnung von Überstunden durch den Arbeitgeber, die *gegen* bzw. *ohne* die Zustimmung des Betriebsrates erfolgt war. Der Arbeitgeber wandte gegen den Unterlassungsanspruch ein, der Betriebsrat habe die Erteilung der Zustimmung unzulässigerweise von der Zahlung einer *Lärmzulage* abhängig gemacht.[371]

Das LAG Nürnberg hat entschieden, eine Zustimmungsverweigerung des Betriebsrates im Zusammenhang mit einem Anordnungsbegehren des Arbeitgebers sei auch dann nicht rechtsmissbräuchlich, wenn der Betriebsrat seine Zustimmung von der Zahlung einer Lärmschutzzulage abhängig gemacht hätte. Denn anders als die Vorschrift des § 99 II BetrVG mache § 87 I BetrVG die Verweigerung der Zustimmung nicht vom Vorliegen *bestimmter* Gründe abhängig. Der Arbeitgeber hätte daher, wenn er trotz der fehlenden Zustimmung des Betriebsrates Überstunden hätte anordnen wollen, entweder die in einer Betriebsvereinbarung vorgesehene paritätische Kommission oder im Nichteinigungsfalle die Einigungsstelle anrufen müssen. Dies sei jedoch nicht geschehen.[372]

Das LAG Nürnberg hält unter Berücksichtigung dieser Entscheidung vom Betriebsrat initiierte Koppelungsgeschäfte offensichtlich für zulässig und damit wirksam. Wenn die Begründung dieser Auffassung sich allerdings ausschließlich darauf beschränkt, auf den Katalog des § 99 II BetrVG hinzuweisen, ist dies dogmatisch unzureichend. Es mag zwar sein, dass der Vergleich zwischen den

370 LAG Nürnberg, NZA 1991, S. 281.

371 LAG Nürnberg, NZA 1991, S. 281.

372 LAG Nürnberg, NZA 1991, S. 281.

in den Normen angelegten Zustimmungserfordernissen einen entsprechenden systematischen *Teilaspekt* begründet. Jedoch kann sich hierin keinesfalls die gesamte Begründung erschöpfen. Denn ein entsprechender Umkehrschluss hätte zur Folge, dass die Zustimmung im Rahmen der notwendigen Mitbestimmung einschränkungslos und ohne Rücksicht auf Missbrauchsgrenzen verweigert werden könnte. Infolgedessen vermag die Begründung des LAG Nürnberg insgesamt nicht zu überzeugen.

3. Rechtsprechung des Landesarbeitsgerichts Hessen[373]

Das LAG Hessen hatte jüngst über einen Fall zu entscheiden, in dem der Betriebsrat seine Zustimmung zu einer vorübergehenden Verlängerung der Arbeitszeit davon abhängig gemacht hatte, dass der Arbeitgeber die befristeten Arbeitsverträge dreier bestimmter Mitarbeiter verlängern würde. Der Arbeitgeber führte angesichts der Vorbehalte des Betriebsrates die vorübergehende Verlängerung der Arbeitszeit ohne die notwendige Zustimmung durch.[374]

Der Betriebsrat hatte unter anderem beantragt, es dem Arbeitgeber zu untersagen, ohne seine Zustimmung Anordnungen über vorübergehende Verlängerungen der Arbeitszeit zu treffen.

Der Arbeitgeber dagegen beantragte, es dem Betriebsrat zu untersagen, Zustimmungen zu vorübergehenden Verlängerungen von Arbeitszeiten an die Verlängerung befristeter Arbeitsverträge zu knüpfen.[375]

Das Arbeitsgericht Darmstadt hatte als Vorinstanz den Antrag des Betriebsrates zurückgewiesen, dem des Arbeitgebers dagegen stattgegeben.[376] Der Arbeitgeber hätte seine Pflichten zumindest nicht „grob" im Sinne des § 23 III BetrVG verletzt, da im Rahmen dessen auch das Verhalten des Betriebsrates zu berücksichtigen sei.[377] Dieser hätte durch sein Verhalten signalisiert, dass er grundsätzlich mit der vorübergehenden Verlängerung der Arbeitszeit einverstanden sei.[378] Durch die Koppelung habe er gegen den Grundsatz der vertrauensvollen Zusammenarbeit verstoßen.[379]

Das LAG Hessen dagegen interpretierte die Anordnung des Arbeitgebers als Missachtung der Mitbestimmungsrechte des Betriebsrates. Die Koppelung der Zustimmung an die Verlängerung der befristeten Arbeitsverträge könne nicht als

373 LAG Hessen v. 13.10.2005, 5/9 TaBV 51/05, Quelle Juris.
374 LAG Hessen v. 13.10.2005, 5/9 TaBV 51/05, Quelle Juris, Rdnr. 3 u. 4.
375 LAG Hessen v. 13.10.2005, 5/9 TaBV 51/05, Quelle Juris, Rdnr. 11.
376 Vgl. LAG Hessen v. 13.10.2005, 5/9 TaBV 51/05, Quelle Juris., Rdnr. 16.
377 Vgl. LAG Hessen v. 13.10.2005, 5/9 TaBV 51/05, Quelle Juris., Rdnr. 16.
378 Vgl. LAG Hessen v 13.10.2005, 5/9 TaBV 51/05, Quelle Juris, Rdnr. 16.
379 LAG Hessen v. 13.10.2005, 5/9 TaBV 51/05, Quelle Juris, Rdnr. 16.

Zustimmung des Betriebsrates gewertet werden. Die Ablehnung sei auch weder rechtsmissbräuchlich noch verstoße sie gegen das Gebot der vertrauensvollen Zusammenarbeit. Zwar sei es umstritten, ob der Betriebsrat seine Zustimmung zu vom Arbeitgeber beantragten Maßnahmen gem. § 87 I BetrVG von Bedingungen abhängig machen dürfe. Nach Auffassung der Kammer sei der Betriebsrat hierzu jedenfalls dann berechtigt, wenn die Bedingungen einen sachlichen Bezug zum Zweck des Mitbestimmungsrechtes hätten, in dessen Rahmen seine Zustimmung abgefordert worden sei. Gegen eine enge inhaltliche Begrenzung der Gründe, mit denen der Betriebsrat in sozialen Angelegenheiten seine Zustimmung begründen dürfe, spräche ein gesetzessystematischer Vergleich mit den Vorschriften zur Mitbestimmung bei personellen Angelegenheiten. Nur in § 99 II BetrVG habe der Gesetzgeber einen eng umrissenen Katalog von Verweigerungsgründen normiert. Im Anwendungsbereich des § 87 BetrVG habe er von einer entsprechenden gesetzlichen Vorgabe der Verweigerungsgründe abgesehen. Eine Verlängerung der befristeten Arbeitsverträge stünde auch im Zusammenhang mit dem Zustimmungsbegehren des Arbeitgebers, da ein Arbeitskräftemangel dem Anliegen des Arbeitgebers immanent sei.[380]

Gegen die Entscheidung des LAG Hessen ist – nach deren Zulassung – Rechtsbeschwerde beim BAG eingelegt worden, die später zurückgenommen wurde.[381]

4. Rechtsprechung des LAG Düsseldorf[382]

Das LAG Düsseldorf hatte darüber zu entscheiden, ob der Arbeitgeber einem auf Unterlassung der Durchführung einer mitbestimmungspflichtigen Angelegenheit gerichteten Eilantrag des Betriebsrates den Einwand der unzulässigen Koppelung entgegenhalten könne. Die Arbeitgeberin hatte die Zustimmung des Betriebsrates zur vorübergehenden Abänderung der Arbeitszeiten in ihren Filialen begehrt. Der Betriebsrat wollte die Zustimmung nur dann erteilen, wenn der Arbeitgeber eine finanzielle Kompensation an die Arbeitnehmer leisten würde. Die Arbeitgeberin beabsichtigte, die Änderung der Ladenöffnungszeiten einseitig durchzusetzen. Hiergegen richtete sich der Eilantrag des Betriebsrates.[383]

Das LAG Düsseldorf entschied, dass der Eilantrag des Betriebsrates zulässig und begründet sei. Der Katalog des § 87 I BetrVG enthalte weder einen Katalog zulässiger Zustimmungsverweigerungsgründe noch überhaupt einen Begründungszwang oder eine Zustimmungsfiktion. Wolle der Arbeitgeber eine mitbe-

380 LAG Hessen v 13.10.2005, 5/9 TaBV 51/05, Quelle Juris, Rdnr. 29 ff.

381 Vgl. Schoof, ArbuR 2008, S. 271.

382 LAG Düsseldorf, AuR 2008, S. 270 ff.

383 LAG Düsseldorf, AuR 2008, S. 270.

stimmungspflichtige Maßnahme durchsetzen, bedürfe er einer Zustimmung des Betriebsrates oder eines zustimmungsersetzenden Spruchs der Einigungsstelle. Weder ein Schweigen des Betriebsrates noch dessen grundlose Zustimmungsverweigerung machten die Anrufung der Einigungsstelle entbehrlich. Grundsätzlich ersetze nur der Spruch der Einigungsstelle die fehlende Einigung zwischen den Betriebspartnern. Eine Unterscheidung danach, ob die Zustimmung sachlich begründet ist, grundlos oder willkürlich verweigert wird, treffe das Gesetz nicht.[384]

Die Begründung des LAG Düsseldorf vermag nicht zu überzeugen. Allein das Schweigen des Gesetzes in § 87 I BetrVG genügt als Argument für die Beurteilung der Zulässigkeit von Koppelungsgeschäften nicht. Es wäre notwendig gewesen, dass das LAG sich mit den Möglichkeiten der Rechtsfortbildung befasst, um anderslautende Ergebnisse ausschließen zu können.

III. Rechtsprechung der Arbeitsgerichte

1. Rechtsprechung des Arbeitsgerichts Hamburg[385]

In einem vom Arbeitsgericht Hamburg entschiedenen Fall hatte der Betriebsrat seine Zustimmung zu Überstunden von zusätzlichen Leistungen an die Arbeitnehmer abhängig gemacht. Verweigere der Arbeitgeber die Erbringung zusätzlicher Leistungen, so habe er nach Auffassung des Arbeitsgerichts Hamburg, wenn er die Überstunden gleichwohl anordnen wolle, die Verhandlungen mit dem Betriebsrat fortzusetzen. Gegebenenfalls müsse er die Einigungsstelle anrufen. Weder aus § 87 BetrVG noch aus §§ 2, 74 I BetrVG ergebe sich, dass der Betriebsrat im Rahmen seines Mitbestimmungsrechts aus § 87 I Nr. 3 BetrVG gehindert sei, seine Zustimmung zu den vom Arbeitgeber beabsichtigten Anordnung von Überstunden an zusätzliche Leistungen zu knüpfen, auch wenn diese über die tariflichen Leistungen hinausgingen.[386]

Die Begründung des Arbeitsgerichts Hamburg kann nicht überzeugen. Die Tatsache, dass die betreffenden Vorschriften die Koppelung an eigene Forderungen nicht ausdrücklich untersagen, stellt allenfalls einen im Zuge der dogmatischen Prüfung zu berücksichtigenden Teilaspekt dar. Dessen Bedeutung muss jedoch von vornherein als gering eingestuft werden, da nichts dafür spricht, dass es sich um ein beredtes Schweigen des Gesetzes handelt.

384 LAG Düsseldorf, AuR 2008, S. 270.
385 ArbG Hamburg, AiB 1994, S. 120 f.
386 ArbG Hamburg, AiB 1994, S. 120.

2. Rechtsprechung des Arbeitsgerichts Hannover[387]

Gegenstand eines vor dem Arbeitsgericht Hannover geführten Eilverfahrens war das gegen die Arbeitgeberin gerichtete Unterlassungsbegehren des Betriebsrates, ohne dessen Zustimmung Überstunden anzuordnen. Der Betriebsrat hatte zuvor seine Zustimmung zur Anordnung von Überstunden in einer bestimmten Abteilung verweigert. Die Begründungen für die Zustimmungsverweigerung wechselten innerhalb des Prozesses. Unter anderem verweigerte der Betriebsrat die Zustimmung deshalb, weil eine Regelung zum „Abbummeln" von Überstunden nicht getroffen worden sei.[388]

Das Arbeitsgericht Hannover hat das Begehren des Betriebsrates unter diversen Aspekten abgelehnt.[389] Zum einen habe die wechselhafte Argumentation im Verfahren belegt, dass der Betriebsrat die Möglichkeit der Verweigerung dazu nutze, um ein zeitintensives Einigungsstellenverfahren herbeizuführen, durch welches sich die temporär notwendige Anordnung von Überstunden selbst erledige.[390] Dies sei insbesondere dann rechtsmissbräuchlich, wenn noch nicht der gesamte Verhandlungsspielraum ausgeschöpft sei. Im Zusammenhang mit der Anrufung der Einigungsstelle gelte das Prinzip der Einigungsnotwendigkeit. Infolgedessen genüge es nicht, wenn der Betriebsrat die Zustimmung mit einem bloßen „Nein" ablehne.[391]

Der Betriebsrat als Antragsteller habe die Verhandlungen auch nicht mit der Begründung ablehnen dürfen, dass der Freizeitausgleich nicht geregelt sei. Diese Regelung sei weder generell noch im zu entscheidenden Einzelfall mitbestimmungspflichtig.[392]

Die Entscheidung des Arbeitsgerichts Hannover befasst sich nicht unmittelbar mit der Problematik von Koppelungsgeschäften, weist gleichwohl aber einige einschlägige Indikationen auf. Erwähnenswert ist, dass Rechtsmissbrauch angenommen wird, wenn die Zustimmung zu einer mitbestimmungspflichtigen Maßnahme verweigert wird, weil der Betriebsrat eine nicht mitbestimmungspflichtige Angelegenheit mit regeln wolle.[393] Hieraus könnte gefolgert werden, dass zumindest alle diejenigen Koppelungen unzulässig sind, die nicht mitbestimmungspflichtige Angelegenheiten zum Gegenstand hätten. Ferner würden nach der Entscheidung des Arbeitsgerichts Hannover alle diejenigen Koppe-

387 ArbG Hannover, Beschluss v. 19.02.2004, 10 BVGa 1/04, Quelle: Juris, Rdnr. 1 ff.
388 ArbG Hannover, Beschluss v. 19.02.2004, 10 BVGa 1/04, Quelle: Juris, Rdnr. 1-2.
389 ArbG Hannover, Beschluss v. 19.02.2004, 10 BVGa 1/04, Quelle: Juris, Rdnr. 39.
390 ArbG Hannover, Beschluss v. 19.02.2004, 10 BVGa 1/04, Quelle: Juris, Rdnr. 36.
391 ArbG Hannover, Beschluss v. 19.02.2004, 10 BVGa 1/04, Quelle: Juris, Rdnr. 34.
392 ArbG Hannover, Beschluss v. 19.02.2004, 10 BVGa 1/04, Quelle: Juris, Rdnr. 43.
393 ArbG Hannover, Beschluss v. 19.02.2004, 10 BVGa 1/04, Quelle: Juris, Rdnr. 43.

lungsgeschäfte rechtsmissbräuchlich sein, im Rahmen derer der Betriebsrat an die Zustimmung eine Forderung koppelt, ohne mit dem Arbeitgeber verhandelt zu haben. Bei weiterer Auslegung des Urteils könnte nahezu jede Koppelung als Verstoß gegen das in § 74 I BetrVG festgeschriebene Verhandlungsgebot gewertet werden.

Insgesamt ist die Entscheidung des ArbG Hannover in Ansehung des speziellen Prozessverlaufs stark einzelfallorientiert und vermag bereits deshalb keinen allgemein gültigen Charakter zu entfalten.

B. Meinungsstand in der Literatur

Die Literatur beurteilt die Zulässigkeit von Koppelungsgeschäften gleichermaßen uneinheitlich. Wegen der vielfältigen Argumentationen gebietet es die Übersichtlichkeit auch hier, die unterschiedlichen Begründungen innerhalb der jeweiligen Einzelmeinungen darzustellen. Die Darstellung ist ausgerichtet an einer vollständigen Wiedergabe des Meinungsbildes, wobei nicht jeder einzelne Vertreter einer Meinungsgruppe erfasst werden konnte.

I. Befürworter von Koppelungsgeschäften

Ein Teil der Literatur hält Koppelungsgeschäfte für zulässig.

1. Auffassung von Klebe[394]

Klebe vertritt die Auffassung, dass die Zustimmungsverweigerung des Betriebsrates nicht an bestimmte Gründe gebunden sei. In seiner Begründung verweist er auf die Rechtsprechung des LAG Nürnberg[395].[396] Ebenso wie dort fehlt es deshalb an einer dogmatisch fundierten Begründung.[397]

2. Auffassung von v. Hoyningen-Huene[398]

V. Hoyningen-Huene begründet die Zulässigkeit von Koppelungsgeschäften damit, dass das Verhalten des Betriebsrates nicht rechtsmissbräuchlich sei. Sie erfüllten sogar einen sinnvollen Zweck, da sie der Vermeidung von Rechtstrei-

394 Klebe in: D/K/K-BetrVG, § 87 Rdnr. 9.

395 S.o. Fn. 370.

396 Klebe in: D/K/K-BetrVG, § 87 Rdnr. 9.

397 Vgl. S. 97 f.

398 v. Hoyningen-Huene, NZA 1991, S. 7 ff.

tigkeiten dienten. Die Grenzen der Zulässigkeit bestünden in der Sittenwidrigkeit und der Nötigung.[399]

Eine dogmatisch orientierte Begründung liefert er nicht. Die Tatsache, dass durch Koppelungsgeschäfte Rechtstreitigkeiten vermieden werden könnten, vermag als Argument weder zu genügen noch zu überzeugen. Die Argumentation stellt sich vielmehr als eine Zweckmäßigkeitserwägung dar, die als Anlass für eine mögliche Rechtsfortbildung grundsätzlich ausgeschlossen sein muss.[400] Es ist weder Aufgabe noch unterliegt es der Kompetenz der Gerichte, eventuelle rechtspolitische Fehler zu korrigieren.[401]

3. Auffassung von Konzen[402]

Konzen vertritt die Auffassung, dass Koppelungsgeschäfte jedenfalls in bestimmten Grenzen zulässig seien. Maßgebend dafür seien die betriebsverfassungsrechtlichen Befugnisse des Betriebsrates. Soweit sich der Inhalt des Koppelungsgeschäftes innerhalb des Zwecks des Beteiligungsrechts halte, sei die Koppelung nicht rechtsmissbräuchlich. Die Verfehlung des Zwecks dagegen führe nicht nur zu einer rechtsmissbräuchlichen Ausübung des Beteiligungsrechts, sondern darüber hinaus zu einem Rechtsmissbrauch infolge der *bedingten* Ausübung des Beteiligungsrechts.[403]

Das Schicksal des Beteiligungsrechts sei keinesfalls notwendig dessen Verlust. Die nicht vom Gesetz gedeckte Ausübung eines Beteiligungsrechts sei grundsätzlich in dem vom BetrVG vorgesehenen Verfahren zu prüfen. Der Arbeitgeber sei nicht zur Selbsthilfe berechtigt. Nur in *Notfällen* sei ein Alleinentscheidungsrecht anzunehmen.[404]

Ferner stellt er fest, dass auch die Arbeitgeber „koppeln“ würden. Diesen Umstand wertet er – immerhin – als „Fingerzeig für die *Wirksamkeit* von Koppelungsgeschäften“.[405]

Die Argumentation von Konzen vermag nicht zu überzeugen. Die Zulässigkeit von Koppelungsgeschäften im Wesentlichen auf der Grundlage des Zwecks des einzelnen Beteiligungsrechts zu beurteilen, ist nicht stichhaltig. Die Beurteilung des Zwecks für sich vermag keine sicheren Abgrenzungskriterien zu schaffen, mit Hilfe derer ihre Zulässigkeit verlässlich beurteilt werden könnte. Das

---

399 v. Hoyningen-Huene, NZA 1991, S. 10.
400 Vgl. o. S. 70.
401 Vgl. Larenz, Methodenlehre, S. 373-374.
402 Konzen, FS für Zöllner, S. 799 ff.
403 Konzen, FS für Zöllner, S. 824.
404 Konzen, FS für Zöllner, S. 827.
405 Konzen, FS für Zöllner, S. 801.

Merkmal des sachlichen Zusammenhangs ist zu unscharf, als dass es einer sicheren Abgrenzung dienen könnte. In diesem Zusammenhang muss berücksichtigt werden, dass im Mittelpunkt der Prüfung die Tatsache stehen muss, dass der koppelnde Betriebspartner die *freie Willensbildung* des anderen nachhaltig beeinträchtigt. Diese potentiell tiefen Einschnitte in die Entscheidungsfreiheit bedürfen zu ihrer Rechtfertigung konturenstarker und Rechtssicherheit begründender Abgrenzungskriterien. Dies bietet die Argumentation von Konzen nicht.

Ferner berücksichtigt er die von ihm selbst bestätigte Tatsache, dass nicht nur die Betriebsräte, sondern auch die Arbeitgeber „koppeln" würden, nicht. Dieser Hinweis Konzens indiziert, dass vom Arbeitgeber initiierte Koppelungsgeschäfte Einfluss auf die Beurteilung der vom Betriebsrat veranlassten Koppelungsgeschäfte haben müssen. Dann aber ist es notwendig, den potentiellen Einfluss zu untersuchen und in seinen Wirkungen konkret aufzuzeigen. Andernfalls sind die Darstellungen dogmatisch unvollständig.

4. Auffassung von Worzalla[406]

Worzalla hält vom Betriebsrat initiierte Koppelungsgeschäfte für grundsätzlich zulässig. Es sei gerade Sinn und Zweck der betrieblichen Mitbestimmung, dass die Betriebspartner im Wege von Verhandlungen zu interessengerechten Lösungen fänden. Dies impliziere die Möglichkeit, die Zustimmung zu einer Maßnahme an Bedingungen zu knüpfen, wenn ohne deren kompensatorische Wirkung die vorgesehene Maßnahme des Arbeitgebers abzulehnen wäre. Vom Sinn und Zweck des Mitbestimmungsrechts nicht gedeckt seien jedoch Forderungen, die in keinerlei sachlichem Zusammenhang mit der zu regelnden Angelegenheit stünden. Worzalla bezieht sich in diesem Zusammenhang auf die Ausführungen von Hanau[407]. Eine an die Zustimmung geknüpfte Bedingung sei dann sachgerecht, wenn die Erfüllung durch den Arbeitgeber geeignet sei, im Rahmen des festgestellten Schutzbereiches Mehrbelastungen der Arbeitnehmer zu kompensieren oder ihre Interessen untereinander oder mit denen des Arbeitgebers in Einklang zu bringen. So sei es nicht zweckwidrig, wenn der Arbeitgeber für einen bestimmten Tag Überstunden anzuordnen beabsichtige und der Betriebsrat unter der Bedingung zustimme, den Arbeitsbeginn am folgenden Tag auf einen späteren Zeitpunkt zu verlegen.[408]

---

406 Worzalla, Die Mitbestimmung des Betriebsrates nach § 87 BetrVG in Eil- und Notfällen, S. 114 ff.

407 Hanau, NZA 1985, S. 3, 9.

408 Worzalla, Die Mitbestimmung des Betriebsrates nach § 87 BetrVG in Eil- und Notfällen, S. 115.

Voraussetzung für eine zulässige Koppelung sei ferner, dass dem Betriebsrat die Regelungsbefugnis zustehe. Diese habe er nur dann, wenn es sich bei der Forderung selbst um eine Angelegenheit handele, die dem Bereich der betrieblichen Mitbestimmung unterliege. In jedem Fall seien Bedingungen dann zulässig, wenn sie aus dem Bereich der notwendigen Mitbestimmung stammten.[409]

Demgegenüber liege eine rechtswidrige Ausübung des Mitbestimmungsrechts vor, wenn die vom Betriebsrat an die Zustimmung geknüpften Forderungen nicht im sachlichen Zusammenhang mit der zu regelnden Angelegenheit stünden. Dies gelte ferner dann, wenn eine Regelungskompetenz nicht vorliege oder der Betriebsrat bei Vorliegen der Voraussetzungen unter Ausnutzung der Eilbedürftigkeit unverhältnismäßige Gegenleistungen des Arbeitgebers fordere.[410]

Auch die Ausführungen von Worzalla überzeugen nicht. Sie vermögen ebenfalls keine geeigneten Abgrenzungskriterien zu schaffen, mit Hilfe derer die Zulässigkeit von Koppelungsgeschäften sicher beurteilt werden könnte. Dem Merkmal des „sachlichen Zusammenhanges" fehlt es an der notwendigen Schärfe, um dem tiefen Einschnitt in die Freiheit der Willensbildung Rechtfertigung zu verleihen.

Auch die Feststellung, eine Koppelung mit Angelegenheiten aus der sozialen Mitbestimmung selbst sei stets zulässig[411], vermag nicht zu überzeugen. Er würdigt in diesem Zusammenhang ebenso wenig wie Konzen, dass die freie Willensbildung gleichermaßen beeinträchtigt wird, wenn der Koppelungsgegenstand in einem sachlichen Zusammenhang zu der mitbestimmungspflichtigen Angelegenheit steht. Aus dem Bereich des Strafrechts etwa ist die Nötigung mit einem zulässigen Übel bekannt, die ebenfalls den Straftatbestand erfüllen kann.[412]

Ferner würdigt Worzalla die Tatsache, dass die Arbeitgeber Koppelungsgeschäfte gleichermaßen initiieren, in seiner Beurteilung nicht. Infolgedessen werden offensichtlich *abwägungserhebliche* Belange nicht hinreichend berücksichtigt.

409 Worzalla, Die Mitbestimmung des Betriebsrates nach § 87 BetrVG in Eil- und Notfällen, S. 116.

410 Worzalla, Die Mitbestimmung des Betriebsrates nach § 87 BetrVG in Eil- und Notfällen, S. 119.

411 Worzalla, Die Mitbestimmung des Betriebsrates nach § 87 BetrVG in Eil- und Notfällen, S. 117.

412 Fischer, StGB, § 240 Rdnr. 4, 32 a; Lackner/Kühl, StGB, § 240 Rdnr. 18.

5. Auffassung von Wiese[413]

Wiese hält Koppelungsgeschäfte – nur – dann für unzulässig, wenn der Normzweck des einzelnen Mitbestimmungstatbestandes durch die angekoppelte Forderung verfehlt wird. Wiese verweist zur Begründung der Auffassung auf die Generalklausel des § 242 BGB. Unter Berücksichtigung dessen liegt nach Wiese kein normzweckwidriges Verhalten vor, wenn der Betriebsrat an das Begehren des Arbeitgebers die Forderung nach Freizeitausgleich knüpft.[414] Dagegen seien solche Koppelungsgeschäfte normzweckwidrig, im Rahmen derer der Betriebsrat die Zustimmung zu Überstunden davon abhängig mache, dass der Arbeitgeber über das beanspruchbare Entgelt weitere Zahlungen leiste.[415]

Wiese verzichtet darauf, die von ihm vertretene Auffassung, die Zulässigkeit von Koppelungsgeschäften am Normzweck zu messen, dogmatisch abzuleiten. Allein der Hinweis, eine Koppelung vorbei am Normzweck sei rechtsmissbräuchlich, genügt für einen dogmatischen Nachweis nicht.

6. Auffassung von Brandl[416]

Brandl hat die Problematik der Koppelungsgeschäfte ebenfalls wissenschaftlich untersucht. Hierbei beschränkt sie sich nicht auf die notwendige Mitbestimmung, sondern berücksichtigt die Beteiligungsrechte des Betriebsrates generell.[417]

Im Zusammenhang mit der notwendigen Mitbestimmung i.S.d. § 87 I BetrVG kommt sie zu dem Ergebnis, Koppelungsgeschäfte seien dann zulässig, wenn sie auf die Verwirklichung des Zwecks des zugrundeliegenden Mitbestimmungsrechts gerichtet seien. Zudem sei das Bestehen eines Sachzusammenhanges zwischen dem Zweck des Beteiligungsrechts und dem Inhalt des Koppelungsgeschäfts Voraussetzung für eine wirksame Koppelung.[418]

Bereits aus dieser Feststellung folgt, dass offensichtlich nicht danach unterschieden wird, ob die angekoppelte Materie ebenfalls dem Mitbestimmungskatalog des § 87 I BetrVG unterliegt. Darüber hinaus hebt Brandl dies aber ausdrücklich hervor, indem sie darauf hinweist, die Koppelung sei auch dann zulässig, wenn für den Inhalt des Koppelungsgeschäfts kein Mitbestimmungsrecht bestehe. Erfülle das Verhalten des Betriebsrates den Normzweck, so sei es nach den zu beachtenden Rechtsmissbrauchsgrundsätzen zulässig. Ausreichend

413 Wiese in: GK-BetrVG, § 87 Rdnr. 361.
414 Wiese in: GK-BetrVG, § 87 Rdnr. 361.
415 Wiese in: GK-BetrVG, § 87 Rdnr. 361.
416 Brandl, Koppelungsgeschäfte, S. 1 ff.
417 Brandl, Koppelungsgeschäfte, S. 162 f.
418 Brandl, Koppelungsgeschäfte, S. 163.

für den Abschluss eines Koppelungsgeschäfts sei regelmäßig die Kompetenz des Betriebsrates zum Abschluss einer freiwilligen Betriebsvereinbarung.[419]

Die Beschränkung der Beteiligungsrechte im Falle des Rechtsmissbrauchs, wie sie etwa von Mundt[420] angenommen wird, lehnt Brandl ab.[421] Im Falle von Koppelungen führe das Überschreiten der gesetzlichen Grenzen einer Betriebsvereinbarung zur Unwirksamkeit des Koppelungsgeschäftes.[422] Dagegen hält Brandl die normzweckwidrige Koppelung mit einer an sich zulässigen Betriebsvereinbarung grundsätzlich für wirksam. Dies gelte vor allem für diejenigen Koppelungsgeschäfte, bei denen das Koppelungsangebot nicht vom Betriebsrat, sondern vom Arbeitgeber abgegeben worden sei. In diesem Zusammenhang verweist Brandl auf die durch den Arbeitgeber veranlassten „Paketangebote".[423] Dies gelte aber auch für solche Fälle, in denen das Koppelungsangebot zwar vom Betriebsrat ausgehe, der Arbeitgeber sich aber, ohne dass der Tatbestand des § 123 BGB eingreife, mit dem Geschäft einverstanden erkläre.[424] Durch das Koppelungsverbot solle der Arbeitgeber geschützt werden.[425] Dieser Schutz sei aber dispositiv, so dass der Arbeitgeber mit dem Betriebsrat auch normzweckwidrige Koppelungsgeschäfte wirksam abschließen könne. Die normzweckwidrige Ausübung des Mitbestimmungsrechts führe also zur Missbräuchlichkeit der Koppelung, das Koppelungsgeschäft (i.e.S.) bleibe dagegen wirksam.[426]

Die Auffassung von Brandl überzeugt jedenfalls mit der vorliegenden Begründung nicht. Erhebliche Bedenken bestehen im Hinblick auf ihre Aussage, dass durch das Koppelungsverbot *ausschließlich* die Arbeitgeber geschützt würden. Brandl stellt selbst fest, dass Koppelungsgeschäfte auch vom Arbeitgeber initiiert werden.[427] Es spricht bereits eine anfängliche Vermutung dafür, dass der von der Koppelungssituation ausgehende Druck geeignet ist, sich gleichermaßen auf die Entscheidungsfreiheit des Betriebsrates auszuwirken. Insoweit verkennt Brandl offensichtlich, dass Koppelungen des Arbeitgebers im Zusammenhang mit dem Initiativrecht des Betriebsrats dem Grunde nach mit der vom Betriebsrat initiierten Koppelungssituation identisch sind. Beide Situationen wirken gleichermaßen auf die Entscheidungsfreiheit des jeweils anderen Betriebspartners. Brandl ist deshalb auch nur scheinbar aus der Pflicht gewesen, eine vollumfäng-

419 Brandl, Koppelungsgeschäfte, S. 163.
420 Mundt, Über die Zulässigkeit von Koppelungsgeschäften, S. 130 ff.
421 Brandl, Koppelungsgeschäfte, S. 171.
422 Brandl, Koppelungsgeschäfte, S. 171.
423 Brandl, Koppelungsgeschäfte, S. 171.
424 Brandl, Koppelungsgeschäfte, S. 172.
425 Brandl, Koppelungsgeschäfte, S. 172.
426 Brandl, Koppelungsgeschäfte, S. 172.
427 S.o.

liche Darstellung der betrieblichen Koppelungssituationen abzugeben, in der auch und gerade die vom Arbeitgeber initiierten Koppelungsansinnen kritisch berücksichtigt werden.

Hinzu kommt, dass auch Brandl die Problematik der Annexbedingungen ausdrücklich aus der Untersuchung ausgenommen hat.[428] Das bedeutet, dass eine klare Definition des Inhalts des Mitbestimmungskataloges als Ausgangslage für die Beurteilung der Zulässigkeit der Koppelung nicht erfolgen kann. Allerdings ist die Berücksichtigung dieses Aspektes im Zusammenhang mit der Untersuchung von Brandl nicht von der Bedeutung wie etwa in der Untersuchung von Mundt. Denn Brandl stellt offensichtlich bei der Beurteilung der Zulässigkeit von Koppelungsgeschäften im Wesentlichen auf den Normzweck ab.[429]

Unabhängig davon vermag die dogmatische Herleitung der Beurteilung der Zulässigkeit von Koppelungsgeschäften im BetrVG nicht zu überzeugen. Brandl beschränkt sich im Wesentlichen darauf, unter Hinweis auf den Grundsatz der vertrauensvollen Zusammenarbeit das Verbot der Normzweckwidrigkeit zu statuieren.[430] Offen bleibt die dogmatisch orientierte Einfassung dieser Prüfung. Sie kann nur über eine gesetzesimmanente oder gesetzesübergreifende Rechtsfortbildung erfolgen. Die Bemühung der „Normzweckwidrigkeit" durch Brandl deutet auf eine gesetzesimmanente Auslegung hin, deren Ausgangspunkt jedoch nicht genannt wird. Die zusammenhangslose Prüfung der Zulässigkeit von Koppelungsgeschäften unter Berücksichtigung von Treu und Glauben sowie der spezifisch betriebsverfassungsrechtlichen Ausgestaltung des Grundsatzes der vertrauensvollen Zusammenarbeit genügt dogmatischen Anforderungen nicht. Hierbei ist zu berücksichtigen, dass die Rechtsdogmatik keinem Selbstzweck dient, sondern darauf gerichtet ist, Rechtssicherheit und Rechtsklarheit zu gewährleisten. Gerichtliche Entscheidungen müssen kalkulierbar sein. Da Brandl die Basis ihrer Überlegungen nicht darstellt, fehlt es an einer am BetrVG ausgerichteten Gegenüberstellung der polarisierenden rechtlichen Positionen. Die Berufung auf den Grundsatz der vertrauensvollen Zusammenarbeit setzt die Benennung und die Ableitung der Rechte voraus, um deren Beschränkung es geht. Im Zweifel ist dies im Zusammenhang mit Koppelungsgeschäften die Betriebsautonomie, die im Anwendungsbereich des § 87 I BetrVG die Möglichkeit von Koppelungsgeschäften eröffnet. Brandl beschränkt sich darauf, die im Zusammenhang mit anderen Rechtsgebieten erzeugten Untersuchungsergebnisse auf das BetrVG zu übertragen, ohne dessen Besonderheiten hinreichend zu gewichten.

---

428 Brandl, Koppelungsgeschäfte, S. 8-9.

429 Brandl, Koppelungsgeschäfte, S. 163.

430 Brandl, Koppelungsgeschäfte, S. 150.

Insgesamt schafft die Untersuchung in Bezug auf Koppelungsgeschäfte im Anwendungsbereich der notwendigen Mitbestimmung keine dogmatisch abschließende Lösung.

7. Auffassung von Hromadka[431]

Hromadka vertritt die Auffassung, dass die Rechtsprechung insbesondere die Mitbestimmung in sozialen Angelegenheiten weit ausgedehnt habe. In diesem Zusammenhang weist er darauf hin, dass sich in der Praxis Lösungen gefunden hätten, mit denen, so müssen seine Ausführungen verstanden werden, die weite Ausdehnung kompensiert werden könne. Unmittelbar in diesem Zusammenhang erwähnt er „Koppelungsgeschäfte“, ohne sich jedoch weiter mit deren Zulässigkeit zu befassen.[432]

Die Ausführungen Hromadkas können nur dahingehend gedeutet werden, dass er Koppelungsgeschäfte dem Grunde nach für zulässig hält. Eine diese Annahme bestätigende Begründung wird allerdings nicht geliefert.

8. Auffassung von Zumbeck[433]

Zumbeck definiert Koppelungsgeschäfte als Ergebnis von Verhandlungen zwischen Arbeitgebern und Betriebsräten. Sie geht jedenfalls dort, wo sich der Gegenstand der Forderung innerhalb des Schutzzweckes des einzelnen Mitbestimmungstatbestandes bewege, von der grundsätzlichen Zulässigkeit von Koppelungsgeschäften aus. Ansonsten beurteile sich ihre Zulässigkeit nach dem Grundsatz der vertrauensvollen Zusammenarbeit, wobei die Beurteilung der Überschreitung den Einzelfallentscheidungen der Gerichte vorbehalten bleibe.[434]

Die Ausführungen von Zumbeck belegen zwar die aktuelle Brisanz der Problematik, enthalten darüber hinaus aber keine überzeugenden Lösungsansätze. Zweifelhaft ist bereits die Definition von Koppelungsgeschäften, die Zumbeck zugrunde legt. Die Frage, ob und in welchen Grenzen Koppelungsgeschäfte mit dem Begriff der „Verhandlungen“ in Einklang zu bringen sind, ist gerade Kern der Frage der Zulässigkeit von Koppelungsgeschäften und bedarf der Klärung. Insgesamt bleiben die Grenzen der Zulässigkeit von Koppelungsgeschäften im Wesentlichen undefiniert.

---

431 Hromadka, NZA 1998, S. 1 ff.

432 Hromadka, NZA 1998, S. 7.

433 Zumbeck, AiB 2005, S. 288 ff.

434 Zumbeck, AiB 2005, S. 289.

9. Auffassung von Gentz[435]

Gentz hält Koppelungsgeschäfte in den Grenzen des Normzwecks für zulässig. Insgesamt solle der Normzweck nicht zu eng ausgelegt werden. Dort, wo der Betriebsrat sachwidrig koppele, bleibe dem Arbeitgeber entweder die Anrufung der Einigungsstelle oder ein Unterlassungsanspruch nach § 23 I BetrVG.[436]

Weder die Heranziehung des Normzwecks zur Beurteilung der Zulässigkeit der Koppelungsgeschäfte noch die untersuchten Abwehrrechte des Arbeitgebers werden hinreichend dogmatisch belegt. Infolgedessen können die Ausführungen von Gentz jedenfalls in ihrer Begründung nicht überzeugen.

10. Auffassung von Schoof[437]

Schoof hält Koppelungsgeschäfte grundsätzlich für zulässig und sogar darüber hinaus für geboten. Für ein Verbot von Koppelungsgeschäften fehle es an einer rechtlichen Grundlage. Die Zustimmungsverweigerung sei im Rahmen des § 87 I BetrVG nicht an bestimmte Gründe gebunden. Der Betriebsrat könne sogar mit einem bloßen „Nein“ auf das Begehren des Arbeitgebers reagieren. Der Arbeitgeber wäre verpflichtet, die Einigungsstelle anzurufen. Dies gelte selbst dann, wenn der Betriebsrat schweige. Schweigen bedeute keine Zustimmung. Dies spreche dafür, dass der Gesetzgeber dem Betriebsrat einen weiten Verhandlungsspielraum habe einräumen wollen.[438] Die Normzwecktheorie, wie sie etwa von Wiese[439] vertreten würde, gewährleiste keine konkrete Abstimmung zwischen zulässigen und unzulässigen Koppelungsgeschäften.[440]

Die Argumente, mit der Schoof seine Auffassung begründet, sind nicht dogmatisch untermauert. Sie sind überwiegend allgemeiner Natur. Allein der Umstand, dass die Vorschrift des § 87 I BetrVG keine Zustimmungsverweigerungsgründe benenne, kann jedoch für sich kein überzeugendes Argument darstellen. In dieser Tatsache kann allenfalls ein einzelnes Indiz gesehen werden, welches in einer Gesamtschau zu berücksichtigen ist.

---

435 Gentz, NZA 2004, S. 1011 (1012).

436 Gentz, NZA 2004, S. 1012.

437 Schoof, ArbuR 2008, S. 289 (292); Schoof, Anm. zu LAG Düsseldorf v. 12.12.2007, S. 271 ff.

438 Schoof, ArbuR 2008, S. 292; Schoof, Anm. zu LAG Düsseldorf, S. 272.

439 S.o. S. 114.

440 Schoof, ArbuR 2008, S. 292.

11. Auffassung von Rückert[441]

Rückert hat sich in einer Dissertation ebenfalls mit der Zulässigkeit von Koppelungsgeschäften befasst. Im Ergebnis stellt sie fest, Koppelungsgeschäfte seien (nur) dann unzulässig, wenn die Forderung des Betriebsrates am Zweck des Mitbestimmungstatbestandes ausgerichtet sei. In diesem Fall handele es sich um zulässige Kampfhandlungen des Betriebsrats. Entsprechendes gelte für eine durch den Arbeitgeber initiierte Koppelung. Dort, wo sich die Forderung des Betriebspartners nicht am Zweck des Mitbestimmungstatbestandes orientiere, sei die Koppelung unzulässig.[442]

Eine dogmatische Herleitung führt Rückert nicht durch. Insbesondere ist nicht hinreichend erkennbar, vor welchem dogmatischen Hintergrund der Zweck des Mitbestimmungsrechts als maßgebliches Kriterium für die Beurteilung der Zulässigkeit von Koppelungsgeschäften herangezogen wird. Im Zuge dessen wird insbesondere auf die Bedeutung des Grundsatzes der vertrauensvollen Zusammenarbeit verwiesen. In besonderem Maße hebt Rückert zu Recht das Bestreben des Betriebsverfassungsgesetzes nach einem Kräftegleichgewicht hervor.[443] Unter Berücksichtigung dieser Gesichtspunkte wäre es unverzichtbar gewesen, auch die von den Arbeitgebern initiierten Koppelungen in den Abwägungsprozess einzubeziehen. Denn die Beurteilung des Kräfteverhältnisses ist nur möglich, wenn die hierfür maßgeblichen Faktoren beider Betriebspartner bewertet werden.

Anstatt die Tatsache der Koppelung durch den Arbeitgeber in der Auslegung der Vorschrift des § 87 I BetrVG zu berücksichtigen, wird sie als Abwehrrecht gegen entsprechende Handlungen des Betriebsrats geprüft.[444] Dies ist dogmatisch nicht konsequent, da das Kräftegleichgewicht Bestandteil des Grundsatzes der vertrauensvollen Zusammenarbeit zwischen den Betriebspartnern und mithin als Maßeinheit bei der Auslegung betriebsverfassungsrechtlicher Vorschriften zu berücksichtigen ist.[445]

Ferner muss sich Rückert entgegenhalten lassen, dass die gerade für die Beurteilung von Koppelungsgeschäften wesentliche Qualifizierung von Annexbedingungen keine Berücksichtigung gefunden hat. Allerdings wiegt dies in der Abhandlung von Rückert weniger schwer, da sie Koppelungsgeschäfte nur dort für unzulässig hält, wo sie nicht am Zweck des Mitbestimmungstatbestandes

---

441 Rückert, Koppelungsgeschäfte des Betriebsrates, S. 17 ff.

442 Rückert, Koppelungsgeschäfte des Betriebsrates, S. 84.

443 Rückert, Koppelungsgeschäfte des Betriebsrates, S. 74.

444 Rückert, Koppelungsgeschäfte des Betriebsrates, S. 90.

445 Berg in: D/K/K-BetrVG, § 2 Rdnr. 5-6; Fitting, BetrVG, § 2 Rdnr. 22; Franzen in: GK-BetrVG, § 2 Rdnr. 14; Hess in: H/S/W/G/N-BetrVG, § 2 Rdnr. 40 ff.

ausgerichtet sind.[446] Demgemäß kommt der Zugehörigkeit von Annexbedingungen zum jeweiligen Mitbestimmungstatbestand unter Berücksichtigung der Auffassung von Rückert keine entscheidende Bedeutung zu.

Insgesamt liefert auch die Untersuchung von Rückert keine hinreichende dogmatische Grundlage, die einen annähernd gesicherten und voraussehbaren Umgang mit Koppelungsgeschäften gewährleisten würde.

II. Gegner von Koppelungsgeschäften

Der wohl überwiegende Teil der Literatur vertritt die Auffassung, Koppelungsgeschäfte seien unzulässig.

1. Auffassung von Brossette[447]

Brossette vertritt die Auffassung, der Betriebsrat dürfe seine Zustimmung unter keinen Umständen an die Erfüllung einer vom Mitbestimmungstatbestand nicht gedeckten Forderung knüpfen. Dies gelte auch dann, wenn die vom Betriebsrat erhobene Forderung in seinen allgemeinen Aufgabenbereich falle und der Regelungsgegenstand durch eine freiwillige Betriebsvereinbarung geregelt werden könne. Sobald der Arbeitgeber zu erkennen gebe, dass er entsprechenden Forderungen des Betriebsrates nicht nachkommen wolle, sei der Betriebsrat im Verfahren der erzwingbaren Mitbestimmung auf die Zustimmungsverweigerungsgründe und Forderungen beschränkt, die vom geschriebenen Tatbestand und vom Schutzzweck der mitbestimmungsrechtlichen Ermächtigungsnorm gedeckt seien. Wenn der Betriebsrat sich hieran nicht halte, handle er pflichtwidrig und überschreite die ihm eingeräumten Rechte zum Eingriff in den Rechtskreis des Arbeitgebers. Die pflichtwidrige Koppelung könne zum Verlust des Mitbestimmungsrechts führen, wenn sie sich zudem als rechtsmissbräuchlich erweise.[448]

Die Argumentation von Brossette ist bereits deshalb unvollständig, weil nicht berücksichtigt wird, dass Koppelungsgeschäfte zwar auch von den Betriebsräten, gleichermaßen aber auch von Arbeitgebern initiiert werden. Gerade deswegen, weil Brossette die Restriktion des Beteiligungsrechts des Betriebsrates annimmt, kann nicht ausgeschlossen werden, dass das ebenbürtige Verhalten des Arbeitgebers auf die Beurteilung der Rechtmäßigkeit von Koppelungsgeschäften Einfluss nimmt. Zudem verzichtet Brossette darauf, die von ihm auf-

446 Rückert, Koppelungsgeschäfte des Betriebrates, S. 71 ff.

447 Brossette, ZfA 1992, S. 379 (400 ff.).

448 Brossette, ZfA 1992, S. 402.

gestellten Behauptungen rechtsdogmatisch zu belegen. Demzufolge kann seine Argumentation nicht überzeugen.

2. Auffassung von Kappes[449]

Kappes hebt hervor, dass der Katalog des § 87 I BetrVG keine Gründe enthalte, bei deren Vorliegen der Betriebsrat seine Zustimmung verweigern könne. Anders als etwa bei der Zustimmung zu personellen Angelegenheiten sei der Betriebsrat gemessen an einer wörtlichen und systematischen Auslegung in der Verweigerung seiner Zustimmung grundsätzlich frei.[450]

Gleichwohl ist Kappes ein Gegner der Zulässigkeit von Koppelungsgeschäften. Entgegen dem in Bezug auf die Zustimmungsverweigerungsgründe schweigenden Wortlaut folge die Unzulässigkeit von Koppelungsgeschäften aus dem *Gebot der vertrauensvollen Zusammenarbeit* in § 2 BetrVG.[451]

Der insoweit pauschale Hinweis von Kappes auf den Grundsatz der vertrauensvollen Zusammenarbeit kann einer überzeugenden dogmatischen Begründung nicht genügen.

3. Auffassung von Hanau/Reitze[452]

Hanau/Reitze halten Koppelungsgeschäfte jedenfalls immer dann für unzulässig, wenn die Mitbestimmung an Bedingungen geknüpft wird, die außerhalb des Mitbestimmungskataloges anzusiedeln seien. Andernfalls würde die Unterscheidung des Betriebsverfassungsgesetzes zwischen „zwingender" und „freiwilliger" Mitbestimmung unterlaufen.[453]

Ausgehend davon, dass es sich bei den „bedingten Zustimmungen" des Betriebsrates um „Bedingungen" im Sinne der §§ 158 ff. BGB handele, führe die Verknüpfung der Zustimmung mit einem außerhalb des Mitbestimmungskataloges liegenden Sachverhalt zu deren Unzulässigkeit.[454]

Allerdings knüpfen Hanau/Reitze an die Unzulässigkeit der Bedingung nicht die *allgemeinen* zivilrechtlichen Folgen, die sie in Ansehung der Vorschrift des § 139 BGB in der Nichtigkeit des gesamten Rechtsgeschäftes sehen. Im Rahmen der Mitbestimmung nach § 87 I BetrVG seien diese Rechtsfolgen zu modifizieren. Ausgangspunkt hierfür sei der in § 2 I BetrVG normierte *Grundsatz der ver-*

449 Kappes, DB 1997, S. 277 ff.
450 Kappes, DB 1997, S. 277 (278).
451 Kappes, DB 1997, S. 277 (278).
452 Hanau/Reitze, FS für Wiese, S. 149 ff.
453 Hanau/Reitze, FS für Wiese, S. 156.
454 Hanau/Reitze, FS für Wiese, S. 154.

trauensvollen Zusammenarbeit. Dieser gebiete es, dass die Betriebsparteien zu einer einvernehmlichen Lösung gelangten. Das bedeute, dass das Betriebsverfassungsgesetz eine Einigung zwischen den Parteien favorisiere. Eine Einigung könne aber nur das Ergebnis von Verhandlungen sein. Diese könnten ausschließlich dann geführt werden, wenn die Parteien ihre Bedenken gegen Regelungsvorschläge des jeweils anderen Betriebspartners mitteilten. Fehle es hieran, seien vernünftige Verhandlungen nicht möglich. Der Betriebsrat, der die Verweigerung seiner Zustimmung nicht begründe, verhindere von vornherein eine Einigung. Ein entsprechendes Verhalten begründe einen Verstoß gegen den Grundsatz der vertrauensvollen Zusammenarbeit.[455]

Die hieraus ableitbare Modifikation der Rechtsfolgen der unzulässigen Bedingung bestehe darin, dass der Betriebsrat mit der Abgabe des „Koppelungsangebotes" sein generelles Einverständnis mit der mitbestimmungspflichtigen Angelegenheit erklärt habe. Er habe dieses lediglich unter die Bedingung gestellt, dass der Betriebspartner gleichsam als Gegenleistung für die Erteilung der Zustimmung eine Forderung des Betriebsrates erfülle. Der Betriebsrat sei an die Zustimmung gebunden, da er infolge der Verknüpfung der Zustimmung mit einer Bedingung zu verstehen gegeben habe, dass Bedenken gegen die zustimmungspflichtige Maßnahme grundsätzlich nicht bestünden. Er habe zugunsten des Arbeitgebers einen Vertrauenstatbestand geschaffen, an dem er sich wegen der Vorschrift des § 2 I BetrVG festhalten lassen müsse. Die Konsequenz sei, dass der Arbeitgeber die mitbestimmungspflichtige Maßnahme durchführen könne. Eine wirksame Mitbestimmung liege vor.[456]

Der von Hanau/Reitze beschriebene Lösungsansatz unterliegt erheblichen materiell-rechtlichen Bedenken.

Es ist zweifelhaft, ob in der beschriebenen Weise auf die *Bedingungslehre* des BGB zurückgegriffen werden kann. Insoweit stellt sich vornehmlich die Frage, ob die vom Betriebsrat veranlasste Verknüpfung der Zustimmungserteilung mit einer zusätzlichen Forderung vom Tatbestand des § 158 BGB erfasst wird.

Bedingung im Sinne der Vorschrift des § 158 BGB ist die durch Parteiwillen in ein Rechtsgeschäft eingefügte Bestimmung, welche die Rechtswirkungen des Geschäfts von einem *zukünftigen, ungewissen Ereignis* abhängig macht.[457]

Von dieser Definition wird der überwiegende Teil der die betriebsverfassungsrechtliche Praxis kennzeichnenden Fälle von Koppelungsgeschäften nicht

455 Hanau/Reitze, FS für Wiese, S. 157.

456 Hanau/Reitze, FS für Wiese, S. 157.

457 Ellenberger in: Palandt-BGB, Einf. vor § 158 Rdnr. 1.

erfasst. Maßgeblich dafür ist, dass es regelmäßig an einem zukünftigen, ungewissen Ereignis fehlen wird.

Denn in der Praxis werden mitbestimmungspflichtige Angelegenheiten zweckmäßigerweise in der Form von Betriebsvereinbarungen geregelt.[458] In den Fällen, in denen es zum Abschluss von Koppelungsgeschäften i.e.S. kommt, werden diese überwiegend in die Vereinbarung über das Grundgeschäft mit aufgenommen. Der Status der Eigenständigkeit beider Vereinbarungen als Grund- und Koppelungsgeschäft i.e.S. ändert sich hierdurch nicht. Handelt es sich bei dem Gegenstand des Koppelungsgeschäftes i.e.S. ebenfalls um eine mitbestimmungspflichtige Angelegenheit, hat der Betriebspartner die angekoppelte Forderung mit Abschluss der Gesamtvereinbarung erfüllt. Denn regelmäßig wird die Mitbestimmung durch den Abschluss einer Betriebsvereinbarung verwirklicht. Der Abschluss des Koppelungsgeschäftes i.e.S. stellt in diesen Fällen mithin kein *zukünftiges und ungewisses* Ereignis dar. Infolgedessen wird es regelmäßig an den Voraussetzungen des § 158 I BGB fehlen, so dass auf die Bedingungslehre nicht zurückgegriffen werden kann.[459] Nicht anders verhält es sich im Übrigen in den Fällen, in denen der *Arbeitgeber* unter Ausnutzung des Initiativrechts des Betriebsrates für seine Mitwirkung Forderungen aufstellt.

Entsprechend sind die Fälle zu beurteilen, in denen der Arbeitgeber dem Betriebsrat ein „Paketangebot“ unterbreitet. Es ist bereits dargestellt worden, dass das „Lockmittel“ als Grundgeschäft zu qualifizieren ist. Unter Zugrundelegung der Auffassung von Hanau/Reitze stellt der Arbeitgeber den rechtswirksamen Abschluss des Grundgeschäftes unter die „Bedingung“ des Abschlusses eines angekoppelten Geschäftes. Hierbei kann es sich nur um eine mitbestimmungspflichtige Angelegenheit handeln. Auch in diesem Zusammenhang gilt, dass in der Praxis Grund- und Koppelungsgeschäft i.e.S. überwiegend „uno actu“ geregelt werden. Infolgedessen fehlt es für einen möglichen Bedingungseintritt ebenfalls an einem zukünftigen, ungewissen Ereignis.

Im Ergebnis ist der Lösungsweg von Hanau/Reitze nach alledem abzulehnen.

4. Auffassung von Hanau[460]

Hanau wählt in seinen Ausführungen als Ausgangspunkt für die Zulässigkeit der Verknüpfung einer mitbestimmungspflichtigen Angelegenheit mit zusätzlichen Leistungen und Forderungen die Lehre von den Annexbedingungen. Diese sei mit Blick auf die Einigungsstelle entwickelt worden und diene der Festlegung,

458 Vgl. für alle: Fitting, BetrVG, § 87 Rdnr. 579, 580.

459 So im Ergebnis wohl auch Brandl, Koppelungsgeschäfte, S. 62.

460 Hanau, NZA 1985, S. 3 ff.

welche Regelungen diese im Zusammenhang mit einer mitbestimmungspflichtigen Maßnahme treffen könne. Dann, wenn ein unmittelbarer und notwendiger Zusammenhang zwischen den beiden Regelungen bestehe und die eine nicht ohne die andere Regelung *sinnvoll* sei, komme eine Verknüpfung in Betracht. Verknüpfe die Einigungsstelle eine mitbestimmungspflichtige Angelegenheit mit einer Regelung, die nicht als Annexbedingung angesehen werden könne, sei ihr Spruch bezogen auf diese zusätzliche Regelung nichtig.[461]

Dieser Grundsatz sei nicht nur auf das Einigungsstellenverfahren zu beschränken, sondern gelte auch für die unmittelbaren Verhandlungen zwischen Arbeitgeber und Betriebsrat.[462] Sie müssten sich im Bereich des § 87 I BetrVG an die tatbestandlichen Grenzen des jeweils in Rede stehenden Mitbestimmungstatbestandes halten.[463]

Hanau beurteilt die Zulässigkeit von Koppelungsgeschäften nach dem notwendigen Sachzusammenhang. Allerdings verzichtet er darauf, dieses Kriterium als Abgrenzungsmaßstab dogmatisch herzuleiten. Allein – wenn auch nachvollziehbare – pragmatische Gründe vermögen ein dogmatisches Fundament nicht zu begründen.

Ferner lässt auch Hanau die Tatsache unberücksichtigt, dass Koppelungsgeschäfte *gleichermaßen* von Betriebsräten und Arbeitgebern veranlasst werden. Da ein Einfluss dieser Tatsache aus Gründen des Gleichheitssatzes nicht ausgeschlossen werden kann, ist deren Beachtung im Rahmen der Beurteilung der Zulässigkeit von Koppelungsgeschäften notwendig.

Insgesamt vermögen deshalb auch die Ausführungen von Hanau nicht zu überzeugen.

5. Auffassung von Mundt[464]

Mundt hat sich jüngst in einer Dissertation mit der Zulässigkeit von Koppelungsgeschäften im Anwendungsbereich des § 87 I BetrVG auseinandergesetzt. Zu Recht hat er den Anlass der Untersuchung damit begründet, dass bislang eine dogmatisch fundierte Untersuchung der Problematik fehle.

Er fokussiert seine Untersuchung im Wesentlichen auf das *Koppelungsansinnen* als Vorfeld des eigentlichen Koppelungsgeschäftes. Als Initiatoren werden ausschließlich die Betriebsräte berücksichtigt.[465]

---

461 Hanau, NZA 1985, S. 9.

462 Hanau, NZA 1985, S. 9.

463 Hanau, NZA 1985, S. 9.

464 Mundt, Über die Zulässigkeit von Koppelungsgeschäften, S. 1 ff.

465 Mundt, Über die Zulässigkeit von Koppelungsgeschäften, S. 48, 49.

Mundt gelangt zu dem Ergebnis, dass die Koppelung der Zustimmung an eine Forderung, die ihrem Regelungsgehalt nach nicht dem § 87 I BetrVG unterfalle, mit dem in § 74 I BetrVG normierten Grundsatz der *vertrauensvollen Zusammenarbeit* in der konkreten Form der Verhandlungspflicht unvereinbar sei. Da der Betriebsrat durch eine entsprechende Koppelung pflichtwidrig „Druck" auf den Arbeitgeber ausübe, erfülle dieses Verhalten den Tatbestand des *Rechtsmissbrauchs*.[466]

Die Feststellung Mundts, Koppelungsgeschäfte seien generell dann unzulässig, wenn die angekoppelte Forderung nicht ihrerseits der Mitbestimmung unterliege, ist in ihrer kategorischen Form zu ungenau. An dieser Stelle hätte Mundt die Frage der Zulässigkeit von Annexbedingungen zu den jeweiligen Mitbestimmungstatbeständen prüfen müssen. Denn materielle Annexbedingungen weisen nicht selten einen engeren Sachzusammenhang auf als zwei zum Mitbestimmungstatbestand gehörende Gegenstände.

Ferner bestehen Zweifel an der von Mundt vorgenommenen Gewichtung, nach der das Schwergewicht der Beurteilung im *Vorfeld* des Koppelungsgeschäftes, dem Koppelungsansinnen liegen soll. Diese Zweifel beruhen auf der Schwierigkeit der Differenzierung zwischen *noch* zulässigem Verhandeln und *bereits unzulässigem Koppeln*. Es entspricht der Natur der Sache, dass die Betriebsparteien streitig verhandeln. Im Zuge dessen werden zur Kompensation auch Gegenforderungen aufgestellt. Die Tatsache, dass selbst der Gesetzgeber streitige Verhandlungen unter den Betriebspartnern voraussetzt, wird durch die Vorschrift des § 74 I BetrVG belegt. Dort heißt es, dass die Betriebspartner über *strittige* Fragen mit dem ernsten Willen zur Einigung zu *„verhandeln"* hätten. In diesem Sinne weist auch Worzalla daraufhin, dass gerade die Vorschrift des § 74 I BetrVG die Möglichkeit impliziere, als kompensatorische Maßnahme Zustimmungen zu einer Maßnahme an Bedingungen zu knüpfen.[467] Nach Mundt, der insoweit nicht differenziert, führt grundsätzlich ein einmal geäußertes Koppelungsansinnen des Betriebsrates zur Suspendierung seines Mitbestimmungsrechts[468] und damit zur einseitigen Durchführbarkeit der mitbestimmungspflichtigen Maßnahme. Unter Berücksichtigung dessen wird deutlich, dass dem Betriebsrat infolge dieser nicht differenzierenden Betrachtungsweise gleich zweimal Rechtspositionen abgeschnitten werden: Einerseits wird das in § 87 I BetrVG manifestierte Recht des Betriebsrates auf notwendige Mitbestimmung, andererseits sein in § 74 I BetrVG eingeräumtes Verhandlungsrecht beschränkt.

466 Mundt, Über die Zulässigkeit von Koppelungsgeschäften, S. 103, 141.

467 Worzalla, Die Mitbestimmung des Betriebsrates nach § 87 BetrVG in Eil- und Notfällen, S. 114.

468 Mundt, Über die Zulässigkeit von Koppelungsgeschäften, S. 140.

Selbst dann, wenn mit Mundt davon ausgegangen würde, Koppelungsgeschäfte seien grundsätzlich unzulässig, kann diese Rechtsfolge nicht durch *jedes* Koppelungsansinnen ausgelöst werden. So muss dem Betriebsrat nach einem entäußerten Koppelungsbegehren grundsätzlich die Möglichkeit belassen werden, von diesem abzurücken, ohne dass die weitreichenden Folgen der Suspendierung des Mitbestimmungsrechts eintreten. Andernfalls würde der Arbeitgeber richtig handeln, wenn er unverzüglich die Verhandlungen abbräche und die Maßnahme mit dem Hinweis auf die Suspension der Mitbestimmung alleine durchführte. Auszurichten sind die Maßstäbe danach, dass eine gesicherte Indikation für ein die Suspension auslösendes Koppelungsgansinnen erst im Fall des Abschlusses des Koppelungsgeschäftes i.e.S. gegeben ist. Vorher müssen an die Beschränkungen der Rechte des Betriebsrates auf Mitbestimmung strenge Anforderungen gestellt werden.

Ferner bleibt in der Untersuchung von Mundt unberücksichtigt, dass nicht nur Betriebsräte, sondern gerade auch Arbeitgeber koppeln. Obwohl er diesen Umstand erkennt, wird er ausdrücklich aus der Prüfung ausgeschlossen.[469] Die Tatsache der vom Arbeitgeber initiierten Koppelung ist insbesondere dort bedeutsam, wo vom Betriebsrat ausgelöste Koppelungsgeschäfte als rechtsmissbräuchlich qualifiziert werden. Denn die Beurteilung eines Verhaltens als rechtsmissbräuchlich setzt aus Gründen der *Parität* zwingend voraus, dass auch entsprechende Handlungen des Betriebspartners bewertet werden. Denn es kann nicht ausgeschlossen werden, dass trotz der Identität der Handlungen das Verhalten des einen Betriebspartners entgegen den Wertungen nicht mit entsprechenden Rechtsfolgen belegt werden kann. Deutlich wird dies im Fall einer vom Arbeitgeber ausgelösten Koppelung. Fest steht, dass eine Suspendierung seiner Rechte nicht in Betracht kommt. Eine einseitige Durchsetzung des Begehrens des Betriebsrates kommt bereits im Hinblick auf die beim Arbeitgeber liegende Organisations- und Leitungsmacht nicht in Betracht. Infolgedessen muss davon ausgegangen werden, dass ein identisches Verhalten mit konträren Rechtsfolgen belegt werden würde.

Des Weiteren überzeugt die Untersuchung in dem Bereich nicht, in dem Mundt die Wirksamkeit des abgeschlossenen Koppelungsgeschäftes i.e.S. darstellt. Mit wenig einleuchtender Begründung befindet er das Koppelungsgeschäft i.e.S. als Produkt der Privatautonomie für wirksam.[470] Der durch das Koppelungsansinnen ausgeübte Druck auf den Arbeitgeber soll gerade dort, wo er sich in seiner Intention realisiere, aus Gründen der Privatautonomie folgenlos

469 Mundt, Über die Zulässigkeit von Koppelungsgeschäften, S. 12.
470 Mundt, Über die Zulässigkeit von Koppelungsgeschäften, S. 17.

bleiben. Dies unterliegt jedenfalls mit der von Mundt abgegebenen Begründung größten Bedenken.

Ferner verifiziert Mundt in seiner Untersuchung nicht die von ihm aufgestellte Behauptung, für die Beurteilung von Koppelungsgeschäften und deren Rechtsfolgen komme es im Wesentlichen auf das Koppelungsansinnen an[471]. Dies wäre nur dann möglich, wenn die Rechtsfolgen auch im Hinblick auf das Grundgeschäft und das Koppelungsgeschäft i.e.S. berücksichtigt würden. Denn es kann keineswegs von vornherein ausgeschlossen werden, dass die Rechtsfolgen für das Koppelungsgeschäft i.e.S. sich entlastend auf die Notwendigkeit einer rechtlichen Intervention durch den betroffenen Betriebspartner im Vorfeld auswirken. Dies würde namentlich dann gelten, wenn das Grundgeschäft wirksam, das Koppelungsgeschäft i.e.S. dagegen als unwirksam zu qualifizieren wäre. Um eine entsprechende Betrachtung zu berücksichtigen, hätte Mundt in seiner Untersuchung die Rechtsfolgen in ihrer Gesamtheit vergleichen müssen.

Infolgedessen ist es in mehrfacher Hinsicht unverzichtbar, die Untersuchung von Mundt auszuweiten. Hierbei muss besonderes Gewicht auf die Beurteilung der vom Arbeitgeber ausgelösten Koppelungen sowie auf die Beurteilung der Wirksamkeit der Koppelungsgeschäfte i.e.S. gelegt werden.

6. Auffassung von Eich[472]

Eich hält Koppelungsgeschäfte für rechtsmissbräuchlich. Seine Darstellung erschöpft sich allerdings im Wesentlichen in einer Aufzählung von Fällen, die ihm auf Anfrage von hessischen Unternehmerverbänden berichtet worden sind.[473] Eine Begründung für seine Auffassung bietet er nicht. Auch Eich reduziert die Problematik der Koppelungsgeschäfte ausschließlich auf Initiativen des Betriebsrats. Unabhängig davon verzichtet er in seinen Ausführungen gänzlich auf eine dogmatische Einordnung des Problems. Demzufolge bietet Eich keine wissenschaftlich fundierte Untersuchung des Problems.

7. Auffassung von Zöllner[474]

Auch Zöllner hält Koppelungsgeschäfte grundsätzlich für unzulässig. Allenfalls dann, wenn zwischen dem zustimmungspflichtigen Grundgeschäft und der an-

471 Mundt, Über die Zulässigkeit von Koppelungsgeschäften, S. 13.

472 Eich, Rechtsmissbräuchliche Nutzung von Mitbestimmungsrechten durch den Betriebsrat, S. 93 ff.

473 Eich, Rechtsmissbräuchliche Nutzung von Mitbestimmungsrechten durch den Betriebsrat, S. 93.

474 Zöllner/Loritz/Hergenröder, Lehrbuch zum Arbeitsrecht, S. 511.

gekoppelten Forderung ein enger sachlicher Zusammenhang bestehe, könne die Koppelung zulässig sein.[475] Eine dogmatisch orientierte Begründung wird nicht geliefert. Infolgedessen sind auch die Ausführungen Zöllners weder dafür bestimmt noch geeignet, eine dogmatisch fundierte Problemlösung zu liefern, die den Anforderungen von Rechtsklarheit und Rechtssicherheit gerecht werden könnte.

8. Auffassung von Bengelsdorf[476]

Bengelsdorf geht jedenfalls in einer ganz konkreten Fallgestaltung von der Unzulässigkeit von Koppelungsgeschäften aus. Der Betriebsrat hatte die Zustimmung zur Durchführung von Überstunden verweigert, um die Forderung nach der Einführung der 35-Stunden-Woche durchzusetzen.[477] Hierbei handelte es sich um eine Forderung der IG-Metall, die alle Betriebsräte aufgefordert hatte, Überstunden mit dem Ziel der Durchsetzung dieser Forderung zu verweigern.

Verweigere der Betriebsrat die Zustimmung mit dieser Begründung, nutze er das ihm formal zustehende Mitbestimmungsrecht zur Durchführung von Kampfmaßnahmen in der laufenden Tarifauseinandersetzung aus und handele gesetzeswidrig. Die Folge der rechtsmissbräuchlichen Wahrnehmung sei der *temporäre* Verlust des Mitbestimmungsrechts.[478]

In dem Beitrag von Bengelsdorf leistet der Betriebsrat durch seine Verweigerung aktiv Unterstützung zur Realisierung gewerkschaftlicher Forderungen. Damit geriert er sich als Gehilfe der Gewerkschaften bei der Durchsetzung ihrer Forderungen und wird demzufolge unmittelbar in den Anwendungsbereich des § 74 II BetrVG gezogen, der Kampfmaßnahmen zwischen den Betriebspartnern verbietet.

Angesichts dessen können entsprechende Handlungsweisen des Betriebsrates als rechtsmissbräuchlich qualifiziert werden. Damit bleibt jedoch in jedem Fall die Frage offen, wie Koppelungen zu beurteilen sind, die nicht evident dem Anwendungsbereich des § 74 II BetrVG unterliegen.

9. Auffassung von Bauer[479]

Bauer hält Koppelungsgeschäfte offensichtlich grundsätzlich für unzulässig. Allerdings liefert er hierfür keine hinreichende Begründung, sondern erwähnt die

---

475 Zöllner/Loritz/Hergenröder, Lehrbuch zum Arbeitsrecht, S. 511.
476 Bengelsdorf, BB 1991, S. 613.
477 Bengelsdorf, BB 1991, S. 613.
478 Bengelsdorf, BB 1991, S. 613.
479 Bauer, ZfA 1997, S. 445 (489).

Problematik der Koppelungsgeschäfte ausschließlich exemplarisch im Zusammenhang mit der Prüfung eines allgemeinen Unterlassungsanspruchs bei betriebsverfassungswidrigen Maßnahmen.[480] Bauer scheint Koppelungsgeschäfte demnach für grundsätzlich unzulässig zu halten.

10. Auffassung von Rieble/Klebeck[481]

Rieble/Klebeck erwähnen Koppelungsgeschäfte im Zusammenhang mit der Prüfung strafrechtlich relevanten Verhaltens des Betriebsrates. In diesem Zusammenhang schließen sie sich der Normzwecktheorie an und nehmen eine Strafbarkeit des Betriebsrates bei einer durch ihn ausgelösten Koppelung jedenfalls dann an, wenn die angekoppelte Forderung nicht dem Normzweck des zugrundeliegenden Beteiligungsrechts diene.[482]

Tragfähige Anhaltspunkte für die Beurteilung der Zulässigkeit von Koppelungsgeschäften werden allerdings nicht geliefert.

11. Auffassung von Franzen[483]

Franzen beschränkt seine Ausführungen darauf, einen Überblick über den Meinungsstand zur Zulässigkeit von Koppelungsgeschäften zu geben. Eigene Argumente liefert Franzen nicht,

C. Ergebnis der einzelnen Auffassungen

Im Ergebnis ist festzuhalten, dass die bislang zu Koppelungsgeschäften vorliegenden Untersuchungen nicht abschließend sind, sofern die Beurteilung der Koppelungsgeschäfte im Zusammenhang mit der notwendigen Mitbestimmung im Mittelpunkt steht. Die Untersuchung von Mundt ist dogmatisch orientiert, lässt jedoch sowohl die Problematik der Annexbedingungen als auch vor allem vom Arbeitgeber initiierte Koppelungsgeschäfte unberücksichtigt. Der Untersuchung von Brandl fehlt es in diesem Zusammenhang an einem spezifisch am BetrVG ausgerichteten dogmatischen Fundament. Ihre Behauptung, das Verbot der Koppelung diene allein dem Schutz der Arbeitgeber, unterliegt nicht zuletzt mangels einer entsprechenden Verifizierung fundamentalen Zweifeln. Auch der Untersuchung von Rückert fehlt es an einer dogmatischen Untermauerung.

480 Bauer, ZfA 1997, S. 445 (489).
481 Rieble/Klebeck, NZA 2006, S. 758 (762).
482 Rieble/Klebeck, NZA 2006, S. 758 (762).
483 Franzen, ZfA 2005, S. 315 (343).

Infolgedessen ist eine dogmatisch ausgerichtete Prüfung der Zulässigkeit von Koppelungsgeschäften notwendig.

4. Teil: Eigene Untersuchung der Zulässigkeit von Koppelungsgeschäften im Bereich der notwendigen Mitbestimmung des § 87 I BetrVG

Eine dogmatisch ausgerichtete Untersuchung der Zulässigkeit von Koppelungsgeschäften hat in ihrem Schwerpunkt die Gesamtheit der möglichen Koppelungssituationen zu berücksichtigen. Insbesondere ist hierbei dem Umstand Rechnung zu tragen, dass Koppelungsgeschäfte von beiden Betriebspartnern gleichermaßen initiiert werden. Die Untersuchung erstreckt sich ausschließlich auf den Bereich der notwendigen Mitbestimmung, da hier der potentielle Wirkungsgrad der Koppelung angesichts der Mitbestimmung als Wirksamkeitsvoraussetzung einerseits und dem Initiativrecht des Betriebsrates andererseits besonders hoch ist. Ferner ist das Ergebnis der Untersuchung der Annexbedingungen zu berücksichtigen.

A. Auslegung des § 87 I BetrVG

Der Mitbestimmungskatalog des § 87 I BetrVG trifft keine ausdrücklichen Anordnungen über die Zulässigkeit von Koppelungsgeschäften. Infolgedessen ist in einem ersten Schritt die Vorschrift des § 87 I BetrVG mittels der allgemeinen Kriterien auszulegen.

I. Auslegung des Wortlautes

Der Wortsinn oder Wortlaut einer Norm ist dann auslegungsfähig, wenn mehrere Bedeutungsvarianten bestehen.[484] Die Vorschrift des § 87 I BetrVG regelt die „Mitbestimmung" des Betriebsrates in sozialen Angelegenheiten. In den enumerativ aufgeführten Angelegenheiten kann der Arbeitgeber ohne Beteiligung des Betriebsrates wirksam keine Maßnahmen durchsetzen. Es stellt sich die Frage, ob das Recht zur Mitbestimmung auch die Befugnis umfasst, bei dessen Ausübung Zustimmungen oder – aus der Sicht des Arbeitgebers – notwendige Mitwirkungshandlungen an Bedingungen zu knüpfen.

Der Gesetzeswortlaut ist insoweit nicht eindeutig. Er kann einerseits so verstanden werden, dass der Betriebspartner eine isolierte Entscheidung in der Sache zu treffen hat, zum anderen aber auch so, dass die Mitwirkungshandlung als Ausdruck von Verhandlungen im Zusammenhang mit der Mitbestimmung

484 Larenz, Methodenlehre, S. 321; Wank, Die Auslegung von Gesetzen, S. 48.

bedingt werden kann. Infolgedessen hält der Mitbestimmungskatalog des § 87 I BetrVG gemessen an seinem Wortlaut beide Varianten offen, so dass die weiteren Auslegungskriterien heranzuziehen sind.

II. Systematische und historische Auslegung

Die systematische Auslegung erfolgt vornehmlich durch der Einbeziehung des Kontextes in das Bewertungsverfahren.[485] Die historische Auslegung hat die Feststellung der rechtsgeschichtlichen Entwicklung der geregelten Materie zur Grundlage.[486]

Weder die eine noch die andere Auslegungsmethode gibt Hinweise, die für die Frage der Zulässigkeit von Koppelungsgeschäften verwertbar wären.

Dem Bedeutungszusammenhang des Gesetzes sind keine aussagekräftigen Anhaltspunkte zu entnehmen.

Historisch betrachtet sollen die Arbeitnehmer im Zusammenhang mit der Mitbestimmung in sozialen Angelegenheiten an der Gestaltung der wichtigsten Arbeitsbedingungen beteiligt werden.[487] Die einzelnen in § 87 I BetrVG kodifizierten Mitbestimmungstatbestände sind Schutzgesetze der Arbeitnehmer.[488] Infolgedessen können sie weder durch Tarifvertrag noch durch Betriebsvereinbarung eingeschränkt werden.[489] Hieraus folgt, dass unter Berücksichtigung der Historie den Arbeitnehmern im Rahmen der notwendigen Mitbestimmung ein *Minimum* an Rechten gesichert werden sollte. Der Charakter der Mitbestimmungsrechte als „Mindestbedingungen“ ist in seiner Aussage über die Zulässigkeit der – faktischen – Erweiterung des Mitbestimmungskataloges durch Koppelungen neutral.

---

485 Larenz, Methodenlehre, S. 324, 325.

486 Bydlinski, Juristische Methodenlehre und Rechtsbegriff, S. 449; Larenz, Methodenlehre, S. 328.

487 Fitting, BetrVG, § 87 Rdnr. 3; Worzalla in: H/S/W/G/N-BetrVG, § 87 Rdnr. 7; Richardi in Richardi/Thüsing-BetrVG, § 87 Rdnr. 8.

488 Fitting, BetrVG, § 87 Rdnr. 5; Worzalla in: H/S/W/G/N-BetrVG, § 87 Rdnr. 7; Richardi in Richardi/Thüsing-BetrVG, § 87 Rdnr. 8.

489 Fitting, BetrVG, § 87 Rdnr. 5.

III. Auslegung nach dem Sinn und Zweck der Vorschrift (teleologische Auslegung)

Die teleologische Auslegung erhält ihre Basis durch die Tatsache, dass der Gesetzgeber mit dem Erlass einer Norm einen bestimmten Zweck verfolgt.[490] Dieser Zweck besteht regelmäßig darin, einen bestimmten Interessenkonflikt so aufzulösen, wie es der Wertentscheidung des Gesetzgebers entspricht.[491] Der Zweck der Norm wird demzufolge nicht über die einzelnen Interessen der betroffenen Rechtssubjekte definiert, die der Gesetzgeber bei seiner Wertentscheidung berücksichtigt hat.[492]

Die teleologische Auslegung erlaubt – jedenfalls nach überwiegender Auffassung – einen Rückgriff auf objektiv-teleologische Kriterien.[493] Die objektiven Zwecke des Rechts sind die übergeordneten Werte der Rechtsordnung, durch welche die einzelne Norm flankiert wird.[494] Hierbei handelt es sich zum einen um die Sachstrukturen des Normbereichs und zum anderen um die der Rechtsordnung immanenten Rechtsprinzipien.[495]

Gegen die Einbeziehung dieser objektiven Kriterien zur Ermittlung des Normzwecks wird eingewandt, dass sich die Auslegung nicht mehr nur an der konkreten Zielsetzung der Norm orientiere, sondern auf die Ermittlung des Gerechtigkeitszwecks abziele.[496] Neben der damit verbundenen unzulässigen Ausdehnung der teleologischen Auslegung würde vernachlässigt, dass der objektive Normzweck kein methodisch eigenständiges Erkenntniskriterium abgebe, sondern erst mit Hilfe anderer Erkenntnismittel erschlossen werden müsse.[497] Die zur Verfügung stehenden Erkenntnisquellen seien die Kriterien, die auch zur Gesetzesauslegung herangezogen würden.[498] Dieser Einwand wird unabhängig von der Frage erhoben, ob der subjektiven oder objektiven Auslegungstheorie

490 Wank, Die Auslegung von Gesetzen, S. 97.

491 Looschneiders/Roth, Juristische Methodik im Prozeß der Rechtsanwendung, S. 164-165,

492 Looschneiders/Roth, Juristische Methodik im Prozeß der Rechtsanwendung, S. 165.

493 Bydlinski, Juristische Methodenlehre und Rechtsbegriff, S. 455-456; Larenz, Methodenlehre, S. 333; vgl. Raisch, Juristische Methoden, S. 149 f.; Wank, Die Auslegung von Gesetzen, S. 79 f; wohl auch: Alexy, Begriff und Geltung des Rechts, S. 298-299.

494 Bydlinski, Juristische Methodenlehre und Rechtsbegriff, S. 455-456; Larenz, Methodenlehre, S. 333; Wank, Die Auslegung von Gesetzen, S. 98.

495 Bydlinski, Juristische Methodenlehre und Rechtsbegriff, S. 455-456; Larenz, Methodenlehre, S. 333-334; Wank, Die Auslegung von Gesetzen, S. 98.

496 Fikentscher, Methoden des Rechts in vergleichender Darstellung, S. 677.

497 Kreutz, Grenzen der Betriebsautonomie, S. 147.

498 Kreutz, Grenzen der Betriebsautonomie, S. 147.

Vorrang zu geben ist.[499] Der Vorzug gegenüber der einen oder anderen Theorie wirke sich lediglich auf die Rangfolge einzelner Auslegungskriterien aus.[500]

Der nahezu vorbehaltlose Rückgriff auf objektive Zwecke des Rechts im Zusammenhang mit der teleologischen Auslegung wird zu Recht kritisiert. Denn durch die Ermittlung des Normzwecks mittels abstrakter Gesetzeszwecke entfernt sich die Auslegung naturgemäß von der Ermittlung des konkreten Normzwecks. Im Vordergrund der Normzweckermittlung stehen allgemeine Grundsätze, obwohl die Norm ihr Gepräge gerade durch ihren individuellen Regelungsgehalt erhält.

Nahezu unbeachtet dieser Kritik lässt die h.M. den Rückgriff auf die objektiven Kriterien im Rahmen der teleologischen Auslegung zu.[501] Das Bundesverfassungsgericht etwa greift in Anwendung der teleologischen Auslegung auf Gesichtspunkte der „Rechtssicherheit" und „Praktikabilität" zurück.[502] Eine eventuell mit der Heranziehung entsprechender objektiver Kriterien verbundene Ausdehnung der teleologischen Auslegung wird in der Rechtsprechung nicht diskutiert. Ebenso die Literatur lässt zur Ermittlung des Normzwecks ganz überwiegend den Rückgriff auf abstrakte Gesetzeszwecke zu, die allen Gesetzen gemeinsam sind.[503]

Für die vorliegende Arbeit ist trotz der berechtigten Kritik an einer möglichen Überdehnung der teleologischen Auslegung der h.M. zu folgen. Ziel der Arbeit ist die Prüfung der Zulässigkeit von Koppelungsgeschäften. Methodische Streitfragen müssen hierbei so behandelt werden, wie die h.M. sie beurteilt. Nur dann ist es möglich, ein tatsächlich problemorientiertes Ergebnis zu erzielen. Dies gilt jedenfalls dann, wenn es sich – wie im Zusammenhang mit der Heranziehung objektiver Gesetzeszwecke bei der teleologischen Auslegung – um eine gefestigte Meinung handelt und keine Tendenzen erkennbar sind, nach denen demnächst einer anderen Auffassung Vorschub zu geben sein wird.

---

499 Kreutz, Grenzen der Betriebsautonomie, S. 146; vgl. auch Methoden des Rechts in vergleichender Darstellung, S. 676; ebenso: Coing in: Staudingers, BGB, Einl. Zum BGB, Rdnr. 153.

500 Kreutz, Grenzen der Betriebsautonomie, S. 146.

501 BVerfGE 8, S. 274 (307); BVerfGE 101, S. 275 (289); BGHZ 18, 44 (50-51); Alexy, Begriff und Geltung des Rechts, S. 296; Bydlinski, Juristische Methodenlehre und Rechtsbegriff, S. 454; Larenz, Methodenlehre, S. 333; vgl. auch Müller, Juristische Methodik, S. 377-378, der die Berücksichtigung objektiver teleologischer Kriterien zur Kontrolle des Auslegungsergebnisses zulässt; Wank, Die Auslegung von Gesetzen, S 97 ff.

502 BVerfGE 101, S. 275 (289).

503 Bydlinski, Juristische Methodenlehre und Rechtsbegriff, S. 454; Larenz, Methodenlehre, S. 333; Wank, Die Auslegung von Gesetzen, S. 98.

Infolgedessen wird die teleologische Auslegung unter Heranziehung objektiver Kriterien des Rechts durchgeführt, auch wenn dadurch die Gefahr begründet wird, dass objektive Ziele des Rechts die Auslegung beeinflussen.

1. Die Berücksichtigung des Normbereichs

Der *Normbereich* ist das soziale Umfeld der auszulegenden Vorschrift.[504] Durch ihn wird das Umfeld ausgewiesen, in dem die betreffende Vorschrift wirkt.[505] Die in ihrem Umfeld vorhandenen Informationen sind vorhandene Größen, die wegen dieser Eigenschaft in der Methodik auch als *Realdaten* bezeichnet werden.[506] Diese können, soweit sie vorhanden sind, für die Auslegung der Vorschrift bedeutsame Informationen enthalten. Der Charakter der Informationen als *Realdaten* spricht im Übrigen für die Objektivität dieser Kriterien. Infolgedessen handelt es sich auch um Informationen, die der Gesetzgeber bei jeder Regelung berücksichtigen sollte.[507] Allerdings kommt es darauf, ob sich der Gesetzgeber im Zuge der Regelung der Bedeutung dieser Informationen tatsächlich bewusst gewesen ist, nicht an.[508] Wenn eine Regelung also etwa Gegenstände wie Kunst, Wissenschaft, Wettbewerb oder die „freien Berufe" betrifft, handelt es sich hierbei um den Normbereich der Vorschrift.[509] Aus dessen sozialer Wirklichkeit folgt der objektive Auslegungsmaßstab.[510]

Bei der Feststellung des Normbereiches ist nach dem jeweiligen Ursprung des Normbereiches zu differenzieren.[511] Einerseits kann der Normbereich ausschließlich oder zumindest anteilig rechtserzeugt sein, andererseits ausschließlich oder anteilig der sozialen Realität entstammen.[512] Im Falle des zumindest teilweise rechtserzeugten Normbereiches wird der Normtext als genauer und zuverlässiger formulierbar angesehen, da die Bestimmung und die Formulierung auf demselben System aufbaut.[513] Wird der Normbereich dagegen über die soziale Realität definiert, ist dessen konturenstarke Bestimmung wesentlich schwieriger.[514]

---

504 Larenz, Methodenlehre, S. 334; Müller, Juristische Methodik, S. 236 f.
505 Müller, Juristische Methodik, S. 237.
506 Müller, Juristische Methodik, S. 247.
507 Larenz, Methodenlehre, S. 334; Müller, Juristische Methodik, S. 247-248.
508 Larenz, Methodenlehre, S. 334.
509 Larenz, Methodenlehre, S. 333.
510 Larenz, Methodenlehre, S. 334.
511 Müller, Juristische Methodik, S. 237.
512 Vgl. Müller, Juristische Methodik, S. 237.
513 Müller, Juristische Methodik, S. 238.
514 Müller, Juristische Methodik, S. 238.

Im Bereich des § 87 I BetrVG ist der Normbereich dort, wo es um die generelle Regelung der Mitbestimmung geht, rechtserzeugt. Bei der Regelung der einzelnen Mitbestimmungstatbestände handelt es sich dagegen um soziale Fakten.

Im Hinblick auf die Beurteilung von Koppelungsgeschäften lassen sich jedoch weder aus dem einen noch aus dem anderen konstruktive Bewertungen ableiten. Denn weder der rechtserzeugte Normbereich noch die in der Vorschrift enthaltenen Realdaten geben Auskunft darüber, ob im Bereich der notwendigen Mitbestimmung Koppelungsgeschäfte zulässig sind. Insbesondere enthält auch keiner der einzelnen Mitbestimmungstatbestände diesbezüglich auswertungsfähige Daten.

Als Zwischenergebnis kann mithin festgehalten werden, dass eine Auswertung des Normbereiches der Vorschrift des § 87 I BetrVG für die Ausgangsfrage ergebnislos bleibt.

2. Die Berücksichtigung der allgemeinen Normzwecke

Neben dem möglichen Rückgriff auf den Normbereich kommt als objektiv-teleologisches Auslegungskriterium die Berücksichtigung *allgemeiner Normzwecke* in Betracht.[515] Allgemeine Normzwecke sind insbesondere die *Rechtsprinzipien*, die durch die Anwendung der Norm berührt werden.[516]

Anlass für die Berücksichtigung von Rechtsprinzipien besteht deshalb, weil sich das Recht nicht in ausformulierten Regeln erschöpft.[517] Diese werden notwendigerweise ergänzt durch allgemeine Rechtsgrundsätze und Rechtsgedanken, die unter dem Begriff *„Rechtsprinzipien"* zusammengefasst werden. Deren definitionsgetreue Klassifizierung ist von großer Bedeutung, um für den Begriff und damit für die Rechtssicherheit die Unterscheidungskraft zu wahren. Keinesfalls darf eine Regel *nur* mit der Begründung zum Prinzip erhoben werden, sie sei von *besonderer Bedeutung*.[518] Ebenso verbietet es sich, *allgemein formulierte Grundtatbestände* als Prinzipien zu qualifizieren. Nur ausnahmsweise können Rechtsprinzipien unmittelbar einem Gesetz entnommen werden. Dies gilt vor allem für den in § 242 BGB normierten Grundsatz von Treu und Glauben.

515 Larenz, Methodenlehre, S. 333; Schmalz, Methodenlehre für das juristische Studium, Rdnr. 285.

516 Larenz, Methodenlehre, S. 333; Schmalz, Methodenlehre für das juristische Studium, Rdnr. 285.

517 Röhl, Allgemeine Rechtslehre, S. 251.

518 Röhl, Allgemeine Rechtslehre, S. 251.

Überwiegend sind Rechtsprinzipien als Bestandteil der juristischen Tradition überliefert oder durch systematische Auslegung gewonnen.[519]

Als allgemeine Rechtsprinzipien werden etwa der Gleichbehandlungsgrundsatz, Vertrauensschutz, Verhältnismäßigkeit von Mittel und Zweck, die Verantwortlichkeit für schuldhaftes Handeln sowie die Friedenssicherung angesehen.[520]

In Ansehung dessen stellt sich die Frage, welche allgemeinen *Normzwecke* im Bereich des § 87 I BetrVG in Bezug auf die Frage der Zulässigkeit von Koppelungsgeschäften berührt sein können.

Es kann ohne weiteres festgestellt werden, dass von den bereits exemplarisch aufgezählten allgemeinen Normzwecken wie Gleichbehandlung, Friedenssicherung sowie Verhältnismäßigkeit von Mittel und Zweck keiner einschlägig ist. Eine Ausnahme könnten allein die allgemeinen Normzwecke des Vertrauensschutzes und der Friedenssicherung bilden. Denn hierbei könnte es sich um Zwecke handeln, die gerade im Betriebsverfassungsrecht vor dem Hintergrund der Pflicht zur vertrauensvollen Zusammenarbeit und der betrieblichen Friedenspflicht Bedeutung erlangen. Allerdings handelt es sich insoweit um spezialgesetzliche Normzwecke, denen eine gesonderte Prüfung vorzubehalten ist.

a) Betriebsautonomie als allgemeiner Normzweck

Ein in der Vorschrift des § 87 I BetrVG zum Ausdruck kommendes allgemeines Rechtsprinzip könnte die *„Betriebsautonomie"* sein. Der Begriff „Betriebsautonomie" wird zwar nicht einheitlich verwendet.[521] Für die vorliegende Untersuchung ist diese Tatsache allerdings unmaßgeblich. Denn unter Berücksichtigung aller Auffassungen umfasst die Betriebsautonomie in jedem Fall das Recht der Betriebspartner, innerhalb bestimmter Grenzen Regelungen zu treffen, die unmittelbar auf das Individualarbeitsverhältnis einwirken.[522] Die Tatsache, dass die Betriebspartner im Bereich des § 87 I BetrVG durch Regelungsabreden handeln können, kann hier vernachlässigt werden. Denn ganz überwiegend wird die notwendige Mitbestimmung durch Betriebsvereinbarungen ausgeübt.[523] Hierbei ha-

519 Röhl, Allgemeine Rechtslehre, S. 251.

520 Larenz, Methodenlehre, S. 334; Schmalz, Methodenlehre für das juristische Studium, Rdnr. 285.

521 Veit, Die funktionelle Zuständigkeit des Betriebsrats, S. 203.

522 Vgl. Buchner, DB 1985, S. 913 (921); vgl. Buchner, RdA 1990, S. 1 (3); vgl. Galperin, RdA 1977, S. 143 (150); vgl. Kreutz in: GK-BetrVG, § 77 Rdnr. 74; vgl. Adomeit, Rechtsquellenfragen im Arbeitsrecht, S. 144; vgl. Waltermann, Rechtsetzung durch Betriebsvereinbarung zwischen Privatautonomie und Tarifautonomie, S. 57 ff.

523 Für alle: Fitting, BetrVG, § 87 Rdnr. 579.

ben die Betriebspartner zur Vermeidung der Unwirksamkeit die gesetzlichen Vorgaben einzuhalten, wenn etwa das Schriftformerfordernis des § 77 II BetrVG berücksichtigt wird. Im Übrigen sind die Betriebspartner keinen speziell geregelten Beschränkungen unterworfen. Insbesondere enthält das BetrVG keine Regelungen der Verhandlungsmodalitäten. Die den Betriebspartnern eingeräumte Regelungskompetenz muss zur Durchsetzung der inhaltlich zugelassenen Regelungen die entsprechenden Gestaltungsmöglichkeiten gewähren. Die Betriebspartner sind deshalb grundsätzlich in der Ausübung ihrer Regelungskompetenz frei. Das bedeutet, dass zumindest über die Regelungsgegenstände frei verhandelt und gegebenenfalls von konkreten Regelungen abgesehen werden kann. Dies folgt schon daraus, dass gem. § 87 II BetrVG die Einigungsstelle entscheidet, wenn eine Einigung zwischen den Betriebspartnern nicht zustande kommt. Argumentum e contrario haben die Betriebspartner zunächst einen nicht kraft ausdrücklicher Regelung eingeschränkten Verhandlungsspielraum.

Nach alledem ist entsprechend den Grundsätzen der *Privatautonomie* und der ihr immanenten Vertragsfreiheit der Inhalt der Betriebsautonomie geprägt durch eine *Abschluss- sowie Gestaltungsfreiheit*, wenn sie auch durch die Inhalte des BetrVG naturgemäß modifiziert wird.[524] Freilich darf der direkte Vergleich zwischen *Privatautonomie* und *Betriebsautonomie* nicht dazu führen, letztere zwanglos als spezialgesetzliche Ausgestaltung zu begreifen. Denn eine solche Betrachtung würde übersehen, dass Betriebsvereinbarungen keineswegs ohne weiteres als Akte der Privatautonomie gelten können. Ihnen fehlt ein Wesensmerkmal der Privatautonomie, da die regelungsbetroffenen Arbeitnehmer nicht *selbstverantwortlich* über ihren Abschluss und Inhalt bestimmen.[525] Es handelt sich um fremdbestimmte Vereinbarungen, welche die Arbeitnehmer unabhängig von ihrem Willen binden und mithin nicht Ausdruck der Privatautonomie sein können.[526] Infolgedessen sind Betriebsvereinbarungen als *privatheteronome* Rechtsgeschäfte einzustufen.[527]

Diese Differenzierungen ändern jedoch nichts daran, dass die *Abschlussfreiheit* als wesentliches Merkmal übereinstimmt. Von der Betriebsautonomie ist demzufolge das Recht umfasst, frei mit dem Betriebspartner über den Abschluss von Betriebsvereinbarungen zu verhandeln. Insbesondere besteht Freiheit in der Wahl der *Verhandlungsstrategien*. Den Betriebsparteien steht es deshalb regelmäßig frei, den Abschluss des Grundgeschäftes[528], im Rahmen dessen eine mit-

---

524 Vgl. Ellenberger in: Palandt-BGB, Einf. v. § 145 Rdnr. 7.

525 Kreutz, Grenzen der Betriebsautonomie, S. 74.

526 Kreutz, Grenzen der Betriebsautonomie, S. 74.

527 Kreutz, Grenzen der Betriebsautonomie, S. 99.

528 Vgl. o. S. 96.

bestimmungspflichtige Angelegenheit geregelt werden soll, an eine bestimmte Forderung zu *„koppeln"*. Diese grundsätzlich auch mit der Privatautonomie verbundene Freiheit hat auch bereits Brandl in ihrer Untersuchung beschrieben und ausgeführt, „die anbietende Vertragspartei könne ihr Angebot insoweit nach Belieben formulieren".[529] Entsprechend existieren im Rahmen des Zivilrechts sogar Sondergesetze, die Koppelungsgeschäfte in bestimmten Angelegenheiten untersagen.[530]

Festzuhalten bleibt, dass die *Betriebsautonomie* als allgemeines Rechtsprinzip Koppelungsgeschäfte im Geltungsbereich des § 87 I BetrVG grundsätzlich zulassen könnte.

b) Schranken der Betriebsautonomie

Allerdings kann die Betriebsautonomie nicht schrankenlos gewährt werden. Ebenso wie die Privatautonomie wird sie sowohl begrifflich als auch inhaltlich durch das geltende Recht definiert.[531] Mit der inhaltlichen Bestimmung ist zugleich auch ihre Beschränkung verbunden.[532]

Es stellt sich mithin die Frage, welche spezifischen Beschränkungen der Betriebsautonomie sich einschränkend auf die Zulässigkeit von Koppelungsgeschäften auswirken können.

Im Zusammenhang mit der Privatautonomie ist anerkannt, dass diese ihre Grenzen durch gesetzliche Verbote gem. § 134 BGB, die Sittenwidrigkeit gem. § 138 BGB sowie den in der in der gesamten Privatrechtsordnung geltenden Grundsatz von Treu und Glauben erfährt.

Vor dem Hintergrund der Feststellung, dass die Ausübung der Mitbestimmung durch den Abschluss von Betriebsvereinbarungen und Regelungsabreden erfolgt, die nach den Regeln des Vertragsrechts geschlossen werden, können die *Beschränkungen* der Privatautonomie ohne weiteres auf die Regelungsbefugnisse der Betriebspartner übertragen werden.

aa) Beschränkung der Regelungsbefugnis durch die guten Sitten gem. § 138 BGB

Es kann zweifelsfrei festgestellt werden, dass Koppelungsgeschäfte dort unzulässig sind, wo durch die Koppelung gegen die *guten Sitten* i.S.d. § 138 BGB verstoßen wird. Dies ist immer dann der Fall, wenn die Zustimmung an eine

529 Brandl, Koppelungsgeschäfte, S. 65.

530 Verbot der Koppelung von Architekten- und Bauvertrag gem. § 3 des Gesetzes zur Regelung von Ingenieur- u. Architektenleistungen vom 4.11.1971.

531 Kreutz, Grenzen der Betriebsautonomie, S. 117.

532 Kramer in: MünchKomm.-BGB, Vor § 145 Rdnr. 19-20.

Forderung geknüpft wird, deren Inhalt mit den guten Sitten unvereinbar ist. Eine sittenwidrige Ankoppelung an eine mitbestimmungspflichtige Angelegenheit des § 87 I BetrVG liegt etwa dann vor, wenn die angekoppelte Forderung den Arbeitgeber zu einer Verletzung der Rechte einzelner Arbeitnehmer zwänge. Gleichermaßen sind die Fälle zu beurteilen, in denen der Arbeitgeber dem Betriebsrat als Anreiz für die Erteilung der Zustimmung die Erfüllung einer entsprechenden Forderung anbietet. Die Fallkonstellationen sind insgesamt in diesem Bereich beliebig erweiterbar. Wegen der Eindeutigkeit ihrer Unzulässigkeit bedürfen sie in der vorliegenden Untersuchung keiner weiteren Berücksichtigung.

bb) Gesetzliches Verbot

Ein Koppelungsgeschäft ist auch dann nichtig, wenn es gegen ein gesetzliches Verbot i.S.d. § 134 BGB verstößt. Dies kann etwa dann angenommen werden, wenn die angekoppelte Forderung den Arbeitgeber zu einem Verstoß gegen ein Strafgesetz veranlasst oder aber der Arbeitgeber zur Erreichung der Zustimmung eine entsprechende Leistung verspricht. Auch diese Fälle bedürfen in Ansehung ihrer Evidenz keiner weiteren Berücksichtigung.

cc) Verstoß von Koppelungsgeschäften gegen § 74 I 2 BetrVG

Nach der Regelung des § 74 I 2 BetrVG haben Arbeitnehmer und Arbeitgeber über strittige Fragen mit dem *ernsten Willen zur Einigung zu verhandeln* und Vorschläge für die Beilegung von Meinungsverschiedenheiten zu machen. Wegen ihres konkretisierenden und ergänzenden Inhalts[533] wird die Vorschrift des § 74 BetrVG zutreffend als *lex specialis* zu § 2 I BetrVG bewertet.[534]

Fraglich ist, ob durch diese Anforderungen an die Verhandlungsmodalitäten der Betriebspartner die Betriebsautonomie eingeschränkt wird.[535]

Das Gebot der *„Verhandlungspflicht“* des § 74 I 2 BetrVG könnte den Kernbereich des Untersuchungsgegenstandes treffen. Denn die Betriebspartner werden verpflichtet, bei *Meinungsverschiedenheiten* einen ernsthaften Einigungsversuch zu unternehmen.[536] Es besteht eine allgemeine Einlassungs- und

533 Richardi in: Richardi/Thüsing-BetrVG, § 74 Rdnr. 2; Fitting, BetrVG, § 74 Rdnr. 1; Kreutz in: GK-BetrVG, § 74 Rdnr. 1-2.

534 Vgl. auch Kania in: ErfK-BetrVG, § 74 Rdnr. 1; Kreutz in: GK-BetrVG, § 74 Rdnr. 2.

535 Vgl. hierzu auch Mundt, Über die Zulässigkeit von Koppelungsgeschäften, S. 71 ff.

536 Kreutz in: GK-BetrVG, § 74 Rdnr. 24.

Erörterungspflicht.[537] Hierzu gehört, dass sich die Betriebspartner gegenseitig ihre Standpunkte ehrlich begründen und die Argumente des anderen prüfen.[538]

Primär könnte ein Verstoß gegen § 74 I 2 BetrVG darin begründet sein, dass die Zustimmung zu einer Mitbestimmungsangelegenheit nur mit der Intention verwehrt wird, hierüber die Regelung einer weiteren Angelegenheit durchzusetzen. Nach dem Inhalt der Vorschrift des § 74 I 2 BetrVG muss der Zustimmungsverweigerung als Ergebnis eines Willensbildungsprozesses eine Verhandlung über die jeweilige Angelegenheit vorausgehen. Infolgedessen könnte es an der gesetzlich vorgeschriebenen „Verhandlung" fehlen.[539]

Allerdings setzt das Vorliegen von „strittigen Fragen" im Sinne der Vorschrift des § 74 I 2 BetrVG einen Sachverhalt voraus, der für die Frage der Zulässigkeit von Koppelungsgeschäften jedenfalls keine notwendige Bedeutung entfaltet. Denn mit Koppelungsgeschäften i.w.S. geht keinesfalls *zwingend* eine Situation einher, innerhalb derer die Betriebsparteien in Bezug auf die von einem der Betriebspartner angestrebten mitbestimmungspflichtigen Angelegenheit *streitig* verhandeln. In erster Linie steht bei Koppelungsgeschäften die Frage des isolierten Machtmissbrauchs im Vordergrund, im Rahmen dessen der eine oder andere Betriebspartner seine notwendige Mitbestimmung oder Mitwirkung zur Durchsetzung *weiterer* Forderungen einsetzt. Eine besondere Vorwerfbarkeit ist gerade dann indiziert, wenn der Betriebspartner, dessen Zustimmung oder Mitwirkung gefordert ist, *ohne Streit* in der Sache selbst seine Mitbestimmung oder Mitwirkung *allein* deshalb verweigert, um weitere Begehren durchzusetzen. Der Koppelungsgeschäften anhaftende Vorwurf ist demzufolge hauptsächlich darauf gerichtet, dass etwas eingefordert wird, was an sich nicht verlangt werden könnte.

Gerade in dieser Erkenntnis liegt auch der Lösungsweg von Hanau/Reitze, die in den Fällen der Koppelung den Betriebsrat an die „bedingt" erteilte Zustimmung binden, ihm aber eine Berufung auf die Bedingung mit Hinweis auf den Grundsatz der vertrauensvollen Zusammenarbeit verweigern.[540] Der Betriebsrat habe seine Zustimmung zu der Mitbestimmungsangelegenheit erklärt, so dass er hieran gebunden sei.[541] Hanau/Reitze gehen demgemäß von einer *unstrittigen* Mitbestimmungsangelegenheit aus. Das bedeutet aber, dass letztlich ein Rückgriff auf den Spezialtatbestand des § 74 I 2 BetrVG nicht nur überflüssig, sondern sogar fehlerhaft sein könnte.

---

537 Kreutz in: GK-BetrVG, § 74 Rdnr. 26.

538 Kreutz in: GK-BetrVG, § 74 Rdnr. 26.

539 Vgl. auch Mundt, Über die Zulässigkeit von Koppelungsgeschäften, S. 66.

540 Hanau/Reitze, FS für Wiese, S. 157.

541 Hanau/Reitze, FS für Wiese, S. 157.

Ferner könnte ein Verstoß gegen § 74 I 2 BetrVG darin liegen, dass *mit* einer strittigen Forderung gekoppelt wird. Nicht durch die zielgerichtete Verweigerung der Zustimmung zu einer mitbestimmungspflichtigen Angelegenheit, sondern durch die Verknüpfung mit einer an sich nicht beanspruchbaren Forderung könnte die Verhandlungspflicht verletzt werden. Auch insoweit muss jedoch festgestellt werden, dass das Tatbestandsmerkmal der „strittigen Fragen" des § 74 I 2 BetrVG gerade in Ansehung der Koppelung häufig nicht erfüllt sein wird. Maßgeblich dafür ist, dass der koppelnde Betriebspartner mit dem Koppelungsbegehren überwiegend spontan auf das Regelungsbegehren des anderen Betriebspartners reagiert. Nur dann, wenn die angekoppelte Forderung zwischen den Betriebspartnern bereits einmal zur Diskussion stand, könnte das Tatbestandsmerkmal einer „strittigen Frage" erfüllt sein. Dies dürfte aber keinesfalls die Regel sein.

Im Hinblick auf diese beschriebene Situation bei Koppelungsgeschäften verbietet sich regelmäßig eine Anwendung der Spezialregelung des § 74 I 2 BetrVG. Die Koppelungssituation ist nicht *typischerweise* mit Meinungsverschiedenheiten verbunden, über die eine Einigung zu erzielen wäre. Das vorwerfbare Verhalten ist gerade dadurch geprägt, dass im Grundsatz über das ursprüngliche Mitbestimmungsbegehren *Einigkeit* besteht, die Notwendigkeit der Zustimmung oder Mitwirkung jedoch zur Durchsetzung weiterer Ansprüche genutzt wird. Der Betriebsrat reagiert nicht mit „*Nein, es sei denn ...*", sondern „*Ja, aber ...*".

Die Tatsache, dass eine Vielzahl der Koppelungsgeschäfte i.w.S. den Tatbestand des § 74 I 2 BetrVG gerade nicht erfüllen, wird besonders deutlich im Fall des „Paketangebotes" des Arbeitgebers. Bereits in der Ausgangssituation liegt eine tatbestandlich vorausgesetzte „Meinungsverschiedenheit" evident nicht vor. Das Koppelungsansinnen des Arbeitgebers ist ausschließlich darauf gerichtet, dem Betriebsrat einen Anreiz für die Zustimmung der an sich vom Arbeitgeber begehrten mitbestimmungspflichtigen Angelegenheit zu erhalten.

Das bedeutet freilich nicht, dass Koppelungsgeschäfte nicht auch zur Schlichtung von Meinungsverschiedenheiten über eine mitbestimmungspflichtige Angelegenheit eingesetzt werden. Allerdings handelt es sich um ein typisches Merkmal in der Ausgangssituation von Koppelungsgeschäften i.w.S. Infolgedessen ist es auch nicht förderlich, wie von Mundt vertreten[542], die Beurteilung der Zulässigkeit an den speziellen Tatbestand des § 74 I 2 BetrVG zu knüpfen.

Im Ergebnis ist festzuhalten, dass die Vorschrift des § 74 I 2 BetrVG als Maßstab für die Beurteilung der Zulässigkeit von Koppelungsgeschäften nicht in

542 So Mundt, Über die Zulässigkeit von Koppelungsgeschäften, S. 71 ff.

Betracht kommt. Das bedeutet freilich nicht, dass in Einzelfällen Verstöße gegen § 74 I 2 BetrVG zur Unwirksamkeit von Koppelungsgeschäften führen können. Das kann namentlich dann der Fall sein, wenn die Koppelungssituation sich unmittelbar an gescheiterte Verhandlungen zwischen den Betriebspartnern anschließt, die nachweislich nicht mit dem ernsten Willen zur Einigung geführt wurden. Als allgemeiner Maßstab ist die Vorschrift jedoch nicht geeignet.

dd) Keine generelle Einschränkung der Zulässigkeit von Koppelungsgeschäften durch die Vorschrift des § 74 II BetrVG

Ebenso wenig vermag die Vorschrift des § 74 II BetrVG die Betriebsautonomie generell einzuschränken, wenn es um die Beurteilung von Koppelungsgeschäften geht.

Nach dieser Vorschrift sind Maßnahmen des Arbeitskampfes zwischen Arbeitgeber und Betriebsrat unzulässig. Ferner haben die Betriebspartner Tätigkeiten zu unterlassen, durch die der Arbeitsablauf oder der Betriebsfrieden beeinträchtigt werden.

Ganz überwiegend wird das Vorliegen von Arbeitskampfmaßnahmen auf der Grundlage eines kampfmittelorientierten Arbeitskampfbegriffs bestimmt.[543] Eine einschränkende Bewertung nach den Kampfzielen findet hiernach nicht statt.[544] Das bedeutet, dass eine Maßnahme des Arbeitskampfes unabhängig vom Kampfziel dann vorliegt, wenn es zu einer kollektiven Störung der Arbeitsbeziehungen kommt. Die Störung der Arbeitsbeziehungen erfolgt grundsätzlich durch die Verweigerung der Erfüllung arbeitsvertraglicher Pflichten durch alle Arten von Streik, Aussperrung und gelegentlich auch Boykottmaßnahmen von Geschäftspartnern.[545] Infolgedessen kann die bloße Druckausübung, sofern sie nicht zur Störung der Arbeitsbeziehungen führt, nicht als Maßnahme des Arbeitskampfes bewertet werden.[546]

Ebenso wenig sind Koppelungsgeschäfte geeignet, die betrieblichen Arbeitsabläufe oder den Betriebsfrieden zu beeinträchtigen. Eine Beeinträchtigung liegt vor, wenn Arbeitsablauf oder Betriebsfrieden *spürbar* gestört werden.[547] Eine Störung des Arbeitsablaufes ist deshalb nicht zu befürchten, weil Koppe-

543 Brox/Rüthers, Arbeitskampfrecht, Anm. 17; Däubler/Bieback, Arbeitskampfrecht, Anm. 53 ff.; Kreutz in: GK-BetrVG, § 74 Rdnr. 46; Kalb, Arbeitskampfrecht, Anm. 12; Zöllner/Loritz/Hergenröder, Lehrbuch zum Arbeitsrecht, S. 414.

544 Kreutz in: GK-BetrVG, § 74 Rdnr. 46; Zöllner/Loritz/Hergenröder, Lehrbuch zum Arbeitsrecht, S. 414.

545 Kreutz in: GK-BetrVG, § 74 Rdnr. 46.

546 Vgl. auch Kreutz in: GK-BetrVG, § 74 Rdnr. 47; vgl. auch Zöllner/Loritz/Hergenröder, Lehrbuch zum Arbeitsrecht, S. 414.

547 Kreutz in: GK-BetrVG, § 74 Rdnr. 46; Fitting, BetrVG, § 74 Rdnr. 27-28.

lungsgeschäfte i.w.S. sich regelmäßig nicht auf die organisatorische, räumliche und zeitliche Gestaltung des Arbeitsprozesses auswirken.

Sie sind auch nicht geeignet, den Betriebsfrieden zu stören. Ausschlaggebend dafür ist, dass den Betriebsparteien das Recht zusteht, die notwendige Zustimmung oder die Mitwirkung *auch* und *gerade* ohne Begründung zu verweigern. Die Beteiligten können sodann gem. § 87 II BetrVG die Einigungsstelle anrufen. Das bedeutet, dass die Vorschrift des § 87 BetrVG den Parteien zur Erzielung der Einigung nicht nur Verhandlungsspielraum belassen muss, sondern darüber hinaus auch die Folgen der Nichteinigung regelt. Die Anrufung der Einigungsstelle in § 87 II BetrVG ist eine gesetzlich vorgegebene Streitschlichtung, die darauf gerichtet ist, eine Störung des Betriebsfriedens zu verhindern.[548] Der Betriebspartner, auf den Druck ausgeübt wird, kann sich an die Einigungsstelle wenden, die sodann durch ihren Spruch die streitige mitbestimmungspflichtige Angelegenheit regelt.

ee) Beschränkung der Betriebsautonomie durch den in § 2 I BetrVG geregelten Grundsatz der vertrauensvollen Zusammenarbeit

Möglicherweise wird die Betriebsautonomie durch den in § 2 I BetrVG manifestierten Grundsatz der vertrauensvollen Zusammenarbeit eingeschränkt.

(1) Bedeutung des Grundsatzes der vertrauensvollen Zusammenarbeit

Es ist weitgehend anerkannt, dass der in § 2 I BetrVG normierte Grundsatz der vertrauensvollen Zusammenarbeit für das Verhältnis der Betriebspartner elementare Bedeutung hat.[549] Im Zusammenhang mit der Vorschrift wird von der *„Magna Charta"* der Betriebsverfassung gesprochen.[550] Ausweislich der amtlichen Begründung beabsichtigte der Gesetzgeber durch die Positionierung zu Beginn des Betriebsverfassungsgesetzes die besondere Bedeutung der Vorschrift zu unterstreichen.[551] Nach ganz überwiegender Auffassung enthält die Vor-

548 Vgl. Worzalla in: H/S/WG/N-BetrVG, § 87 Rdnr. 7.

549 BAGE 42, S. 259, 269; Fitting, BetrVG, § 2 Rdnr. 2; Eisermann in: ErfK-BetrVG, § 2 Rdnr. 1; Galperin/Löwisch, BetrVG, § 2 Rdnr. 2; Franzen in: GK-BetrVG, § 2 Rdnr. 5; Kreutz, BlStSozArbR 1972, S. 44 (45); Söllner, DB 1968, S. 571 (572); Witt, Die betriebsverfassungsrechtliche Kooperationsmaxime, S. 32; Zöllner/Loritz/Hergenröder, Lehrbuch zum Arbeitsrecht, S. 469.

550 Richardi in: Richardi/Thüsing-BetrVG, § 2 Rdnr. 4; Neumann-Duesberg, Betriebsverfassungsrecht, S. 126.

551 Amtliche Begründung, BR-Drucks. 715/70, S. 35 zu § 2 u. S. 46; Bericht 10. Ausschuss, zu BT Drucks. VI/2729, S. 9;

schrift des § 2 I BetrVG *unmittelbar* geltendes Recht.[552] Ihre Wirkung ist direkt auf Inhalt und Abgrenzung aller Einzelrechte und Pflichten von Arbeitgeber und Betriebsrat gerichtet.[553]

Ziel und zugleich Grenzen der Zusammenarbeit zwischen den Betriebspartnern werden durch die Begriffe des „Wohls der Arbeitnehmer und des Betriebes“ festgelegt.[554] Das Gebot der „vertrauensvollen Zusammenarbeit“ erstreckt sich auf alle betriebsverfassungsrechtlichen Beziehungen.[555] Beide Betriebspartner müssen sich bei der Wahrnehmung ihrer Rechte und Pflichten stets offen, ehrlich und rücksichtsvoll verhalten.[556] Daraus wird zu Recht gefolgert, dass der Grundsatz der vertrauensvollen Zusammenarbeit bei der Auslegung gesetzlicher Vorschriften stets zu beachten ist.[557] Die Vorschrift des § 2 I BetrVG ist mithin mit den dargestellten Inhalten als *allgemeiner Auslegungsmaßstab* heranzuziehen.[558] Hieraus wird gefolgert, dass beide Seiten die ihnen obliegenden Pflichten ordnungsgemäß zu erfüllen haben. [559] Aufgabe der Kooperationsmaxime sei, ebenso wie beim Grundsatz von Treu und Glauben, die betriebsverfassungsrechtlich normierten Rechte und Pflichten zu konkretisieren.[560] Der Ausdehnung

---

552 BAG AP Nr. 1 zu § 74 BetrVG 1972, Bl. 14; Hess in: H/S/W/G/N-BetrVG, § 2 Rdnr. 2, 11; Franzen in: GK-BetrVG-BetrVG, § 2 Rdnr. 5; Fitting, BetrVG, § 2 Rdnr. 22; Richardi in: Richardi/Thüsing-BetrVG, § 2 Rdnr. 17.

553 Fitting, BetrVG, § 2 Rdnr. 22; Galperin/Löwisch, BetrVG, § 87 Rdnr. Anm. 23; Hess in: H/S/W/G/N-BetrVG, § 2 Anm. 17; Hueck/Nipperdey II/2, Lehrbuch des Arbeitsrechts, S. 1334; Kreutz, BlStSozArbR 1972, S. 44 (45); Franzen in: GK-BetrVG, § 2 Rdnr. 5.

554 BAG AP Nr. 1 zu § 23 BetrVG; Fitting, BetrVG, § 2 Rdnr. 56; Galperin/Löwisch, BetrVG, § 2 Anm. 14; Franzen in: GK-BetrVG, § 2 Rdnr. 42; Hess in: H/S/W/G/N-BetrVG, § 2 Rdnr. 33; Weber, Die vertrauensvolle Zusammenarbeit zwischen Arbeitgeber und Betriebsrat, S. 75.

555 Witt, Die betriebsverfassungsrechtliche Kooperationsmaxime, S. 53.

556 BAG AP Nr. 3 zu § 23 BetrVG Bl. 2 R; Witt, Die betriebsverfassungsrechtliche Kooperationsmaxime, S. 53.

557 Witt, Die betriebsverfassungsrechtliche Kooperationsmaxime, S. 53.

558 BAG AP Nr. 1 zu § 67 BetrVG Bl. 3; Buchner, DB 1974, S. 530 (533); Bulla, RdA 1965, S. 121 (131 f.); Dietz, RdA 1969, S. 1 (4); Richardi in: Richardi/Thüsing-BetrVG, § 2 Rdnr. 18; Fitting, BetrVG, § 2 Rdnr. 22; Galperin/Löwisch, BetrVG, § 2 Rdnr. 23; Gamillscheg, Arbeitsrecht, Bd. II, S. 137-138; Halberstadt, BUV 1971, S. 73 (74); Hanau/Adomeit, Arbeitsrecht, S. 107; v. Hoyningen-Huene, BetrVG, S. 72; Hümmerich, RdA 1979, S. 143 (146); Franzen in: GK-BetrVG, § 2 Rdnr. 12; Kreutz, BlStSozArbR 1972, S. 44 (45); Söllner, DB 1968, S. 571 (573); Stege/Weinspach/Schiefer, BetrVG, § Anm. 6; Witt, Die betriebsverfassungsrechtliche Kooperationsmaxime, S. 53.

559 BAG AP Nr. 5 zu § 61 BetrVG Bl. 2 R; Witt, Die betriebsverfassungsrechtliche Kooperationsmaxime, S. 53.

560 Witt, Die betriebsverfassungsrechtliche Kooperationsmaxime, S. 53.

der Beteiligungsrechte im Betriebsverfassungsrecht von 1972 stehe der Grundsatz der „vertrauensvollen Zusammenarbeit“ als Regulativ gegenüber.[561]

(2) Konkurrenzverhältnis zwischen dem Grundsatz der vertrauensvollen Zusammenarbeit in § 2 I BetrVG zum Grundsatz von Treu Glauben in § 242 BGB

Die Vorschrift des § 2 I BetrVG weist formale, inhaltliche sowie funktionale Ähnlichkeiten zu der Vorschrift des § 242 BGB auf.[562] Insbesondere kommt beiden Vorschriften *Auslegungsfunktion* zu.[563] Vor diesem Hintergrund stellt sich die Frage, „ob“ und gegebenenfalls „in welchem“ Konkurrenzverhältnis die Vorschriften zueinander stehen.

Es ist nahezu einhellig anerkannt, dass der *„Grundsatz der vertrauensvollen Zusammenarbeit“* dem Grundsatz von *„Treu und Glauben“* im Anwendungsbereich des Betriebsverfassungsrechts vorgeht. Lediglich die Terminologie in der Begründung ist unterschiedlich.[564] Das BAG beurteilt das Verhältnis zwischen den beiden Vorschriften unter dem Gesichtspunkt der *Spezialität*[565], die Literatur sieht die Vorschrift des § 2 I BetrVG regelmäßig als *Konkretisierung* des Grundsatzes von Treu und Glauben an.[566] Die unterschiedlichen Bezeichnungen ändern indes nichts an der Verdrängung des Grundsatzes von „Treu und Glauben“ durch den Grundsatz der „vertrauensvollen Zusammenarbeit“ im Anwendungsbereich des BetrVG.[567] Dieser allgemeinen Auffassung wird für die vorliegende Untersuchung gefolgt, da nennenswerte Gegenpositionen nicht vorliegen.

(3) Die Auslegung des § 2 I BetrVG unter Berücksichtigung der typischen Koppelungssituation

Die Vorschrift des § 2 I BetrVG ist nach der Feststellung ihrer Anwendbarkeit auf ihren Aussagewert im Hinblick auf die Zulässigkeit von Koppelungsge-

561 Kreutz, BlStSozArbR 1972, S. 45.

562 Weber, Die vertrauensvolle Zusammenarbeit zwischen Arbeitgeber und Betriebsrat, S. 170-171; Witt, Die betriebsverfassungsrechtliche Kooperationsmaxime, S. 72.

563 Weber, Die vertrauensvolle Zusammenarbeit zwischen Arbeitgeber und Betriebsrat S. 170.

564 BAG AP Nr. 20 zu § 40 BetrVG 1972, Bl 5 R f.; Richardi in: Richardi/Thüsing-BetrVG, § 2 Rdnr. 7; Richardi, Anm. zu BAG AP Nr. 6 zu § 61 BetrVG Bl. 6 R.

565 BAG AP Nr. 20 zu § 40 BetrVG 1972, Bl. 5 R f.

566 S. Richardi in: Richardi/Thüsing-BetrVG, § 2 Rdnr. 7; Wiese, NZA 1984, S. 378 (383); Richardi, Anm. zu BAG AP Nr. 6 zu § 61 BetrVG Bl. 6 R; Witt, Die betriebsverfassungsrechtliche Kooperationsmaxime, S. 74.

567 Witt, Die betriebsverfassungsrechtliche Kooperationsmaxime, S. 74.

schäften zu untersuchen. Da in der Norm konkrete Aussagen hierüber nicht getroffen werden, ist die Beantwortung der Frage durch Auslegung zu ermitteln.

(a) Grundsätze zur Auslegung des § 2 I BetrVG

Im Zuge der Auslegung des § 2 I BetrVG ist zu berücksichtigen, dass es sich um eine *generalklauselartige* Vorschrift handelt.[568] Entsprechende Vorschriften sind durch eine niedrige Dichte des Normtextes gekennzeichnet.[569] Gesetzgeberischer Hintergrund für die Verwendung von Generalklauseln ist das Bestreben nach einer Flexibilisierung des Rechtssystems.[570] Statt einer breiten Kasuistik werden Normen verwendet, die mit ihrem Tatbestand eine Vielzahl von differenten Sachverhalten abdecken können.[571]

Die geringe Dichte des Normtextes mit dem Ziel der Flexibilisierung des Systems muss naturgemäß dann Probleme bereiten, wenn es um die Konkretisierung der Norm geht.[572] Ausschlaggebend dafür ist zum einen, dass die wörtliche Auslegung wegen der weiten Fassung regelmäßig nur vage erste Hinweise ergeben kann. Zum anderen liefern auch die anderen Auslegungskriterien und die historische Interpretation kaum konkrete Vorstellungen und Zielsetzungen des Gesetzgebers. Auch hierfür ist der bewusst weit gefasste Wortlaut der Generalklauseln, die für eine unüberschaubare Vielzahl von Sachverhalten gelten sollen, verantwortlich. Wenn der Gesetzgeber konkrete Vorstellungen gehabt hätte, so wären diese in den Tatbestand eingeflossen.[573] Dies hätte im Einzelfall jedoch auch zu einer Fixierung des Systems geführt.

Im Zusammenhang mit der Konkretisierung von Generalklauseln oder generalklauselartigen Vorschriften liegt nach alledem besonderes Gewicht auf der teleologischen Auslegung, innerhalb derer die inhaltliche Präzisierung unter Heranziehung aller sachlich aufschlussreichen Normen, rationes legis und Rechtsprinzipien erfolgt.[574] Insgesamt beinhalten Generalklauseln eine Verweisung auf alle für die betreffende Fragestellung aufschlussreichen Wertungen, die in der übrigen Rechtsordnung zu finden sind. Daneben verweisen sie auf die

568 Für alle: Fitting, BetrVG, § 2 Rdnr. 2, 15.

569 Bydlinski, Juristische Methodenlehre und Rechtsbegriff, S. 582; Müller, Juristische Methodik, Rdnr. 314.

570 Weber, Die vertrauensvolle Zusammenarbeit zwischen Arbeitgeber und Betriebsrat, S. 146.

571 Weber, Die vertrauensvolle Zusammenarbeit zwischen Arbeitgeber und Betriebsrat, S. 146.

572 Bydlinski, Juristische Methodenlehre und Rechtsbegriff, S. 582.

573 Bydlinski, Juristische Methodenlehre und Rechtsbegriff, S. 583.

574 Bydlinski, Juristische Methodenlehre und Rechtsbegriff, S. 583.

außerrechtlichen sozialethischen Regeln, die in den betreffenden Verkehrskreisen oder sozialen Gruppen bestehen.[575]

Ferner kann nicht ausgeschlossen werden, dass die Verweisungen der Norm für eine Konkretisierung nicht ausreichen. Demzufolge muss die Generalklausel auch und gerade als Ermächtigung an die Entscheidungsorgane angesehen werden, die noch benötigten Bewertungen durch eine Eigenwertung aufzustellen.[576]

(b) Wörtliche, systematische und historische Auslegung des § 2 I BetrVG

Der Wortlaut des § 2 I BetrVG fordert eine *vertrauensvolle Zusammenarbeit* zwischen den Betriebsparteien zum Wohl der Arbeitnehmer und des Betriebes. Entsprechend dem generalklauselartigen Charakter der Norm ist er im Hinblick auf die Frage der Zulässigkeit von Koppelungsgeschäften nicht ergiebig.

Entsprechendes gilt für die systematische Auslegung, die sich vornehmlich aus der Einbeziehung des Kontextes in die Auslegung der Vorschrift ergibt[577].

Auch die historische Auslegung bietet für die Frage der Zulässigkeit von Koppelungsgeschäften keine Anhaltspunkte.

(c) Auslegung nach dem Sinn und Zweck der Vorschrift
(teleologische Auslegung)

Die teleologische Auslegung erfolgt durch einen Rückgriff auf objektiv-teleologische Kriterien.[578]

Der Rückgriff auf den Normbereich[579] als Mittel der objektiven Auslegung führt zu keinem Ergebnis. Die die Norm umgebenden Sozialdaten sind aufgrund des generalklauselartigen Charakters der Vorschrift nicht spezifiziert. Sie sind in ihrem Aussagewert mit dem Appell der Norm weitgehend kongruent.

Das bedeutet, dass die teleologische Auslegung sich an den allgemeinen Normzwecken auszurichten hat. Hierbei handelt es sich insbesondere um die Rechtsprinzipien, die durch die Anwendung der Norm berührt werden.[580]

Die Besonderheit liegt darin, dass der „Grundsatz der vertrauensvollen Zusammenarbeit" selbst, ebenso wie „Treu und Glauben", ein dem Gesetz immanentes Rechtsprinzip darstellt.[581] Da die anderen Auslegungskriterien unergiebig

575 Bydlinski, Juristische Methodenlehre und Rechtsbegriff, S. 583.
576 Bydlinski, Juristische Methodenlehre und Rechtsbegriff, S. 583.
577 Vgl. o. S. 124.
578 Vgl. o. S. 125 ff.
579 Vgl. o. S. 127 f.
580 Vgl. o. S. 128 ff.
581 Fitting, BetrVG, § 2 Rdnr. 2; Franzen in: GK-BetrVG, § 2 Rdnr. 3-4, 14; Hess in: H/S/W/G/N-BetrVG, § 2 Rdnr. 40; Stege/Weinspach/Schiefer, BetrVG, § 2 Rdnr. 3.

sind, ist mithin die Bedeutung des „Grundsatzes der vertrauensvollen Zusammenarbeit“ als allgemeines Rechtsprinzip zu bewerten.

(aa) Inhalt des Grundsatzes der vertrauensvollen Zusammenarbeit

Mit dem Grundsatz der vertrauensvollen Zusammenarbeit wird allgemein das Verbot verbunden, dass die Parteien des Betriebes *gegeneinander* arbeiten und damit die Ausübung der Funktion des jeweiligen Betriebspartners einschränken.[582] Positiv verlangt „Zusammenarbeit“, dass der Arbeitgeber die gesetzlich eingeräumten Einwirkungsmöglichkeiten des Betriebsrates anerkennt.[583] Ebenso hat der Betriebsrat bei der Wahrnehmung der Interessen der Arbeitnehmer die Rechtsgüter des Arbeitgebers zu berücksichtigen.[584] Keine Seite darf *gegen* die andere arbeiten, um sie in ihrer Funktion innerhalb der Betriebsverfassung zu stören.[585] Die Betriebspartner sind gehalten, ihre gegensätzlichen Interessen in geordneten Formen und unter Berücksichtigung der Konfliktregelungsmechanismen des Betriebsverfassungsgesetzes zu vertreten.[586] Überdies verlangt der Grundsatz der vertrauensvollen Zusammenarbeit, dass jede Form der *mittelbaren oder unmittelbaren Druckausübung* auf den Betriebspartner unterbleibt.[587]

Andererseits soll durch die Vorschrift des § 2 I BetrVG keine Gleichstellung der Interessen erreicht werden.[588] Der Gesetzgeber ging vielmehr von einem natürlichen Konfliktpotential aus, dessen Abbau vertrauensvoll und partnerschaftlich zu erfolgen hat.[589]

„Vertrauensvoll“ ist die Zusammenarbeit dann, wenn die Betriebsparteien sich gegenseitig darauf verlassen können, dass sowohl die eine als auch die an-

582 Hess in: H/S/W/G/N-BetrVG, § 2 Rdnr. 40; Richardi in: Richardi/Thüsing-BetrVG, § 2 Rdnr. 13; Stege/Weinspach/Schiefer, BetrVG, § 2 Rdnr. 3.

583 Hess in: H/S/W/G/N-BetrVG, § 2 Rdnr. 40; Richardi in: Richardi/Thüsing-BetrVG, § 2 Rdnr. 13; Stege/Weinspach/Schiefer, BetrVG, § 2 Rdnr. 3.

584 Belling, Die Haftung des Betriebsrates, S. 314 (319); Richardi in: Richardi/Thüsing-BetrVG, § 2 Rdnr. 13.

585 Richardi in: Richardi/Thüsing-BetrVG, § 2 Rdnr. 13.

586 Weber, Die vertrauensvolle Zusammenarbeit zwischen Arbeitgeber und Betriebsrat, S. 37.

587 Weber, Die vertrauensvolle Zusammenarbeit zwischen Arbeitgeber und Betriebsrat, S. 37.

588 Fitting, BetrVG, § 2 Rdnr. 21; Galperin/Löwisch, BetrVG, § 2 Rdnr. 12; Franzen in: GK-BetrVG, § 2 Rdnr. 42.

589 Weber, Die vertrauensvolle Zusammenarbeit zwischen Arbeitgeber und Betriebsrat, S. 34.

dere Seite zum Wohl des Betriebes und der Beschäftigten handelt.[590] Nach Ansicht der Instanzrechtsprechung ist *„Ehrlichkeit und Offenheit"* Grundbedingung für jede vertrauensvolle Zusammenarbeit.[591] Dies entspricht der allgemeinen Ansicht in der Literatur. Das Zusammenwirken der Organe soll von einem *partnerschaftlichen Miteinander* geprägt sein.[592]

Der Zweck der in § 2 I BetrVG geforderten Zusammenarbeit wird im *Wohl der Arbeitnehmer und des Betriebes* definiert.

Mit dem *Wohl des Betriebes* werden alle dort vorhandenen Einzelinteressen verknüpft.[593] Das bedeutet, dass bereits im Ausgangspunkt widerstreitende Interessen in einem übergeordneten Begriff zusammengefasst werden, der als *Zielvorgabe* in die Generalklausel aufgenommen worden ist.

Die Interessen der Arbeitgeber sind grundsätzlich und naturgemäß auf *Gewinnerzielung und Gewinnmaximierung* gerichtet. Mit diesen Bestrebungen der Arbeitgeber ist das Interesse an der Existenzsicherung des Betriebes und der Sicherung und Ausweitung der Marktanteile verbunden.[594]

Das vorrangige Interesse der Arbeitnehmerschaft ist auf die Erhaltung dauerhafter Arbeitsplätze gerichtet. Ebenso ist die Belegschaft an angemessenen und steigenden Arbeitsvergütungen sowie dem Erhalt und der Verbesserung der Arbeitsbedingungen interessiert. Ferner besteht ein Interesse der Arbeitnehmer an einer verstärkten Mitsprache bei personellen, wirtschaftlichen und sozialen Angelegenheiten. Ausschlaggebend dafür ist, dass Entscheidungen des Arbeitgebers in diesen Bereichen stets zumindest mittelbar die Interessen der Arbeitnehmerschaft betreffen. Gemeinsame Grundvoraussetzung dieser unterschiedlichen Interessen ist aber, dass der Betrieb in seinem Bestand erhalten bleibt.[595]

Des Weiteren verlangt die Generalklausel des § 2 I BetrVG ein Zusammenarbeiten zum *„Wohl der Arbeitnehmer"*.[596] In Anbetracht der bereits in dem

590 Richardi in: Richardi/Thüsing-BetrVG, § 2 Rdnr. 14; Weber, Die vertrauensvolle Zusammenarbeit zwischen Arbeitgeber und Betriebsrat, S. 19 ff.

591 BAG AP Nr. 29, Bl. 4 zu § 102 BetrVG; LAG Düsseldorf, NZA 1985, S. 368; Dietz, RdA 1969, S. 1 (3); Richard in: Richardi/Thüsing-BetrVG, § 2 Rdnr. 14; Eisermann in: ErfK-BetrVG, § 2 Rdnr. 1; Fitting, BetrVG, § 2 Rdnr. 21; Franzen in: GK-BetrVG, § 2 Rdnr. 13; Kreutz, BlStSozArbR 1972, S. 44, 45; Söllner, DB 1968, S. 571 (573).

592 Kreutz, BlStSozArbR 1972, S. 46.

593 Gnade/Kehrmann/Schneider/Klebe/Ratayczak, BetrVG, § 2 Rdnr. 4; Weber, Die vertrauensvolle Zusammenarbeit zwischen Arbeitgeber und Betriebsrat, S. 53.

594 Weber, Die vertrauensvolle Zusammenarbeit zwischen Arbeitgeber und Betriebsrat, S. 57.

595 Weber, Die vertrauensvolle Zusammenarbeit zwischen Arbeitgeber und Betriebsrat, S. 60.

596 Weber, Die vertrauensvolle Zusammenarbeit zwischen Arbeitgeber und Betriebsrat, S. 63.

„Betriebswohlbegriff" enthaltenen Interessen der Arbeitnehmer stellt sich die Frage nach der Abgrenzung.[597] Danach umfasst der Begriff des *„Betriebswohls"* die Interessen der kollektiven Gemeinschaft.[598] Die besondere Erwähnung zielt demgegenüber auf eine besondere Berücksichtigung der *Individualinteressen* ab.[599] Diesen wird im Anwendungsbereich der Generalklausel dadurch Rechnung getragen, dass die an ihr zu messende Maßnahme im Hinblick auf Dringlichkeit, Erforderlichkeit und Verhältnismäßigkeit mit den Einzelinteressen in Relation zu setzen ist.[600]

Die vorstehenden Ausführungen zeigen, dass die Vorschrift des § 2 I BetrVG an vorderster Stelle im Gesetz Verhaltensanforderungen diktiert. Im Kern haben die Betriebspartner in Ausführung einer partnerschaftlichen Zusammenarbeit die Rechte des anderen zu beachten. Sämtliche Tätigkeiten sollen auf die Erreichung des Betriebswohls sowie des Wohls der Arbeitnehmer abzielen.

Es stellt sich demgemäß die Frage, „ob" und gegebenenfalls „inwieweit" diese sich aus dem objektiven Zweck der Vorschrift ergebenden Vorgaben an die Betriebspartner Aufschluss über die Zulässigkeit von Koppelungsgeschäften geben.

(bb) Koppelungsansinnen als Beeinträchtigung der Entscheidungsfreiheit

Die Mitbestimmungsrechte des Betriebsrates führen per se dazu, dass der Arbeitgeber nicht uneingeschränkt frei entscheiden kann. Hierin liegt gerade Sinn und Wesen der Mitbestimmung. Im Fall des Initiativrechts etwa kann der Betriebsrat sogar aktiv eine Regelung vom Arbeitgeber verlangen.

Über diese mit der Mitbestimmung des Betriebsrates naturgemäß verbundenen Einschränkungen hinaus wird die Entscheidungsfreiheit des Arbeitgebers im Fall der Koppelung durch den Betriebsrat in besonderem Maße beeinträchtigt. Er hat bei seiner Entscheidung zu berücksichtigen, dass im Falle der Ablehnung des angekoppelten Begehrens eine Zustimmung durch den Betriebsrat zu der mitbestimmungspflichtigen Angelegenheit nicht erfolgen wird. Die Intensität des Einwirkens auf die Entscheidungsfreiheit des Arbeitgebers ist abhängig von

597 Weber, Die vertrauensvolle Zusammenarbeit zwischen Arbeitgeber und Betriebsrat, S. 63.

598 Weber, Die vertrauensvolle Zusammenarbeit zwischen Arbeitgeber und Betriebsrat, S. 75.

599 Weber, Die vertrauensvolle Zusammenarbeit zwischen Arbeitgeber und Betriebsrat, S. 67.

600 Weber, Die vertrauensvolle Zusammenarbeit zwischen Arbeitgeber und Betriebsrat, S. 66.

der Dringlichkeit oder Wichtigkeit der Durchsetzung der mitbestimmungspflichtigen Angelegenheit.

Umgekehrt wird auch derjenige Betriebsrat in seiner Entscheidungsfreiheit beeinträchtigt, dem vom Arbeitgeber zwecks Erteilung der Zustimmung die Regelung einer Angelegenheit angedient wird, die nicht der notwendigen Mitbestimmung unterliegt. Es mag bei oberflächlicher Betrachtung zunächst unverständlich anmuten, dass die Andienung eines Vorteils negativen Einfluss auf die Entscheidungsfreiheit des Betriebsrates nehmen soll. Bislang haben auch die wenigen Abhandlungen und Untersuchungen, die sich umfassend mit der Problematik der Koppelungsgeschäfte auseinandergesetzt haben, zu dieser Frage keine oder nur unmaßgeblich Stellung genommen. Der auf den Betriebsrat einwirkende Handlungsdruck in der betreffenden Situation folgt daraus, dass der Arbeitgeber eine Leistung anbietet, die im Regelfall der Zielvorgabe des § 2 I BetrVG, also dem Wohl der Arbeitnehmer, dient. Der Einsatz für diesen vorgegebenen Zweck ist Aufgabe des Betriebsrates als Vertretungsorgan der Arbeitnehmerschaft. Es entspricht realen Vorgaben aus der Praxis, dass die Arbeitnehmer den Betriebsrat kritisieren, wenn dieser eine aus ihrer Sicht wenig einschneidende Zustimmung nur deshalb verweigert, weil er die Ankoppelung durch den Arbeitgeber für verwerflich hält. Demzufolge ist der Betriebsrat in der Koppelungssituation ebenfalls in einer Spannungslage, die seine Entscheidungsfreiheit erheblich beeinflussen kann. Anders als in der Situation des Arbeitgebers ist die Intensität der Spannungssituation abhängig von dem Interesse der Arbeitnehmer an dem angekoppelten Geschäft. Da der Arbeitgeber die regelmäßig einfach einschätzbaren Interessen der Arbeitnehmerschaft kennt, wird er es verstehen, eine entsprechend interessante Angelegenheit anzudienen und so den Druck auf den Betriebsrat erhöhen.

Festzuhalten ist mithin, dass die Betriebspartner im Falle der jeweils von dem anderen Teil initiierten Koppelung in eine Situation geraten, durch welche die Entscheidungsfreiheit negativ beeinflusst wird. Die Intensität der Beeinflussung ist abhängig von den Umständen des Einzelfalles. Vor diesem Hintergrund ist es nicht verständlich, dass sich die bisherigen Untersuchungen zu der Frage der Zulässigkeit von Koppelungsgeschäften ausschließlich auf die Situation beschränken, in welcher der Betriebsrat agiert und seine Zustimmung von der Regelung einer Angelegenheit abhängig macht, die nicht der notwendigen Mitbestimmung unterliegt. Die Beschränkung hierauf entspricht keinesfalls der betriebsverfassungsrechtlichen Realität. Nicht zuletzt deshalb findet die durch den Betriebsrat veranlasste Koppelung wenigstens obiter dictum stellenweise Erwähnung.[601] Ebenso wenig trägt sie dem Umstand Rechnung, dass die Situation für den Betriebsrat gleichermaßen problematisch ist. Insgesamt verbietet sich daher eine Ausblendung der Vorteilsandienung durch den Arbeitgeber aus der Untersuchung.

(cc) Unvereinbarkeit der Beeinträchtigung der Entscheidungsfreiheit mit dem Grundsatz der vertrauensvollen Zusammenarbeit

Es schließt sich die Frage an, ob die sich auf die Entscheidungsfreiheit der Betriebspartner auswirkenden Situationen mit der Forderung nach *„vertrauensvoller Zusammenarbeit"* in Einklang gebracht werden können.

„Vertrauensvoll" ist die Zusammenarbeit dann, wenn sich beide Partner darauf verlassen können, dass der jeweils andere zum Wohl des Betriebes handelt. Gefordert wird ein partnerschaftliches Miteinander der Betriebspartner.[602] Fraglich ist, ob dies gewahrt wird, wenn einer der Betriebspartner den anderen in eine Situation drängt, durch die seine Entscheidungsfreiheit eingeschränkt wird. Es wird nicht verkannt, dass diese Einschränkung der Entscheidungsfreiheit im Privatrechtsverkehr keine Besonderheit darstellt, solange die Grenzen der Sittenwidrigkeit und des Grundsatzes von Treu und Glauben eingehalten werden. Diese werden auch grundsätzlich nicht dadurch überschritten, dass die Parteien zusätzliche Forderungen an die von ihnen angebotenen Leistungen knüpfen. Dieses Verhalten ist Ausdruck der Vertragsfreiheit. Allerdings ist zu berücksichtigen, dass die Privatrechtsordnung eine inhaltliche Vorgabe, nach der die Vertragspartner vertrauensvoll *„zusammenarbeiten"* sollen, nicht vorhält. Mit dieser Vorgabe an die Betriebspartner geht das Betriebsverfassungsrecht über den im Vertragsrecht verankerten Grundsatz von Treu und Glauben hinaus.

Der Begriff der „Zusammenarbeit" beinhaltet für jeden der beteiligten Betriebspartner ein *Aktionspotential. „Zusammenarbeit"* ist ausgelegt auf ein *konstruktives, gemeinschaftliches* Tätigwerden. Dieses für eine „Zusammenarbeit" notwendige *Aktionspotential* ist in erheblichem Maße gestört, wenn einer der Betriebspartner bei der Ausübung seiner Tätigkeit in seiner Entscheidungsfreiheit eingeschränkt ist. Dies wird insbesondere dann deutlich, wenn von einer *vollständigen* Einschränkung der Entscheidungsfreiheit ausgegangen wird, etwa dann, wenn der Arbeitgeber in dringenden Fällen notwendig auf die Zustimmung des Betriebsrates angewiesen ist. Entsprechendes gilt, wenn dem Betriebsrat für die Erteilung der Zustimmung einer mitbestimmungspflichtigen Angelegenheit eine Regelung angedient wird, die für die von ihm vertretenen Arbeit-

601 So etwa bei Konzen, FS für Zöllner, S. 801; auch Brandl, Koppelungsgeschäfte, S. 4; vgl. Rückert, Koppelungsgeschäfte des Betriebsrates, S. 90.

602 Franzen in: GK-BetrVG, § 2 Rdnr. 14.

nehmer von besonderer und im Vergleich zu der mitbestimmungspflichtigen Angelegenheit deutlich überragender Bedeutung ist. In diesen Fällen tendiert die Entscheidungsfreiheit der Betriebspartner im Hinblick auf die Regelung der mitbestimmungspflichtigen Angelegenheit gegen *Null* und es kann nicht von einer aus der Natur der Sache heraus *aktionsorientierten Zusammenarbeit* gesprochen werden. Der betroffene Betriebspartner ist vielmehr in seiner Entscheidung *fremdbestimmt.* In dieser Situation ist die in der Vorschrift des § 2 I BetrVG geforderte Zusammenarbeit nicht mehr gewährleistet. Der initiierende Betriebspartner *bestimmt* faktisch über die Entscheidung des anderen. Aufgrund des Zwanges in der Koppelungssituation geht die Einflussnahme weit über das hinaus, was jedem Vertragsschluss an Fremdbestimmung anhaftet. Hiergegen kann auch nicht eingewandt werden, dass der Grundsatz der „vertrauensvollen Zusammenarbeit" nicht nur das Aktivrecht, sondern auch das Passivrecht des Betriebspartners umfasst. Die Zusammenarbeit kann und muss neben dem Aktivrecht auch durch das Recht und die Pflicht zum Unterlassen geprägt sein. Dieses selbstverständliche Recht setzt aber ebenso die Freiheit des Betriebspartners voraus, über das *Unterlassen* einer Tätigkeit eine unbeeinflusste Entscheidung treffen zu können. Hier wie dort ist demzufolge die uneingeschränkte Ausübung des Willens konstitutive Voraussetzung für eine „Zusammenarbeit". Andernfalls entwickelte sich dieses vorrangige Gebot des Betriebsverfassungsrechts in einigen wesentlichen Bereichen zu einem inhaltsleeren Recht.

Hierbei kommt es nicht darauf an, in welcher Intensität die Entscheidungsfreiheit beeinflusst wird. Bereits der Umstand der Einschränkung des einen oder anderen Betriebspartners an sich beeinträchtigt die betriebsverfassungsrechtliche Vorgabe der *„Zusammenarbeit"*. Ein besonderer Nachweis der Beeinträchtigung im Einzelfall ist nicht erforderlich. Es genügt, dass durch das Koppelungsgeschäft i.w.S. die Beeinträchtigung nicht ausgeschlossen werden kann.

Im Rahmen dieser Wertung muss zudem die exponierte Stellung des Grundsatzes der vertrauensvollen Zusammenarbeit berücksichtigt werden. Der Gesetzgeber hat diesem Gebot eine beachtliche Bedeutung beigemessen. Der Appell des Gesetzgebers ist in allen denkbaren Ausgestaltungen des betrieblichen Miteinanders der Betriebspartner ernst zu nehmen. Wenn also *„Zusammenarbeit"* gefordert wird, darf diese nicht durch die Beeinträchtigung der Entscheidungsfreiheit des anderen zu einem einseitigen Handeln ausgestaltet werden. Ebenso wenig bedeutet „Zusammenarbeit" freilich die *Aufgabe* der übernommenen Interessenvertretung zum Zwecke der Konfliktvermeidung. Als *Wesenskern* muss aber die Willensfreiheit der Betriebspartner unangetastet bleiben, um die aktive und passive Zusammenarbeit der Betriebsparteien zu gewährleisten. Bestätigt wird dieses Ergebnis durch die Interpretation des § 2 I BetrVG, wonach die Vorschrift den Betriebsparteien untersagt, auf den jeweiligen Betriebspartner mittelbaren oder sogar unmittelbaren Druck auszuüben.[603]

(dd) Zwischenergebnis

Als Zwischenergebnis ist demzufolge festzuhalten, dass nach der teleologischen Auslegung des § 2 I BetrVG Koppelungsgeschäfte grundsätzlich *unzulässig* sind. Die Betriebsautonomie, die den Betriebspartnern einen an sich weiten Handlungsspielraum eröffnet, wird insoweit eingeschränkt. Unabhängig davon, dass diese Untersuchung jedenfalls bislang auch die Koppelung an andere mitbestimmungspflichtige Angelegenheiten umfasst, entspricht dieses Ergebnis der überwiegenden Auffassung in Literatur und Rechtsprechung.

(ee) Berücksichtigung des unmittelbaren und notwendigen Sachzusammenhanges

Es fragt sich, ob Durchbrechungen der grundsätzlichen Unzulässigkeit von Koppelungsgeschäften in Betracht kommen.

Dies kann dort angenommen werden, wo eine mitbestimmungspflichtige Angelegenheit mit einem Regelungskomplex verbunden wird, der aus sachlichen Gründen *„sowieso"* mit geregelt werden müsste. Dann also, wenn die Regelung einer Angelegenheit *ohne* die andere sachlich unvollständig wäre, liegt kein Verstoß gegen die vertrauensvolle Zusammenarbeit vor. Vielmehr dient die geforderte Regelung der zusammenhängenden Angelegenheiten den Interessen *beider* Betriebspartner. Allerdings kann dies nur dann gelten, wenn ein *notwendiger sachlicher* Zusammenhang besteht, wie etwa im Fall der Einführung bargeldloser Lohnzahlung. Denn mit der Entscheidung über die Umstellung der Lohnauszahlung sind zwingend Kosten für die Eröffnung und Unterhaltung eines Kontos verbunden.

Unter diesen Voraussetzungen sprechen unzweifelhafte objektive Gesichtspunkte dafür, dass die angestrebte Regelung nur in ihrer *Gesamtheit* der Zusammenarbeit der Betriebspartner und damit dem betriebsverfassungsrechtlichen System dient. Hierbei ist gerade das Merkmal des *notwendigen* Sachzusammenhanges entscheidend, da nur unter diesen Voraussetzungen eine vom Zweck des Grundsatzes der vertrauensvollen Zusammenarbeit zugelassene Einschränkung vorgenommen werden kann.

Es wird nicht verkannt, dass durchaus auch andere Angelegenheiten, die im Zuge einer Koppelung miteinander verknüpft werden, für die Zusammenarbeit nützlich und gedeihlich sein können und mithin im Falle ihrer Koppelung die-

603 S.o. Fn. 587.

sem Erfordernis nicht entgegenstehen. Allerdings reicht gerade die *potentielle* positive Beeinflussung der Zusammenarbeit nicht aus, um den sich aus dem Zweck der Vorschrift ergebenden Appell einzuschränken. Zu fordern ist, dass wie etwa im Fall der Umstellung auf bargeldose Lohnzahlung, ein unmittelbarer und notwendiger Sachzusammenhang besteht.

Wesentlich ist, dass im Zuge dieses Auslegungsergebnisses nicht zu unterscheiden ist zwischen der Ankoppelung von Angelegenheiten, die ebenfalls der notwendigen Mitbestimmung unterliegen und anderen. Aus der teleologischen Auslegung folgen diesbezüglich keine Differenzierungen. Dieses Ergebnis entspricht im Übrigen auch Billigkeitsgesichtspunkten. Denn es geht bei der Bewertung der Zulässigkeit von Koppelungsgeschäften nicht primär um die Beurteilung der Zulässigkeit der Erweiterung des Mitbestimmungskataloges. Es stehen vielmehr die Modalitäten im Vordergrund, unter denen die Betriebspartner ihre jeweiligen Ziele durchzusetzen versuchen. Vor der Frage der Zulässigkeit der Ausweitung des Kataloges durch Koppelungsgeschäfte steht mithin die Frage, ob die Einschränkung der Entscheidungsfreiheit des Betriebspartners den Regeln des Betriebsverfassungsrechts entsprechen kann. Wenn bereits dies abgelehnt wird, kommt kaum ein sachlicher Grund in Betracht, der eine differenzierte Behandlung zwischen Koppelungsgeschäften innerhalb des Mitbestimmungssystems und solchen zulässt, im Rahmen derer außerhalb des Mitbestimmungskataloges angesiedelte Angelegenheiten verbunden werden. Das bedeutet, dass die Tatsache der Erweiterung des Mitbestimmungskataloges allenfalls als weiteres Argument gegen die Zulässigkeit von Koppelungsgeschäften spricht. Dieses Argument kann freilich nur dann Bedeutung erlangen, wenn nicht bereits die Modalitäten der Koppelung zur Unzulässigkeit von Koppelungsgeschäften führen.

B. Ergebnis

Als Ergebnis der Auslegung ist festzuhalten, dass Koppelungsgeschäfte *grundsätzlich unzulässig* sind. Eine Einschränkung ist dort angezeigt, wo die Koppelung ausnahmsweise deshalb der Zusammenarbeit der Betriebspartner dient, weil die verbundenen Angelegenheiten in einem *notwendigen und unmittelbaren* Sachzusammenhang stehen. Hier wird die Forderung des Gesetzgebers nach einer vertrauensvollen Zusammenarbeit nämlich überlagert durch die *faktische Notwendigkeit* einer gemeinsamen Regelung. Auf die Frage, ob die Koppelung innerhalb des Mitbestimmungskataloges erfolgt oder aber fremde Angelegenheiten einbezieht, kommt es nicht an. Es wird sogar davon auszugehen sein, dass die Koppelung innerhalb des Mitbestimmungskataloges regelmäßig die Voraussetzungen eines notwendigen und unmittelbaren Sachzusammenhanges *nicht* erfüllen wird. Ausschlaggebend dafür ist der unterschiedliche Sachbereich der einzelnen Mitbestimmungsangelegenheiten.

§ 4 Rechtsfolgen der Unzulässigkeit des Koppelungsgeschäftes i.w.S.

Mit der Feststellung der grundsätzlichen Unzulässigkeit von Koppelungsgeschäften wegen Verstoßes gegen den Grundsatz der vertrauensvollen Zusammenarbeit stellt sich die Frage der damit verbundenen *Rechtsfolgen.*

A. Das Koppelungsgeschäft als unzulässige Rechtsausübung

Der Grundsatz der vertrauensvollen Zusammenarbeit in § 2 I BetrVG ist eine spezielle Ausgestaltung des in § 242 BGB geregelten Grundsatzes von Treu und Glauben.[604] Treu und Glauben bilden eine allen Rechten, Rechtslagen und Rechtsnormen immanente Inhaltsbegrenzung.[605] Die gegen § 242 BGB verstoßende Rechtsausübung oder Ausnutzung einer Rechtslage ist als Rechtsüberschreitung rechtsmissbräuchlich.[606] Der Anwendungsbereich des § 242 BGB ist mittlerweile durch eine Vielzahl von Fallgruppen geprägt.[607] Diese sind angesichts des Charakters einer Spezialregelung auf die Regelung des § 2 I BetrVG übertragbar.[608]

Aus der Vielzahl der möglichen Anwendungen des Verbots der unzulässigen Rechtsausübung haben sich einige typische Fallgruppen herausgebildet.[609] Die eindeutigste Form stellt hierbei die „exceptio doli praesentis i.e.S.“ dar.[610] Diese Fälle sind dadurch geprägt, dass bereits die Rechtsausübung *als solche* zu missbilligen ist. Dies ist hauptsächlich dann der Fall, wenn die Rechtsausübung nach der Art der Begleitumstände ungehörig ist, sie anderweitige Pflichten verletzt oder ihr kein schutzwürdiges Interesse des Ausübenden zugrunde liegen kann.[611]

Koppelungsgeschäfte i.w.S. können sämtliche der aufgeführten Tatbestände erfüllen. Durch sie wird der Betriebspartner in rechtlich unzulässiger Weise in seiner Entscheidungsfreiheit eingeschränkt. Das Mittel der Willensbeeinflussung

---

604 Fitting, BetrVG, § 2 Rdnr. 16; Richardi in: Richardi/Thüsing-BetrVG, § 2 Rdnr. 7.
605 BAG DB 90, S. 741; BGH 30, S. 14; Grüneberg in: Palandt-BGB, § 242 Rdnr. 38.
606 BGH 12, S. 157.
607 Grüneberg in: Palandt-BGB, § 242 Rdnr. 42.
608 Witt, Die betriebsverfassungsrechtliche Kooperationsmaxime, S. 77, 129.
609 Roth in: Münch.-Komm.-BGB, § 242 Rdnr. 176 ff.
610 Roth in: Münch.-Komm.-BGB, § 242 Rdnr. 211.
611 Roth in: Münch.-Komm.-BGB, § 242 Rdnr. 211.

ist das dem jeweiligen Betriebspartner zustehende Mitwirkungsrecht. Der Arbeitgeber kann unbeschadet von der Möglichkeit der Anrufung der Einigungsstelle die mitbestimmungspflichtige Angelegenheit nicht wirksam durchführen, wenn es an einer Einigung mit dem Betriebsrat fehlt. Ebenso ist der Betriebsrat bei Ausübung des Initiativrechts auf eine Vereinbarung mit dem Arbeitgeber angewiesen. Anlässlich dieser zumindest bedingt vorsätzlich erzeugten Drucksituation ist bereits die Rechtsausübung als solche zu missbilligen. Denn in jedem Fall wird – von den beschriebenen Ausnahmen abgesehen – der Grundsatz der vertrauensvollen Zusammenarbeit verletzt. Die im Zuge der Auslegung festgestellte Unzulässigkeit der Koppelung stellt mithin einen Fall der die unzulässige Rechtsausübung begründenden „exceptio doli praesentis i.e.S." dar.

B. Das Auffinden der Rechtsfolgen der unzulässigen Rechtsausübung

Das Spektrum der möglichen Rechtsfolgen der unzulässigen Rechtsausübung ist weit.[612]

Grundsätzlich findet eine Restriktion der Rechte statt. An sich bestehende Rechte werden beschränkt oder ausgeschlossen.[613]

Die konkret eingreifende Rechtsfolge richtet sich nach der *Abwägung der gegenseitigen Interessen*. Daraus folgt, dass eine Abweichung von der an sich geltenden Rechtsfolge nur so weit zulässig ist, wie es die zu schützenden Interessen fordern.[614] Die Rechtsfolge hat demzufolge eine möglichst *interessengerechte* Verteilung des verwirklichten Risikos bei möglichst geringem Eingriff in die ursprüngliche Regelung herzustellen.[615] Das Wesen der Rechtsfolgenbestimmung besteht darin, unter Berücksichtigung aller Umstände des Einzelfalles und insbesondere des *Gewichts der Folgewirkungen in den Interessensphären der Partner* eine flexible Definition der Rechtsfolgen im Sinne eines optimalen Interessenausgleiches vorzunehmen.[616]

Die konkrete Bestimmung der Rechtsfolge ist abhängig von der Koppelungssituation. Entscheidend ist, „wer" die Koppelung „wann" initiiert hat und in welchem Stadium sie sich befindet.

612 Roth in: Münch.-Komm.-BGB, § 242 Rdnr. 61 ff.
613 Roth in: Münch.-Komm.-BGB, § 242 Rdnr. 63.
614 Roth in: Münch.-Komm.-BGB, § 242 Rdnr. 66.
615 Roth in: Münch.-Komm.-BGB, § 242 Rdnr. 66; vgl. auch § 313 Rdnr. 102.
616 Vgl. Roth in: Münch.-Komm.-BGB, § 313 Rdnr. 103.

I. Das Koppelungsansinnen

Der Zeitraum *vor* Abschluss des Grund- und Koppelungsgeschäftes i.e.S. ist notwendigerweise geprägt durch das Koppelungsansinnen. Zu unterscheiden ist zwischen Koppelungsansinnen des Betriebsrates und des Arbeitgebers.

1. Das Koppelungsansinnen des Betriebsrates

Im Zusammenhang mit vom Betriebsrat initiierten *Koppelungsansinnen* reduziert sich die Frage der Rechtsfolgen der unzulässigen Rechtsausübung auf dessen *Beteiligungsrecht.* Zum Abschluss von einer rechtlichen Beurteilung fähigen Vereinbarung ist es zu diesem Zeitpunkt noch nicht gekommen.

Es sind diverse Versuche unternommen worden, den Missbrauch der Mitbestimmungsrechte im Fall von Koppelungsgeschäften einer pragmatisch ausgerichteten Rechtsfolge zuzuführen.

Hanau/Reitze etwa vertreten die Auffassung, dass die an eine eigene Forderung gekoppelte Zustimmung unabhängig von ihrem Inhalt als *„unbedingte Zustimmung"* zu werten sei, weil es sich um eine *„unzulässige Bedingung"* handele. Die Konsequenz wird darin gesehen, dass der Arbeitgeber die Maßnahme vor dem Hintergrund der Zustimmung des Betriebsrates durchführen könne. Allerdings ist bereits dargelegt worden, dass diese rechtliche Konstruktion nicht haltbar ist.[617]

Ungeachtet dessen gilt, dass der Lösungsversuch von Hanau/Reitze durchaus an den Erfordernissen der Praxis ausgerichtet ist. Denn sie berücksichtigen den im Betriebsverfassungsgesetz bei Verletzungen betriebsverfassungsrechtlicher Normen *unvollkommen* geregelten Rechtsschutz. Gleichwohl kann ein *ausschließlich* pragmatisches Argument den gewählten Lösungsansatz nicht rechtfertigen. Die Betriebspartner sind vielmehr auf die ihnen zustehenden Rechtsschutzmöglichkeiten nach dem Betriebsverfassungsgesetz zu verweisen. Die damit zusammenhängenden Nachteile, die insbesondere durch zeitliche und finanzielle Aspekte geprägt werden, vermögen dies nicht zu ändern.

Ferner verzichten Hanau/Reitze darauf, darzulegen, ob der konstruierte Lösungsweg vor dem Hintergrund der Folgen der Koppelung für das Koppelungsgeschäft i.e.S. sowie das Grundgeschäft überhaupt nötig ist.

Vornehmlich Mundt[618] und Brandl[619] kommen in Anlehnung an Brossette[620] ebenfalls zu dem Ergebnis, dass vom Betriebsrat ausgehende Koppelungsbegeh-

---

617 S. o. S. 113 ff.

618 Mundt, Über die Zulässigkeit von Koppelungsgeschäften, S. 100.

619 Brandl, Koppelungsgeschäfte, S. 168.

620 Brossette, ZfA 1992, S. 402.

ren rechtsmissbräuchlich seien. Auf der Grundlage dieses einheitlichen Ergebnisses beurteilen sie sodann die Frage der Einschränkung der Mitbestimmungsrechte des Betriebsrates im Koppelungsfall kontrovers. Brossette und Mundt vertreten die Auffassung, dass das Beteiligungsrecht im Falle der Koppelung *„vorübergehend gehemmt"* würde, mit der Folge, dass der Arbeitgeber die an sich mitbestimmungspflichtige Maßnahme in dem betreffenden Einzelfall ohne Zustimmung durchführen darf.[621]

Insbesondere Konzen lehnt demgegenüber eine Einschränkung der Beteiligungsrechte ab. Im Wesentlichen argumentiert er mit einer Parallelwertung zu §§ 99 ff. BetrVG. Sie soll belegen, dass ein Verlust des Rechts als Folge der unzulässigen Rechtsausübung ausgeschlossen sei. Denn das Betriebsverfassungsrecht selbst knüpfe in § 99 IV BetrVG auch an den Fall der rechtswidrigen Zustimmungsverweigerung lediglich die *gerichtliche* Ersetzung der Zustimmung.[622]

Konzen verzichtet darauf, die Vergleichbarkeit der Regelungskomplexe der §§ 87 und 99 ff. BetrVG darzulegen. Eine Angleichung der Rechtsfolgen setzt einen im Wesentlichen gleichen Regelungsbereich voraus. Die Vergleichbarkeit scheitert schon daran, dass die notwendige Mitbestimmung nach § 87 I das Kernstück der Beteiligungsrechte des Betriebsrates im Betriebsverfassungsgesetz darstellt. Korrespondierend mit der Bedeutung der notwendigen Mitbestimmung als Wirksamkeitsvoraussetzung[623] steigt auch deren Missbrauchspotential. Denn je abhängiger der Arbeitgeber bei der Durchsetzung von Angelegenheiten vom Betriebsrat ist, desto weitreichendere Zugeständnisse wird er machen.

Ein weiterer wesentlicher Unterschied liegt darin, dass die Angelegenheiten der notwendigen Mitbestimmung durch Vereinbarungen zwischen den Betriebspartnern geregelt werden. Es handelt sich nicht lediglich um ein *ersetzbares Zustimmungserfordernis* wie im Fall der §§ 99 ff. BetrVG. Vielmehr ist im Bereich der notwendigen Mitbestimmung von zumeist komplexeren Regelungen auszugehen, die über die bloße Zustimmungserteilung deutlich hinausgehen.

---

621 Brossette, ZfA 1992, S. 402; Mundt, Über die Zulässigkeit von Koppelungsgeschäften, S. 140.

622 Konzen, FS für Zöllner, S. 825.

623 So die h.M.: BAG AP Nr. 70 zu Art. 9 GG Arbeitskampf; BAG AP Nr. 6 zu § 87 BetrVG 1972 Altersversorgung; BAG DB 1992, S. 1579 (1588); BAG DB 1994, S. 2450 (2452); Fitting, BetrVG, § 87 Rdnr. 599; Wiese in: GK-BetrVG, § 87 Rdnr. 95 ff.; Galperin/Löwisch, BetrVG, § 87 Rdnr. 16; Weiss/Weyand, BetrVG, § 87 Rdnr. 2; a.A.:
Vgl. Richardi in: Richardi/Thüsing-BetrVG, § 87 Rdnr. 101 ff.; Worzalla in: H/S/W/G/N-BetrVG, § 87 Rdnr. 80 ff.

Freilich soll den betreffenden Regelungsgegenständen eine Ähnlichkeit nicht abgesprochen werden. Allerdings kann dies nicht genügen, im Anwendungsbereich der notwendigen Mitbestimmung im Hinblick auf Koppelungsgeschäfte auf die in den §§ 99 ff. BetrVG geregelten Rechtsfolgen zu verweisen.

Es ist nach alledem im Ansatz mit Brossette und Mundt davon auszugehen, dass die Rechtsfolgen der unzulässigen Rechtsausübung darin bestehen könnten, die Ausübung oder Durchsetzung des Beteiligungsrechts temporär zu verwehren.[624] Die Folge könnte sein, dass für den Einzelfall das Mitbestimmungsrecht des Betriebsrates ausgesetzt würde und der Arbeitgeber die mitbestimmungspflichtige Angelegenheit ohne dessen Zustimmung ausführen könnte. Der Gedanke der *vorübergehenden Hemmung* des Rechts beruht auf Worzalla, der diese Rechtsfolge unter bestimmten Voraussetzungen für Eilfälle vorsieht.[625]

Der Betriebsrat verlöre anlässlich der Koppelung in der konkreten Mitbestimmungsangelegenheit sein Mitbestimmungsrecht, ohne dass dessen *genereller* Bestand reduziert würde. Der Arbeitgeber würde vor einem gegen den Grundsatz der vertrauensvollen Zusammenarbeit verstoßenden Verhalten geschützt.

Zweifel an der dargestellten Rechtsfolge bestehen aber deshalb, weil – weitestgehend – unbeachtet Koppelungsgeschäfte gleichermaßen von Betriebsräten *und* Arbeitgebern initiiert werden. Auch vom Arbeitgeber werden Koppelungsgeschäfte veranlasst. Etwa dann, wenn der Betriebsrat sein Initiativrecht ausübt, kann der Arbeitgeber seine Mitwirkung von der Zustimmung des Betriebsrates zu einer anderen Angelegenheit abhängig machen.

Die Besonderheit im Zusammenhang mit der Zustimmungsverweigerung des Arbeitgebers besteht darin, dass der Betriebsrat unabhängig von der notwendigen Einigung der Betriebspartner darauf angewiesen ist, dass der Arbeitgeber bei der Durchführung der betreffenden Mitbestimmungsangelegenheit *mitwirkt*. Denn ohne ihn als Leiter des Betriebes ist die Umsetzung mitbestimmungspflichtiger Angelegenheiten regelmäßig nicht möglich. Ebenso also, wie die Zustimmung des Arbeitgebers erforderlich ist, ist insbesondere auch dessen Mitwirkung bei der Ausführung notwendig.

Wollte man nun die Sanktion der temporären Aufhebung des Mitbestimmungsrechts auf die vom Arbeitgeber veranlasste Koppelung anwenden, griffe diese notwendig ins Leere. Denn selbst dann, wenn der Betriebsrat die von ihm im Rahmen der Ausübung des Initiativrechts geforderte Angelegenheit *ohne* Zustimmung des Arbeitgebers durchsetzen dürfte, könnte er dies nicht umsetzen.

---

624 Roth in: Münch.-Komm.-BGB, § 242 Rdnr. 63; Mundt, Über die Zulässigkeit von Koppelungsgeschäften, S. 131.

625 Worzalla, Die Mitbestimmung des Betriebsrates in Eil- und Notfällen, S. 75.

Als Inhaber der Leitungsmacht kann nur der Arbeitgeber Maßnahmen der Mitbestimmung tatsächlich ausführen. Dem Betriebsrat ist es verwehrt, etwa von sich aus eine vorübergehende Verkürzung der Arbeitszeit anzuordnen. Solche Handlungen stehen allein dem Arbeitgeber zu.

Die Konsequenz ist, dass die Rechtsfolge der vorläufigen Hemmung des Mitbestimmungsrechts nur mit Erfolg als Sanktion auf Koppelungsansinnen des *Betriebsrates* angewandt werden kann, bei Koppelungen des Arbeitgebers jedoch wirkungslos bleibt. Auch wenn in allen Fällen der Koppelung der Weg zur Einigungsstelle in Betracht kommt, um die Einigung der Betriebspartner durch deren Spruch ersetzen zu lassen. Die Möglichkeit der Anrufung der Einigungsstelle ist jedoch für den Fall der Nichteinigung der Betriebspartner normiert, nicht als Sanktion für (unzulässige) Koppelungsansinnen. Dies zeigt sich bereits mit den Nachteilen, die anstatt einer zügigen Einigung der Betriebspartner mit ihrer Anrufung verbunden sind. Neben einem erheblichen Zeitaufwand bis zum Vorliegen einer Entscheidung ist ihre Installation mit einem hohen Kostenaufwand verbunden, der in erster Linie den Arbeitgeber, mittelbar aber auch wegen der Belastung der betrieblichen Ressourcen die Arbeit des Betriebsrates beeinträchtigt.

Angesichts dessen muss im Hinblick auf die regelmäßig notwendige und nicht ersetzbare Mitwirkungshandlung des Arbeitgebers geklärt werden, ob und gegebenenfalls in welcher Weise das Koppelungsansinnen des Arbeitgebers *paritätisch* sanktioniert werden kann.

Das bedeutet, dass zunächst die Rechtsfolgen für ein vom Arbeitgeber initiiertes Koppelungsansinnen zu untersuchen sind, bevor eine abschließende Bestimmung der Rechtsfolgen getroffen werden kann.

2. Das Koppelungsansinnen des Arbeitgebers

Aus der generell festgestellten Unzulässigkeit von Koppelungsgeschäften i.w.S. folgt ohne weiteres auch die Unzulässigkeit der vom Arbeitgeber ausgelösten Koppelungsansinnen. Sie sind gleichermaßen rechtsmissbräuchlich, weil sie den Tatbestand der *„exceptio doli praesentis i.e.S.“* erfüllen.[626] Ferner konnte festgestellt werden, dass die Rechtsfolge *grundsätzlich* in der Restriktion des missbräuchlich ausgeübten Rechts gesehen werden kann.[627]

Fest steht, dass der Verlust des Rechts für den Einzelfall als Rechtsfolge der Koppelung durch den Arbeitgeber nicht greifen kann. Maßgeblich dafür ist, dass neben der Zustimmung des Arbeitgebers, deren Erfordernis entweder temporär ausgesetzt oder nach – kostenaufwendiger – Einschaltung der Einigungsstelle

626 S.o. S. 148 f.

627 S.o. S. 152 f.

ersetzt werden könnte, zumindest regelmäßig dessen Mitwirkung bei der Durchführung der mitbestimmungspflichtigen Angelegenheit notwendig ist. Denn er hat als Unternehmer die betriebliche Leitungsmacht inne, was im Gesetz in der Regelung des § 77 I BetrVG seinen Ausdruck findet, nach der betriebliche Vereinbarungen zwischen den Betriebsparteien vom Arbeitgeber durchgeführt werden. Diese Leitungsmacht kann dem Arbeitgeber nicht – auch nicht lediglich für den Einzelfall – entzogen werden. Zur Abwehr des Koppelungsansinnens des Arbeitgebers bleibt demzufolge nur die – generelle – Möglichkeit der Anrufung der Einigungsstelle, die aber zum einen nicht als Instrument gegen Rechtsmissbrauch konzipiert und zum anderen zeit- und vor allem kostenaufwendig ist.

Demzufolge erweisen sich die für die unzulässige Rechtsausübung entwickelten Rechtsfolgen als unanwendbar, wenn das Koppelungsansinnen vom Arbeitgeber initiiert wird.

3. Beurteilung der Rechtsfolgen unter Berücksichtigung der Gesamtsituation

Im Zusammenhang mit der Prüfung der Folgen der unzulässigen Rechtsausübung im Fall des vom Betriebsrat ausgelösten Koppelungsansinnens ist festgestellt worden, dass deren endgültige Beurteilung auch von einer Berücksichtigung der Rechtsfolgen bei vom Arbeitgeber ausgelösten Koppelungsansinnen abhängt.[628] Ausschlaggebend dafür war, dass die konkret eingreifende Rechtsfolge nicht zuletzt unter Berücksichtigung des Gewichts der Folgewirkungen in den Interessensphären der Partner zu bestimmen und eine flexible Rechtsfolgenbestimmung im Sinne eines optimalen Interessenausgleichs vorzunehmen ist.[629]

Die *globale* Betrachtung der Rechtsfolgen, die aus der Einsicht der Existenz beidseitig veranlasster Koppelungsgeschäfte folgt, ist in der Literatur bislang *nahezu* unberücksichtigt geblieben. Konzen, der ebenfalls auf arbeitgeberseitig initiierte Koppelungsgeschäfte hingewiesen hat, deutet diesen Umstand immerhin als „*einen Fingerzeig für die Wirksamkeit von Koppelungsgeschäften*".[630] Diese Aussage kann nur dahingehend gewertet werden, dass er den Aspekt der Bewertung der Gesamtinteressen von Arbeitgeber und Betriebsrat in nicht näher bestimmter Weise berücksichtigt. Da er ganz offensichtlich bei vom Arbeitgeber veranlassten Koppelungsgeschäften an deren Wirksamkeit keine Zweifel hat, indiziert dies nach seiner Auffassung die Wirksamkeit der vom Betriebsrat ausgelösten Koppelungsgeschäfte. In der neueren Literatur berücksichtigt Rückert die Tatsache der Koppelung durch den Arbeitgeber als potentielles (Gegen-)

628 S.o. S. 155 f.

629 S.o. S. 152.

630 Konzen, FS für Zöllner, S. 801; vgl. auch Brandl, Koppelungsgeschäfte, S. 4 u. 142.

Mittel, mit dem dieser auf vom Betriebsrat ausgelöste Koppelungsgeschäfte reagieren kann.[631] Notwendigerweise muss diese dogmatische Einordnung als *Gegenmittel* zugleich deren Unwirksamkeit auslösen. Denn sie begründet zwingend einen circulus vitiosus, da rechtswidriges Handeln mit ebenfalls rechtswidrigem Handeln vergolten wird. Unabhängig davon, dass dies rechtsstaatlichen Prinzipien widerspricht, kann es nicht funktionieren, da sich die gegenseitigen Handlungsweisen nicht einmal neutralisieren.

Es ist deshalb notwendig, die vorläufig festgestellten Rechtsfolgen zu vergleichen und auf ihre Vereinbarkeit im Hinblick auf die Gesamtinteressenlage zu prüfen.

Es ist angenommen worden, dass anlässlich eines vom Betriebsrat ausgehenden Koppelungsgeschäftes eine Einschränkung des Beteiligungsrechts die moderate Rechtsfolge darstellte. Im Zusammenhang mit vom Arbeitgeber ausgelösten Koppelungsgeschäften konnte die Rechtsfolge der temporären Suspendierung der diesem im Zusammenhang mit der Mitbestimmung zustehenden Rechte nicht greifen. Selbst wenn man das Einigungserfordernis im Einzelfall kassierte, kann der Betriebsrat regelmäßig ohne Mitwirkung des Arbeitgebers die Maßnahme nicht durchführen, von der Möglichkeit der Anrufung der Einigungsstelle abgesehen. Hieraus ergibt sich bereits eine gewichtige Divergenz in den Rechtsfolgen. Der Betriebsrat verlöre im Falle einer unzulässigen Koppelung zumindest vorübergehend sein Beteiligungsrecht, eine Koppelung des Arbeitgebers bliebe vergleichsweise folgenlos.

Daraus folgt, dass wesensgleiche und ex aequo unzulässige Handlungen aufgrund der faktischen Situation nicht nur ungleiche Rechtsfolgen auslösen, sondern im Fall des vom Arbeitgeber initiierten Koppelungsansinnens noch nicht einmal eine Sanktionierung erfolgen kann.

Diese Betrachtung belegt, dass trotz wesensgleicher Handlungen ein erhebliches Ungleichgewicht auf der Rechtsfolgenebene vorliegt. Dieses Ungleichgewicht ist mit dem Ziel, im Zuge der Rechtsfolgenbestimmung einen optimalen Interessenausgleich zu schaffen, nicht vereinbar. Es wäre aus paritätischen Gründen unangemessen, wesentlich gleiche Handlungen mit wesentlich ungleichen Rechtsfolgen zu belegen. Gründe, die eine entsprechende Ungleichbehandlung rechtfertigen könnten, sind nicht erkennbar.

Es stellt sich deshalb die Frage, wie ein moderater Ausgleich der beteiligten Interessen auf der Rechtsfolgenseite erreicht werden kann. Ein entsprechender Ausgleich kann entweder nur dadurch geschaffen werden, dass die Rechtsfolgen auf beiden Seiten modifiziert oder aber einseitig angeglichen werden.

---

631 Rückert, Koppelungsgeschäfte des Betriebsrates, S. 90.

Die beidseitige Modifikation der Rechtsfolgen mit dem Ziel eines optimalen Interessenausgleichs scheidet aus. Ausschlaggebend dafür ist, dass eine Kappung der Rechte des Arbeitgebers im Fall einer von ihm ausgehenden Koppelung nicht greifen könnte. Ohne Mitwirkung des Arbeitgebers, der letztlich die mitbestimmungspflichtige Angelegenheit ausführt, kann der Betriebsrat sein Begehren nur über die Anrufung der Einigungsstelle umsetzen.

Eine möglichst paritätische Verteilung des Risikos bei geringstmöglichem Eingriff in die gesetzliche Regelung lässt sich unter Berücksichtigung dessen daher nur erreichen, wenn die im Fall des vom Betriebsrat ausgelösten Koppelungsansinnens einschlägigen Rechtsfolgen *nicht* eingreifen. Die Aussetzung dieser Rechtsfolge ist demgemäß die einzige Möglichkeit, mit der ein optimaler Interessenausgleich bei der Bestimmung der Rechtsfolgen hergestellt werden kann. Interessanterweise ist dieses Ergebnis mit den Erwägungen von Rückert kongruent, die Koppelung durch den Arbeitgeber als Abwehrrecht gegen Koppelungen des Betriebsrates einzusetzen.[632] Die dogmatische Einordnung allerdings war unzutreffend.

4. Ergebnis

Im Ergebnis kann festgehalten werden, dass weder ein vom Betriebsrat noch vom Arbeitgeber initiiertes Koppelungsansinnen den Verlust eines Beteiligungs- bzw. Mitwirkungsrechts zur Folge hat Dieses Ergebnis resultiert aus der Berücksichtigung der betrieblichen Parität. Denn die Restriktion der Rechte des Arbeitgebers im Koppelungsfall führt nicht dazu, dass der Betriebsrat die mitbestimmungspflichtige Angelegenheit ohne Mitwirkung des Arbeitgebers ausführen kann.

II. Rechtsfolgen für das Grundgeschäft und das Koppelungsgeschäft i.e.S.

Kommt es aufgrund des Koppelungsansinnens eines der Betriebspartner zum Abschluss des Grundgeschäftes und Koppelungsgeschäftes i.e.S., stellt sich erneut die Frage der Rechtsfolgen für die betreffenden Vereinbarungen.

Bei isolierter Betrachtung sind grundsätzlich weder das Grund- noch das Koppelungsgeschäft i.e.S. zu missbilligen. Allerdings müssen die nachfolgenden Rechtsgeschäfte in einem unmittelbaren Zusammenhang zu dem von einem der Betriebspartner ausgelösten *Koppelungsansinnen* gesehen werden. Das Koppe-

632 Rückert, Koppelungsgeschäfte des Betriebsrates, S. 88.

lungsansinnen als vorangegangenes missbilligtes Verhalten ist für den jeweiligen Abschluss *kausal* geworden.

Es ist anerkannt, dass die spätere Rechtsausübung als Fall der „*exceptio doli praeteriti*" rechtsmissbräuchlich ist, wenn sie mit einem früheren missbilligten Verhalten in tatsächlichem oder rechtlichem Zusammenhang steht.[633] Ein entsprechender Zusammenhang liegt insbesondere dann vor, wenn das missbilligte Verhalten die jetzt innegehaltene Rechtsstellung geschaffen hat.[634]

Das bedeutet im Grundsatz, dass Ansprüche aus den auf dem Koppelungsansinnen beruhenden Rechtsgeschäften nicht abgeleitet werden können, wenn sie durch das Koppelungsansinnen als rechtlich missbilligtem Verhalten beeinflusst worden sind. Insoweit sind die Rechtsfolgen für das Grund- und Koppelungsgeschäft zu bestimmen. Zu differenzieren ist auch hier zwischen Koppelungsgeschäften, die einerseits vom Betriebsrat, andererseits vom Arbeitgeber initiiert worden sind.

1. Die Rechtsfolgen im Falle der vom Betriebsrat initiierten Koppelungsgeschäfte i.w.S.

In den Fällen, in denen das Koppelungsansinnen Erfolg hat, kommt es zwischen den Betriebspartnern zum Abschluss entsprechender Vereinbarungen bestehend aus Grund- und Koppelungsgeschäft i.e.S. Die Frage, ob beide Vereinbarungen getroffen werden und ob sie in einem bestimmten zeitlichen Verhältnis zueinander stehen *müssen*, wird zunächst zurückgestellt. Vorrangig stellt sich die Frage der Wirksamkeit der einzelnen Vereinbarungen.

a) Wirksamkeit des Grundgeschäftes

Der Inhalt des Grundgeschäftes besteht aus einer Vereinbarung über die vom Arbeitgeber angestrebte mitbestimmungspflichtige Angelegenheit. An diese Vereinbarung knüpft der Betriebsrat eine einzelne Forderung oder ein Regelungsbegehren.

Kommt es über die ursprünglich begehrte mitbestimmungspflichtige Angelegenheit zum Abschluss einer Vereinbarung, steht diese zwar im Zusammenhang mit der Koppelung, da ohne das Koppelungsgeschäft die Einigung nicht zustande gekommen wäre. Jedoch reflektiert sich in dem Abschluss des Grundgeschäftes nicht das missbilligenswerte Verhalten des Betriebsrates. Denn dessen Abschluss trifft – isoliert betrachtet – vollumfänglich die Interessen des Arbeitgebers. Er war derjenige, der die Zustimmung zu der betreffenden mitbe-

633 Roth in: Münch.-Komm.-BGB, § 242 Rdnr. 217.
634 Roth in: Münch.-Komm.-BGB, § 242 Rdnr. 217.

stimmungspflichtigen Angelegenheit begehrte. Die vom Betriebsrat ausgelöste Drucksituation hat sich demzufolge nicht auf den Inhalt des Grundgeschäftes ausgewirkt. Seine Intention war nämlich ausschließlich darauf gerichtet, über die Notwendigkeit der Zustimmung zu dem betreffenden Geschäft eine weitere Forderung durchzusetzen. Das Grundgeschäft ist daher wirksam.

Der Arbeitgeber kann demgemäß aus dem getroffenen Grundgeschäft seine Rechte vollständig herleiten, ohne dass er insoweit Beschränkungen unterworfen wäre.

b) Das Koppelungsgeschäft i.e.S.

Neben dem Grundgeschäft ist das rechtliche Schicksal des angekoppelten Geschäftes zu beurteilen, das Koppelungsgeschäft i.e.S. Anders als beim Grundgeschäft beruht dessen Zustandekommen ausschließlich darauf, dass der Betriebsrat die Zustimmung zu einer vom Arbeitgeber angestrebten mitbestimmungspflichtigen Angelegenheit nur unter der Voraussetzung erteilt, dass der Arbeitgeber die zusätzliche Forderung des Betriebsrates erfüllt. Das rechtsmissbräuchliche Verhalten des Betriebsrates ist demzufolge *unmittelbar kausal* für die von ihm im Zuge des Koppelungsgeschäftes i.e.S. erlangte jeweilige Rechtsposition.

Im Zusammenhang mit dem angekoppelten Geschäft gilt, dass die Erlangung der Rechtsposition durch den Betriebsrat aufgrund eines rechtlich anstößigen Verhaltens möglich geworden ist. Das bedeutet, dass das angekoppelte Geschäft nichtig ist und der Betriebsrat deshalb hieraus keine Rechte herleiten kann. Die an sich an den Rechtsmissbrauch regelmäßig geknüpfte Rechtsfolge der Restriktion der Rechte wird den Besonderheiten der Koppelungsgeschäfte nicht gerecht. Über ein in höchstem Maß missbilligenswertem Verhalten verschafft sich der Betriebsrat eine an sich ihm nicht zustehende vertragliche Position. Die konsequente Rechtsfolge muss deshalb in der Nichtigkeit der unter diesen Modalitäten geschlossenen Vereinbarung bestehen.

c) Teilnichtigkeit

Fraglich ist, „ob" und gegebenenfalls „wie" sich die im Zusammenhang mit dem Koppelungsgeschäft i.e.S. dargestellten Rechtsfolgen auf das Grundgeschäft auswirken. Insoweit schreibt die Vorschrift des § 139 BGB vor, dass sich die Teilnichtigkeit eines Rechtsgeschäftes auf das ganze Rechtsgeschäft auswirkt, wenn anzunehmen ist, dass es ohne den nichtigen Teil nicht abgeschlossen worden wäre. Diese Annahme besteht im Fall der Koppelung nicht. Der Arbeitgeber war derjenige, der von sich aus die Zustimmung zu der betreffenden Angelegenheit begehrt hat. Infolgedessen ist aus seiner Sicht nicht davon auszugehen, dass das Grundgeschäft ohne die nichtige Regelung nicht abgeschlossen worden wäre. Aber auch der Betriebsrat hat mit seiner an eine zusätzliche Forderung geknüpften Zustimmung erklärt, dass Einwände gegen die vom Arbeitgeber begehrte mitbestimmungspflichtige Angelegenheit nicht vorliegen. Infolgedessen kann auch aus der Sicht des Betriebsrates nicht angenommen werden, dass das Grundgeschäft ohne die angekoppelte Forderung – dauerhaft – nicht abgeschlossen worden wäre. Etwas anderes kann nur dann gelten, wenn der Betriebsrat neben dem Koppelungsansinnen inhaltliche Einwände gegen die vom Arbeitgeber geforderte mitbestimmungspflichtige Angelegenheit erhebt. Demzufolge erstreckt sich die Nichtigkeit des Koppelungsgeschäftes i.e.S. nicht auf das Grundgeschäft.

d) Zwischenergebnis

Als Zwischenergebnis ist festzuhalten, dass die Rechtsfolgen des Rechtsmissbrauchs zur Unwirksamkeit des angekoppelten Geschäfts führen. Das Grundgeschäft dagegen, welches der Betriebsrat zur Erweiterung seiner Rechte zur Koppelung missbraucht hat, ist wirksam. Die vom Arbeitgeber angestrebte Regelung über die betreffende mitbestimmungspflichtige Angelegenheit ist mithin bestandskräftig.

2. Die Rechtsfolgen für die vom Arbeitgeber initiierten Koppelungsgeschäfte

Im Zusammenhang mit der Beurteilung der vom Arbeitgeber initiierten Koppelungsgeschäfte stellt sich die Frage der Rechtsfolgen gleichermaßen. Bei der Beurteilung ist ebenfalls zwischen dem Grundgeschäft und dem Koppelungsgeschäft i.e.S. zu unterscheiden.

a) Die Beurteilung der Rechtsfolgen für das Grundgeschäft

Der Arbeitgeber hat die Möglichkeit, die Koppelung im Zusammenhang mit dem Initiativrecht des Betriebsrates sowie mit einem „Paketangebot" einzusetzen.

Im Fall der Ausnutzung des dem Betriebsrat zustehenden Initiativrechts zur Durchsetzung weiterer mitbestimmungspflichtiger Angelegenheiten besteht das Grundgeschäft in der Regelung der vom Betriebsrat angestrebten Angelegenheit. Auf diesem Regelungsbegehren basiert sodann die Koppelung durch den Arbeitgeber.

Keine Besonderheiten ergeben sich insoweit beim „Paketangebot" des Arbeitgebers. Zwar geht die Initiative sowohl für den Abschluss des Grundgeschäftes als auch für den Abschluss des Koppelungsgeschäftes vom Arbeitgeber aus. Allerdings besteht das Grundgeschäft ebenfalls in der vom Arbeitgeber an sich begehrten mitbestimmungspflichtigen Angelegenheit. Das Koppelungsgeschäft i.e.S. ist die angekoppelte Forderung in der speziellen Ausgestaltung einer Zugabe für die Erteilung der Zustimmung zu der mitbestimmungspflichtigen Angelegenheit.

Die Rechtsfolgen im Bereich des Grundgeschäftes beurteilen sich im Übrigen ebenfalls danach, inwieweit sich das Koppelungsansinnen als missbilligtes Verhalten hierauf ausgewirkt hat.[635] In beiden Varianten der vom Arbeitgeber ausgelösten Koppelung kommt die Vereinbarung über das Grundgeschäft *unbeeinflusst* von der Koppelung zustande. Aufgrund des Initiativrechts des Betriebsrates oder einer ihm durch den Arbeitgeber angedienten Regelung einer mitbestimmungspflichtigen Angelegenheit kommt es zu einer Vereinbarung zwischen den Betriebsparteien. Wegen der fehlenden Auswirkung der vom Arbeitgeber ausgelösten Koppelung bleibt in beiden Fällen die Wirksamkeit des Grundgeschäftes unberührt.

b) Die Beurteilung der Rechtsfolgen für das Koppelungsgeschäft i.e.S.

Das angekoppelte Geschäft ist Folge des Koppelungsansinnens des Arbeitgebers entweder im Zusammenhang mit dem Initiativrecht des Betriebsrates oder einem „Paketangebot" des Arbeitgebers.[636] Für beides müssen die Rechtsfolgen gesondert bestimmt werden.

Fest steht, dass die vom Arbeitgeber veranlasste Koppelung im Falle der Ausübung des Initiativrechts durch den Betriebsrat rechtsmissbräuchlich ist. Der Arbeitgeber schränkt die Entscheidungsfreiheit des Betriebsrates in missbilligenswertem Maß ein. Die Rechtsfolge kann, wie im Fall der Koppelung durch den Betriebsrat nur in der Nichtigkeit des angekoppelten Geschäftes liegen.

Schwieriger ist das Verhalten des Arbeitgebers im Fall des Paketangebotes zu beurteilen. Zwar wird auch in dieser Situation die Entscheidungsfreiheit des Betriebsrates mehr oder weniger eingeschränkt. Die Besonderheit besteht jedoch darin, dass beide Geschäfte vom Arbeitgeber angeboten werden. Mit dem angekoppelten Geschäft soll dem Betriebsrat das mitbestimmungspflichtige Geschäft *schmackhaft* gemacht werden. Das bedeutet, dass das Verhalten des Arbeitgebers anders bewertet werden muss als in den Fällen, in denen er die Notwendigkeit seiner Mitwirkung ausnutzt. Allein das Paketangebot des Arbeitgebers signalisiert die Freiwilligkeit der Entscheidung, die dem Betriebsrat bei dessen Entscheidung über die Annahme eingeräumt wird. Das Paketangebot hat mithin

635 Vgl. o. S. 161.
636 Vgl. o. S. 87 f.

überwiegend den Charakter einer „Werbung“ für den Abschluss des mitbestimmungspflichtigen Geschäftes. Infolgedessen führt das „Paketangebot“ des Arbeitgebers nicht zur Nichtigkeit des angekoppelten Geschäftes.

c) Teilnichtigkeit

Die Nichtigkeit des Koppelungsgeschäftes im Fall der Koppelung des Arbeitgebers an ein Initiativbegehren des Betriebsrates schlägt ebenso wenig auf das Grundgeschäft durch wie im Fall der Koppelung durch den Betriebsrat.[637] Denn hier wie dort kann nicht ohne weiteres davon ausgegangen werden, dass das Grundgeschäft nicht abgeschlossen worden wäre, wenn die Betriebspartner sich nicht über das Koppelungsgeschäft verständigt hätten. Der Arbeitgeber hat durch die Ankoppelung konkludent zum Ausdruck gebracht, dass er grundsätzlich mit der mitbestimmungspflichtigen Angelegenheit einverstanden sei. Denn regelmäßig wird das Ankoppeln der zusätzlichen Forderung nicht mit Einwänden gegen die mitbestimmungspflichtige Angelegenheit verbunden sein. Infolgedessen kann ohne weitere Anhaltspunkte nicht von einer Gesamtnichtigkeit ausgegangen werden.

d) Zwischenergebnis

Als Zwischenergebnis ist festzuhalten, dass im Fall der vom Arbeitgeber ausgelösten Koppelung das Grundgeschäft ebenfalls wirksam ist. Im Hinblick auf die Wirksamkeit des Koppelungsgeschäftes i.e.S. ist danach zu unterscheiden, ob es sich um eine Koppelung an ein vom Betriebsrat ausgeübtes Initiativrecht oder um ein Paketangebot des Arbeitgebers handelt. Im ersteren Fall ist das angekoppelte Geschäft nichtig, da die Entscheidungsfreiheit des Betriebsrates in unzulässiger Weise beeinträchtigt wird. Im Fall des Paketangebotes bleibt das angekoppelte Geschäft wirksam, da die Ankoppelung lediglich ein die Entscheidungsfreiheit in nicht rechtsmissbräuchlicher Weise tangierendes „Lockmittel“ darstellt.

III. Zeitliches Verhältnis zwischen Grund- und Koppelungsgeschäft

Zu berücksichtigen ist schließlich das zeitliche Verhältnis zwischen Grund- und Koppelungsgeschäft. In diesem Zusammenhang sind unterschiedliche Konstellationen denkbar, unter denen es zum Abschluss von Grund- und Koppelungsgeschäft kommt.

---

637 Vgl. o. S. 161.

Regelmäßig werden die Betriebspartner über das Grund- und Koppelungsgeschäft i.e.S. eine einheitliche Vereinbarung treffen. Besonderheiten bei der Beurteilung der Rechtsfolgen sind in diesem Fall nicht zu beachten.

Auch dann allerdings, wenn Grund- und Koppelungsgeschäft i.e.S. *zeitversetzt* abgeschlossen werden, hat dies auf die rechtliche Bewertung keinen Einfluss. Das Grundgeschäft ist wirksam, Rechte aus dem nachfolgend abgeschlossenen Koppelungsgeschäft i.e.S. können indes nicht hergeleitet werden.

Eine andere Beurteilung ergibt sich auch dann nicht, wenn es zwar zum Abschluss des Koppelungsgeschäftes i.e.S. gekommen ist, der Abschluss des Grundgeschäftes jedoch vom koppelnden Betriebspartner verweigert wird. Dem Abschluss des Koppelungsgeschäftes i.e.S. vorausgegangen ist das Koppelungsansinnen, so dass es wegen dieses früheren missbilligten Verhaltens dabei bleibt, dass aus dem angekoppelten Geschäft keine Rechte hergeleitet werden können.

Ist es umgekehrt zum Abschluss des Grund-, nicht jedoch des Koppelungsgeschäftes gekommen, kommen Ansprüche aus einem angekoppelten Geschäft bereits mangels einer entsprechenden Vereinbarung nicht in Betracht. Das Grundgeschäft ist freilich auch hier unbeeinflusst vom Koppelungsansinnen, so dass sich an dessen Wirksamkeit nichts ändert.

IV. Zwischenergebnis

Festzuhalten ist, dass die zeitlichen Abfolgen zwischen Abschluss des Grund- und Koppelungsgeschäftes i.e.S. an den bisherigen Darstellungen der Rechtsfolgen nichts ändern. Dies gilt selbst dann, wenn es entgegen entsprechenden Erklärungen nicht zum Abschluss des Grund- oder Koppelungsgeschäftes i.e.S. kommen sollte.

V. Sprüche der Einigungsstelle

Für den Fall, dass Arbeitgeber und Betriebsrat sich über eine mitbestimmungspflichtige Angelegenheit nicht einigen, entscheidet nach § 87 II BetrVG die Einigungsstelle. Der Spruch der Einigungsstelle ersetzt die Einigung zwischen den Betriebspartnern.[638] Dies gilt auch dann, wenn Anlass der Nichteinigung eine von einem der Betriebspartner ausgelöste Koppelungssituation ist, auf die der andere Teil nicht eingeht.

638 Für alle: Fitting, BetrVG, § 87 Rdnr. 590.

1. Keine Übertragung der Rechtsfolgen auf Sprüche der Einigungsstelle

Es stellt sich die Frage, ob die vorstehenden Grundsätze über Koppelungsgeschäfte und deren Rechtsfolgen auch dann Anwendung finden, wenn die Regelungsinhalte im Zuge eines Einigungsstellenverfahrens festgelegt worden sind.

Zweifel daran bestehen deshalb, weil der Spruch der Einigungsstelle auf einem gesetzlich verankerten Schlichtungsverfahren beruht. Es findet auf Antrag dann statt, wenn eine Einigung über eine mitbestimmungspflichtige Angelegenheit zwischen den Betriebspartnern nicht erzielt werden kann. Das bedeutet, dass der Spruch der Einigungsstelle in seinem Inhalt nicht beeinflusst wird von einer von einem der Betriebspartner ausgelösten Drucksituation. Die Einigungsstelle entscheidet frei.

An dieser Beurteilung ändert sich auch dann nichts, wenn einer der Betriebspartner anlässlich eines Koppelungsbegehrens des anderen eine Einigung verweigert und deshalb die Einigungsstelle angerufen hat. Zwar ist in diesem Fall das Koppelungsbegehren kausal dafür, dass die Einigungsstelle eine Entscheidung trifft. Auf den Inhalt der Entscheidung hat die Koppelungssituation jedoch keinen Einfluss. Der Spruch der Einigungsstelle ist frei von jedweder Willensbeeinflussung, die im Zusammenhang mit einem vorangegangenen Koppelungsbegehren steht.

Demzufolge können die Grundsätze der Koppelungsproblematik auf das Einigungsstellenverfahren nicht angewandt werden.

2. Entscheidungskompetenzen der Einigungsstelle im Rahmen der notwendigen Mitbestimmung

Ferner stellt sich die Frage nach der Wirksamkeit von Sprüchen der Einigungsstelle, wenn diese von sich aus oder auf Vorschlag der Betriebspartner eine Regelung treffen, nach der einer der Betriebspartner verpflichtet wird, dem anderen im Zuge der Regelung der mitbestimmungspflichtigen Angelegenheit eine (Gegen-) Leistung zu gewähren. Da die Koppelungsproblematik insoweit keine Bedeutung haben kann, kommt es ausschließlich darauf an, ob die Einigungsstelle über eine entsprechende Kompetenz verfügt.

Die Zuständigkeit der Einigungsstelle ist kongruent mit dem Umfang der notwendigen Mitbestimmung.[639] Im Hinblick auf die sachliche Zuständigkeit der

---

639 Barkey-Heine, Inhaltliche Kontrollmaßstäbe für die gerichtliche Überprüfung der betriebsverfassungsrechtlichen Einigungsstelle, S. 21; Fiebig, Der Ermessensspielraum der Einigungsstelle, S. 75; Schönfeld, Das Verfahren vor der Einigungsstelle, S. 188; Wiese in: GK-BetrVG, § 87 Rdnr. 1071, 1072.

Einigungsstelle bedeutet dies, dass diese durch den streitigen Mitbestimmungstatbestand bestimmt wird. Dort, wo der Spruch der Einigungsstelle diesen vorgegebenen Rahmen überschreitet, handelt sie außerhalb ihrer Kompetenzen. Daraus folgt zugleich, dass die Einigungsstelle von sich aus grundsätzlich nicht befugt ist, außerhalb der streitigen mitbestimmungspflichtigen Angelegenheit anzusiedelnde Regelungsinhalte in ihren Spruch mit aufzunehmen.

3. Sachliche Zuständigkeit der Einigungsstelle unter Berücksichtigung von Annexbedingungen

Für die Beurteilung der sachlichen Zuständigkeit der Einigungsstelle in Bezug auf Annexbedingungen kommt es erneut auf ihr Verhältnis zu dem jeweiligen Mitbestimmungstatbestand an. Diejenigen, die sie als Bestandteil der einzelnen Mitbestimmungsangelegenheiten des § 87 I BetrVG klassifizieren, erweitern damit zugleich die sachliche Kompetenz der Einigungsstelle. Nach dem Ergebnis der Untersuchung der Annexbedingungen gehören diese dem einzelnen Mitbestimmungstatbestand jedoch *nicht* an, so dass sich auch die sachliche Kompetenz der Einigungsstelle nicht auf Annexbedingungen erstreckt. Regelt die Einigungsstelle eine Angelegenheit, in der sie mit dieser zusammenhängende Materien aufnimmt, überschreitet sie demzufolge ihre sachliche Kompetenz.

4. Folgen der Kompetenzüberschreitung für die Wirksamkeit des Spruches der Einigungsstelle

An die Festschreibung der sachlichen Zuständigkeit der Einigungsstelle im Zusammenhang mit Angelegenheiten der notwendigen Mitbestimmung schließt sich die Frage der Folgen einer Kompetenzüberschreitung an. Ganz überwiegend wird die Auffassung vertreten, dass Sprüche der Einigungsstelle außerhalb ihres Kompetenzbereiches unwirksam seien.[640] Es besteht keine Veranlassung, im Rahmen dieser Untersuchung von dieser Auffassung abzuweichen.

Das bedeutet, dass der Spruch der Einigungsstelle unwirksam ist, soweit er Gegenstände einbezieht, die nicht dem durch den Antrag definierten streitigen Mitbestimmungstatbestand angehören.

640 BAG EzA Nr. 26 zu § 95 BetrVG 1972, S. 8, 9; LAG Frankfurt a.M., DB 1985, S. 1535; Kreutz, in: GK-BetrVG, § 76 Rdnr. 137; Hennige, Das Verfahrensrecht der Einigungsstelle, S. 252.

5. Keine zwingende Gesamtnichtigkeit bei zusätzlichen Regelungen

Problematisch ist es, wenn die Einigungsstelle innerhalb ihrer Kompetenzen eine Angelegenheit nach § 87 I BetrVG regelt, zugleich aber auch eine Regelung außerhalb des Kompetenzkataloges trifft. Beispielswiese ersetzt die Einigungsstelle in ihrem Spruch die Zustimmung des Betriebsrates zur vorübergehenden Einführung von Kurzarbeit, regelt aber zugleich ein Kündigungsverbot für alle von der Kurzarbeit betroffenen Mitarbeiter. Es stellt sich die Frage, ob die Unwirksamkeit der Regelung über die Kurzarbeit zur Gesamtnichtigkeit des Einigungsstellenspruches führt.

Nach der Vorschrift des § 139 BGB ist im Falle der Teilnichtigkeit das ganze Rechtsgeschäft nichtig, wenn es nicht auch ohne den nichtigen Teil abgeschlossen worden wäre.

Der Rechtscharakter des Spruches der Einigungsstelle steht der Anwendbarkeit der Vorschrift nicht entgegen. Denn grundsätzlich wird dem die Einigung zwischen den Betriebspartnern ersetzenden Spruch kein anderer Rechtscharakter als eine entsprechende Vereinbarung der Betriebsparteien beigemessen.[641] Hierfür sei maßgeblich, worüber die Parteien stritten und sich nicht einigen könnten.[642] Darüber hinaus sei zu beachten, dass der Betriebsrat seine Mitbestimmung auch durch eine formlose Betriebsabsprache ausüben könne.[643] Deshalb könne noch nicht einmal aufgrund der Regelungstatbestände beurteilt werden, ob der Spruch den Charakter einer Betriebsvereinbarung habe.[644] Dies sei aber dann der Fall, wenn um den Abschluss einer Betriebsvereinbarung gestritten würde und durch die Entscheidung der Einigungsstelle Rechte oder Pflichten von Arbeitnehmern begründet, aufgehoben oder verändert würden.[645]

Da im Zusammenhang mit der Mitbestimmung des § 87 I BetrVG häufig Rechte der Arbeitnehmer betroffen sind, wird die Mitbestimmung überwiegend in der Form von Betriebsvereinbarungen ausgeübt. Infolgedessen weisen auch die Sprüche der Einigungsstelle einen entsprechenden Rechtscharakter auf. In Ansehung dessen könnte grundsätzlich die Vorschrift des § 139 BGB auf die Sprüche der Einigungsstelle Anwendung finden.[646]

---

641 BVerfG DB 1987 S. 2361; BAG DB 1980, S. 1895; Schönfeld, Das Verfahren vor der Einigungsstelle, S. 256.

642 Kreutz in: GK-BetrVG, § 76 Rdnr. 136.

643 Kreutz in: GK-BetrVG, § 76 Rdnr. 136.

644 Kreutz in: GK-BetrVG, § 76 Rdnr. 136.

645 Kreutz in: GK-BetrVG, § 76 Rdnr. 136.

646 Galperin/Löwisch, BetrVG, § 77 Anm. 6; Kreutz in: GK-BetrVG, § 77 Rdnr. 61; v. Hoyningen-Huene, BetrVG, S. 241; Travlos-Tzanetatos, Die Regelungsbefugnis der Betriebspartner und ihre Grenzen zum Einzelarbeitsverhältnis, S. 57 ff.

Gleichwohl wendet die jüngere Rechtsprechung des BAG[647] und der ganz überwiegende Teil der Literatur[648] die Vorschrift des § 139 BGB auf teilnichtige Betriebsvereinbarungen nicht (mehr)[649] an. Vielmehr wird ohne Rückgriff auf die betreffende Vorschrift darauf abgestellt, ob der wirksame Teil auch ohne die unwirksamen Bestimmungen eine sinnvolle und in sich geschlossene Regelung enthält.[650]

Zur Begründung wird auf den Normencharakter von Betriebsvereinbarungen verwiesen, der es ebenso wie bei Tarifverträgen gebiete, die Kontinuität und Rechtsbeständigkeit einer gesetzten Ordnung so weit wie möglich aufrecht zu erhalten.[651]

Diese Rechtsprechung ist ohne Weiteres auf Sprüche der Einigungsstelle anwendbar, da deren Rechtscharakter der zu ersetzenden Einigung zwischen den Betriebspartnern folgt.

In den Fällen also, in denen die Einigungsstelle im Zusammenhang mit der Regelung einer streitigen mitbestimmungspflichtigen Angelegenheit eine weitere Regelung trifft, die nicht mitbestimmungspflichtig ist, hat die Regelung des streitigen Teils das maßgebliche Gewicht. Sie enthält eine sinnvolle und in sich geschlossene Regelung. Als Beispiel mag erneut der Fall dienen, in dem die Einigungsstelle Kurzarbeit zustimmt, dafür aber den von der Kurzarbeit Betroffenen Kündigungsschutz gewährt. Die Regelung der Kurzarbeit ist in sich sinnvoll und abgeschlossen. Infolgedessen wirkt sich die Unwirksamkeit der Regelung betreffend den Kündigungsschutz nicht auf den gesamten Spruch der Einigungsstelle aus.

VI. Ergebnis

Als Ergebnis der Beurteilung der Rechtsfolgen ist festzuhalten, dass im Stadium des Koppelungsansinnens, in dem es noch nicht zum Abschluss von Grund- und Koppelungsgeschäft i.e.S. gekommen ist, eine Restriktion der Beteiligungsrechts des Betriebsrates aus Gründen der Parität nicht in Betracht kommt. Die

---

647 BAG EzA § 87 BetrVG 2001 Arbeitszeit Nr. 4, S. 9; m.w.N. Kreutz in: GK-BetrVG, § 77 Rdnr. 61.

648 Fitting, BetrVG, § 77 Rdnr. 32; Galperin/Löwisch, BetrVG, § 77 Rdnr. 18; Kreutz in: GK-BetrVG, § 77 Rdnr. 61; Matthes: in MünchArbR, Bd. 2, § 239 Rdnr. 77.

649 Vgl. zur früheren Rechtsprechung des BAG: BAG Nr. 5 zu § 56 BetrVG Akkord; BAG AP Nr. 24 zu § 59 BetrVG; BAG AP Nr. 4, 7, 70, 87 zu Art. 3 GG.

650 BAG EzA, § 87 BetrVG 2001 Arbeitszeit Nr. 4, S. 9; Kreutz in: GK-BetrVG, § 77 Rdnr. 61.

651 BAG EzA § 87 BetrVG 2001 Arbeitszeit Nr. 4, S. 9; vgl. Kreutz in: GK-BetrVG, § 77 Rdnr. 61.

Einschränkung der Position des Arbeitgebers etwa im Fall der Ausübung des Initiativrechts durch den Betriebsrat erwies sich als nicht realisierbar.

Ist es im weiteren Verlauf zum Abschluss von Betriebsvereinbarungen gekommen, ist zwischen dem Grundgeschäft und dem Koppelungsgeschäft i.e.S. zu unterscheiden. Das Grundgeschäft, das als Grundlage der Koppelung dienen soll, ist regelmäßig wirksam. Die Koppelung selbst entfaltet auf das Grundgeschäft keine Wirkung. Aus dem angekoppelten Geschäft können dagegen keine Rechte abgeleitet werden, da es Resultat des Koppelungsansinnens eines der Betriebspartner ist.

Im Zusammenhang mit Sprüchen der Einigungsstelle ist nach dem Inhalt des Spruches zu unterscheiden: Regelt die Einigungsstelle in einem Spruch im Zusammenhang mit einer mitbestimmungspflichtigen eine nicht der Mitbestimmung unterliegende Angelegenheit, ist die der Mitbestimmung unterliegende Angelegenheit wirksam. Unwirksam ist dagegen die Regelung des nicht mitbestimmungspflichtigen Teils.

Besonderheiten gelten dagegen in diesem Zusammenhang bei den vorgegebenen „Paketangeboten" des Arbeitgebers. Hier ist die Einigungsstelle nur zuständig, wenn das Grundgeschäft aus einer mitbestimmungspflichtigen Angelegenheit besteht. Das ihr vorgegebene angekoppelte Geschäft ist dagegen wegen Kompetenzüberschreitung unwirksam.

§ 5 Bewertung der Koppelungsgeschäfte nach den allgemeinen Regelungen des BGB

Neben der auf die spezifischen Besonderheiten des BetrVG abgestimmten Bewertung nach dem Grundsatz der vertrauensvollen Zusammenarbeit in § 2 I BetrVG sind Koppelungsgeschäfte freilich auch an den allgemeinen Regelungen des BGB zu messen. Die notwendige Mitbestimmung wird regelmäßig in der Form von Betriebsvereinbarungen, seltener durch Regelungsabreden ausgeübt.[652] Auf die rechtliche Bewertung entsprechender Vereinbarungen finden daher die allgemeinen Regelungen über Rechtsgeschäfte Anwendung.[653]

A. Die Beurteilung des Grundgeschäftes

Es ist festgestellt worden, dass Ausgangssituation für jede angekoppelte Vereinbarung das Grundgeschäft ist. Durch dieses wird die ursprünglich von dem jeweiligen Betriebspartner angestrebte Angelegenheit geregelt. Hierauf wird sodann von dem anderen Betriebspartner das Koppelungsbegehren aufgebaut. Aus dieser Konstellation folgt, dass das Grundgeschäft auch unter Berücksichtigung der allgemeinen Regelungen des BGB keine Anhaltspunkte für eine Unwirksamkeit oder Anfechtbarkeit bietet. Insbesondere kommt es ohne den im Zuge der Koppelung erzeugten Druck zustande, da es gerade das *Mittel* zur Koppelung ist.

Auf die Wirksamkeit des Grundgeschäftes hat auch die Nichtigkeit des Koppelungsgeschäftes i.e.S. keine Auswirkung. Zwar ist dieses regelmäßig die *„Geschäftsgrundlage"* für den Abschluss des Grundgeschäftes. Jedoch schlägt die Nichtigkeit des einen nicht auf das andere Geschäft durch. Insbesondere ist ein Parteiwille, wonach diese Rechtsfolge eintreten soll, regelmäßig nicht erkennbar. Es verhält sich vielmehr so, dass die Betriebspartner „bei Gelegenheit" versuchen, ihre Position zur Durchsetzung einer Forderung auszunutzen. Ein Parteiwille, wonach das Schicksal des einen Geschäftes zwingend an das des anderen geknüpft sein soll, ist regelmäßig nicht erkennbar.

Infolgedessen bestehen auch und gerade unter Berücksichtigung der allgemeinen Regelungen keine Bedenken an der Wirksamkeit des Grundgeschäftes.

652 Für alle: Fitting, BetrVG, § 87 Rdnr. 579.

653 Vgl. Fitting, BetrVG, § 77 Rdnr. 13 f.; vgl. Kreutz in: GK-BetrVG, § 77 Rdnr. 35 f.

B. Die Beurteilung des Koppelungsgeschäftes i.e.S.

Ferner muss sich das Koppelungsgeschäft i.e.S. an den allgemeinen Regelungen messen lassen.

I. Nichtigkeit des Koppelungsgeschäftes i.e.S. nach § 134 BGB

Das Koppelungsgeschäft i.e.S. könnte wegen des Verstoßes gegen ein gesetzliches Verbot gem. § 134 BGB nichtig sein.

Verbotsgesetze im Sinne des § 134 BGB sind Vorschriften, die eine grundsätzlich rechtsgeschäftlich mögliche Regelung untersagen.[654] Das Verbot muss sich dabei gerade gegen die Vornahme des Rechtsgeschäftes richten.[655] So regelt etwa Art. 10 § 3 MRVG ein ausdrückliches Koppelungsverbot für Grundstückskaufverträge mit Architekten- oder Ingenieursleistungen.[656]

Entsprechende gesetzliche Regelungen, die den Abschluss von Koppelungsgeschäften im Anwendungsbereich des BetrVG unmittelbar als gesetzliche Verbote untersagen, existieren nicht. In Betracht kommt allerdings ein gesetzliches Verbot wegen Nötigung gem. § 134 BGB i.V.m. § 240 StGB, da der der Koppelung ausgesetzte Betriebspartner in seiner Entscheidungsfindung nicht frei ist.

Der objektive Tatbestand des § 240 StGB setzt voraus, dass ein anderer mit Gewalt oder Drohung mit einem empfindlichen Übel zu einer Handlung, Duldung oder Unterlassung genötigt wird. Schutzgut der Vorschrift ist die Freiheit der Willensentschließung.[657]

Im Fall der hier untersuchten Koppelungsgeschäfte kommt ausschließlich eine Nötigung durch eine Drohung in Betracht. Denn die Untersuchung erstreckt sich nur auf solche Koppelungen, die gewaltfrei und im Zuge von Verhandlungen initiiert werden.

Unter Drohung ist das Inaussichtstellen eines künftigen Übels zu verstehen, auf dessen Eintritt der Drohende Einfluss hat oder zu haben vorgibt.[658] Mit einem empfindlichen Übel wird gedroht, wenn der in Aussicht gestellte Nachteil

---

654 Ellenberger in: Palandt-BGB, § 134 Rdnr. 5.

655 BGH NJW 1983, S. 2873; Ellenberger in: Palandt-BGB, § 134 Rdnr. 5, 12.

656 BGBl. I S. 1745 ff; vgl. Mundt, Über die Zulässigkeit von Koppelungsgeschäften, S. 43.

657 Lackner/Kühl, StGB, § 240 Rdnr. 1; Eser/Eisele in: Schönke/Schröder, StGB, § 240 Rdnr. 1; Fischer, StGB, § 240 Rdnr. 2.

658 Lackner/Kühl, StGB, § 240 Rdnr. 12; Eser/Eisele in: Schönke/Schröder, StGB, Vorbem. §§ 234 ff. Rdnr. 30; Fischer, StGB, § 240 Rdnr. 31.

derart erheblich ist, dass seine Ankündigung geeignet erscheint, den Bedrohten in Richtung des Täterverlangens zu motivieren.[659]

Im Falle der Koppelung stellen entweder der Betriebsrat oder der Arbeitgeber ihrem Betriebspartner in Aussicht, dass die erforderliche Zustimmung oder die erforderliche Mitwirkung versagt wird, wenn nicht eine bestimmte Forderung erfüllt würde. Die angedrohte Versagung der Zustimmung oder Mitwirkung bei der Regelung mitbestimmungspflichtiger Angelegenheiten ist geeignet, die willentliche Entscheidungsfreiheit des Betriebspartners zu beeinträchtigen.[660]

Der das Koppelungsgeschäft initiierende Betriebspartner handelt vorsätzlich, da er regelmäßig weiß, dass er mit seiner Verknüpfung den freien Willensentschluss des anderen beeinträchtigt. Dabei genügt bedingter Vorsatz.[661]

Ferner muss die Tat *rechtswidrig* sein. Dies ist der Fall, wenn die Anwendung der Gewalt oder die Androhung des Übels zu dem angestrebten Zweck als verwerflich anzusehen ist (§ 240 II StGB). Nach dieser *Verwerflichkeitsklausel*[662] sind Nötigungsmittel und Nötigungszweck zueinander in Beziehung zu setzen.[663] Unter „verwerflich" ist i.S.d. Rechtsprechung ein „erhöhter Grad sittlicher Missbilligung" zu verstehen.[664] Gefordert wird von der Rechtsprechung mittlerweile ein „sozial unerträgliches Verhalten".[665] Bei der Bestimmung der Verwerflichkeit ist auf den konkreten Einzelfall abzustellen.[666]

Fraglich ist mithin, ob die Koppelung im Rahmen des BetrVG als ein sozial *unerträgliches* Verhalten zu qualifizieren ist. Dies muss für den *Regelfall* der Koppelung, in dem der initiierende Betriebspartner durch die Koppelung seine Rechtsposition zu verbessern beabsichtigt, abgelehnt werden. Ausschlaggebend dafür ist, dass Koppelungsgeschäfte im BetrVG gemeinhin den *Grad* der sozialen Unerträglichkeit nicht erreichen. Freilich indiziert ihre grundsätzliche Unzulässigkeit eine soziale Missbilligung. Die geforderte soziale Unerträglichkeit verlangt aber ein darüber hinausgehendes *Unwerturteil*, welches nicht auf

---

659 Lackner/Kühl, StGB, § 240 Rdnr. 13; Eser/Eisele in: Schönke/Schröder, StGB, § 240 Rdnr. 9; Fischer, StGB, § 240 Rdnr. 32.

660 Vgl. o. S. 165 ff.

661 BGHSt 5, S. 245 f.; Lackner/Kühl, StGB, § 240 Rdnr. 16; Eser/Eisele in: Schönke/Schröder, StGB, § 240 Rdnr. 34; Fischer, StGB, § 240 Rdnr. 53.

662 Vgl. Lackner/Kühl, StGB, § 240 Rdnr. 17.

663 BGHSt 17, S. 331; Lackner/Kühl, StGB, § 240 Rdnr. 18; Eser/Eisele in: Schönke/Schröder, StGB, § 240 Rdnr. 15; Fischer, StGB, § 240 Rdnr. 41.

664 BGH 17, S. 328 (332); BGH 18, S. 391; BGH 19, S. 268; Eser/Eisele in: Schönke/Schröder, StGB, § 240 Rdnr. 17; Fischer, StGB, § 240 Rdnr. 41.

665 BGHSt 18, 391; Düsseldorf NJW 86, S. 943; Köln NJW 86, S. 2443; Dreher, MDR 88, S. 20; Eser/Eisele in: Schönke/Schröder, StGB, § 240 Rdnr. 18.

666 Eser/Eisele in: Schönke/Schröder, StGB, § 240 Rdnr. 17 m.w.N. aus der Rspr.

das sittlich *Anstößige*, sondern auf das sittlich *Unerträgliche* zu stützen ist.[667] Bei der Beurteilung der üblichen Koppelungsgeschäfte ist zu berücksichtigen, dass sie als eine bestimmte Art von „Verhandlungstaktik" zu qualifizieren sind. Ihr besonderes Gepräge erhalten sie dadurch, dass sie als Mittel dienen, eine Konfliktsituation mit Hilfe eines – wenn auch erzwungenen – Kompromisses, zu beseitigen. Das bedeutet, dass Koppelungsgeschäfte regelmäßig gerade nicht sozial *unerträglich*, sondern als Versuch einer Konfliktbewältigung anzusehen sind, die allerdings wegen der Beeinträchtigung der Entscheidungsfreiheit unzulässig ist.

Demzufolge sind Koppelungsgeschäfte nicht gem. § 240 II StGB rechtswidrig. Grundsätzlich erfüllen sie deshalb nicht den Tatbestand der Nötigung. Demzufolge liegt kein Verstoß gegen ein gesetzliches Verbot vor.

II. Nichtigkeit des Koppelungsgeschäftes gem. 138 BGB

Die Nichtigkeit des angekoppelten Geschäftes i.e.S. könnte sich aus § 138 I BGB ergeben. Danach ist ein Rechtsgeschäft nichtig, wenn es gegen die *guten Sitten* verstößt. Sittenwidrig ist ein Rechtsgeschäft, wenn es gegen das Anstandsgefühl aller billig und gerecht Denkenden verstößt.[668]

Die Sittenwidrigkeit kann aus dem Inhalt des Rechtsgeschäftes folgen.[669] Voraussetzung ist, dass dessen Inhalt mit grundlegenden Wertungen der Rechtsordnung unvereinbar ist.[670] Dies ist etwa dann der Fall, wenn Rechtsgeschäfte gegen die Menschenwürde verstoßen.[671]

Die Sittenwidrigkeit kann sich zudem aus dem Gesamtcharakter des Rechtsgeschäftes ergeben.[672] Dieser resultiert aus einer zusammenfassenden Würdi-

---

667 Eser/Eisele in: Schönke/Schröder, StGB, § 240 Rdnr. 18; Fischer, StGB, § 240 Rdnr. 41.

668 RGZ 80, S. 219 (221); BGHZ 10, S.228 (232); BGHZ 69, S. 295 (297); BAG NJW 1976, S. 1958; Ellenberger in: Palandt-BGB, § 138 Rdnr. 2; Hefermehl in: Soergel-BGB, § 138 Rdnr. 4.

669 Armbrüster in: Münch.-Komm.-BGB, § 138 Rdnr. 30 ff.; Ellenberger in: Palandt-BGB, § 138 Rdnr. 7; Hefermehl -BGB, § 138 Rdnr. 20.

670 Ellenberger in: Palandt-BGB, § 138 Rdnr. 7; Hefermehl in: Soergel-BGB, § 138 Rdnr. 20.

671 Vgl. Hefermehl in: Soergel-BGB, § 138 Rdnr. 21.

672 Armbrüster in: Münch.-Komm.-BGB, § 138 Rdnr. 30; Ellenberger in: Palandt-BGB, § 138 Rdnr. 8; Hefermehl in: Soergel-BGB, § 138 Rdnr. 29.

gung von Inhalt, Beweggrund und Zweck des Geschäftes.[673] Zu berücksichtigen sind hierbei nicht nur dessen objektiver Gehalt, sondern auch die konkreten Umstände, die zum Abschluss geführt haben.[674] Dort, wo es um Geschäfte mit beschränktem Geltungsanspruch geht, sind die Auffassungen des betroffenen Verkehrskreises maßgebend.[675]

Im Anwendungsbereich des BGB sind Koppelungsgeschäfte jedenfalls nicht *per se* sittenwidrig. Hierfür streitet die Tatsache, dass es spezialgesetzliche Regelungen gibt, mit denen ein *Verbot* von Koppelungsgeschäften angeordnet wird. Wie bereits hervorgehoben, normiert etwa das Gesetz zur Regelung von Ingenieur- und Architektenleistungen ein Verbot für die Koppelung von Grundstückskaufverträgen mit Ingenieur- und Architektenleistungen.[676]

Für Koppelungsgeschäfte im Anwendungsbereich des BetrVG existieren Verbote nicht. Die Frage, ob ein Koppelungsgeschäft gegen die guten Sitten verstößt, beurteilt sich mithin nach den Umständen des konkreten Einzelfalles. Maßgebend ist, wie die dem Verkehrskreis des BetrVG angehörenden Beteiligten Koppelungsgeschäfte bewerten. In diesem Zusammenhang werden nur solche Koppelungsgeschäfte berücksichtigt, im Rahmen derer mit ansonsten zulässigen Mitteln die Durchsetzung von Rechten begehrt wird, die durch die Betriebspartner im Zuge freiwilliger Vereinbarungen geregelt werden könnten. Unberücksichtigt bleiben solche Koppelungsgeschäfte, im Rahmen derer die Durchsetzung der Rechte etwa mit strafrechtlich relevanten Mitteln erfolgt oder aber der angestrebte Erfolg für sich sittenwidrig ist.

Unter Berücksichtigung dieser Prüfungsbeschränkung und der Besonderheiten des betreffenden Verkehrskreises verstoßen Koppelungsgeschäfte nicht gegen das Anstandsgefühl aller billig und gerecht Denkenden. In der betrieblichen Realität wird mit Koppelungsgeschäften ein durchaus positiver Effekt verbunden, der in der erhöhten Einigungsbereitschaft der Betriebspartner besteht. Hierdurch werden Streitigkeiten zwischen den Beteiligten vermieden oder jedenfalls vorzeitig beendet. Die Betriebspartner betrachten Koppelungsgeschäfte mithin als legitimes Mittel zum Verhandeln. Ein überwiegend sozialschädlicher Zusammenhang wird mit ihnen nicht verbunden. Der Terminus des *Koppelungsgeschäftes* ist den Betriebspartnern in diesem Zusammenhang überwiegend nicht bekannt. Für sie stellt es eine *Form* des Verhandelns dar. Jeder Verhandlung ist

673 BGHZ 34, S. 169 (176); BGHZ 53, S. 369 (375); BGHZ 86, S. 82 (88); BGHZ 106, S. 269 (272); Armbrüster in: Münch.-Komm.-BGB, § 138 Rdnr. 30; Ellenberger in: Palandt-BGB, § 138 Rdnr. 8; Hefermehl in: Soergel-BGB, § 138 Rdnr. 29.

674 Ellenberger in: Palandt-BGB, § 138 Rdnr. 8.

675 Vgl. Hefermehl in: Münch.-Komm.-BGB, § 138 Rdnr. 31 f.

676 Art. 10 des Gesetzes vom 4.11.71.

die Intention der Beteiligten immanent, nach Möglichkeit die eigene Position durchzusetzen.

Im Ergebnis ist festzuhalten, dass Koppelungsgeschäfte in der üblichen Form nicht gem. § 138 BGB sittenwidrig sind.

Selbstverständlich gilt dieses Ergebnis nicht schrankenlos. Dort, wo die Zustimmung oder notwendige Mitwirkungshandlungen an Forderungen geknüpft werden, die bereits per se gegen das Anstandsgefühl aller billig und gerecht Denkenden verstoßen, sind die Grenzen des Zulässigen überschritten. Entsprechendes gilt für die Qualifizierung der verwendeten Mittel.

III. Anfechtbarkeit wegen widerrechtlicher Drohung gem. § 123 I BGB

In dem Fall, in dem Grundlage des Koppelungsgeschäftes eine widerrechtliche Drohung i.S.d. § 123 I BGB ist, kommt eine Anfechtung des Koppelungsgeschäftes in Betracht. Voraussetzung ist, dass der Betriebspartner durch *arglistige Täuschung* oder *widerrechtlich durch Drohung* zu einer Mitwirkung oder einem Unterlassen bewegt worden ist.

Der Regelungszweck des § 123 BGB ist auf den Schutz der rechtsgeschäftlichen Entschließungsfreiheit gerichtet.[677] Im Falle der Beurteilung von Koppelungsgeschäften kommt als Anfechtungsgrund vornehmlich die *widerrechtliche Drohung* in Betracht.

1. Vorliegen einer Drohung

Unter Drohung ist das Inaussichtstellen eines künftigen Übels zu verstehen.[678] Als Übel genügt grundsätzlich jeder Nachteil.[679]

Im Zusammenhang mit Koppelungsgeschäften, die vom Betriebsrat initiiert werden, wird das Tatbestandsmerkmal der Drohung durch die in Aussicht gestellte *Zustimmungsverweigerung* ausgefüllt, die für den Fall angekündigt wird, dass der Arbeitgeber nicht in das angekoppelte Geschäft einwilligt. Entsprechendes gilt für Koppelungsgeschäfte, die vom Arbeitgeber bei Ausübung des Initiativrechts durch den Betriebsrat ausgelöst werden. In diesen Fällen wird das

---

677 BGH LM Nr. 35 zu § 123; Kramer in: Münch.-Komm.-BGB, § 123 Rdnr. 1; Ellenberger in: Palandt-BGB, § 123 Rdnr. 1; Hefermehl in: Soergel-BGB, § 123 Rdnr. 1.

678 BGHZ 2, S. 287 (295); BGHZ 6, S. 348 (351); Kramer in: Münch.-Komm.-BGB, § 123 Rdnr. 40; Ellenberger in: Palandt-BGB, § 123 Rdnr. 15; Hefermehl in: Soergel-BGB, § 123 Rdnr. 40.

679 BGH 25, S. 218; Ellenberger in: Palandt-BGB, § 123 Rdnr. 15; Hefermehl in: Soergel-BGB, § 123 Rdnr. 41.

Tatbestandsmerkmal der Drohung dadurch erfüllt, dass der Arbeitgeber seine Mitwirkung unter die Bedingung der Zustimmungserteilung des Betriebsrates in anderer Angelegenheit stellt. Der Tatbestand der Drohung ist im Zusammenhang mit Koppelungsgeschäften deshalb grundsätzlich erfüllt.

2. Widerrechtlichkeit der Drohung

Die Beeinflussung des Willens des Erklärenden muss ferner *widerrechtlich* sein. *Widerrechtlich* ist die Drohung immer dann, wenn das angedrohte Verhalten für sich selbst gesehen bereits widerrechtlich respektive sittenwidrig ist.[680] Die Zustimmungsverweigerung durch den Betriebsrat beziehungsweise die Mitwirkungsverweigerung durch den Arbeitgeber vermögen für sich regelmäßig diese Voraussetzungen nicht zu erfüllen. Allenfalls dann, wenn die Verweigerung unter Ausnutzung einer *Notsituation* erfolgt, könnte die Widerrechtlichkeit der Drohung bereits aus dem angedrohten Verhalten selbst folgen. Diese Fälle dürften außerordentlich selten und sollen nicht Gegenstand dieser Untersuchung sein.

Daneben ist die Bestimmung durch Drohung auch dann rechtswidrig, wenn der *angestrebte Erfolg* in der Form der begehrten Willenserklärung verboten oder sittenwidrig ist.[681] Diese Voraussetzung ist dann erfüllt, wenn die Betriebspartner an die von ihnen geforderte Mitwirkungshandlung Bedingungen stellen, deren Eintritt den Tatbestand der Sittenwidrigkeit oder aber einen Verbotstatbestand ausfüllen. Dann also, wenn das Koppelungsgeschäft selbst verboten ist, ist die Bestimmung durch Drohung rechtswidrig. Auch diese Fallgruppe bildet jedoch keinesfalls das Zentrum der Problematik. Infolgedessen werden sie in dieser Untersuchung nicht weiter thematisiert.

Darüber hinaus kommt aber eine Anfechtung in Betracht, wenn der Drohende mit Hilfe eines zwar erlaubten Mittels einen nicht verbotenen Zweck erreichen will, das Mittel im Verhältnis zum Zweck aber unangemessen erscheint.[682] Die Frage, ob zwischen Mittel und Zweck eine sozialadäquate Verknüpfung besteht, ist nach den Grundsätzen von Treu und Glauben zu beurteilen.[683] Eine Inadäquanz zwischen Mittel und angestrebtem Erfolg kann selbst dann vorlie-

680 Kramer in: Münch.-Komm.-BGB, § 123 Rdnr. 42; Hefermehl in: Soergel-BGB, § 123 Rdnr. 45.

681 Kramer in: Münch.-Komm.-BGB, § 123 Rdnr. 42; Hefermehl in: Soergel-BGB, § 123 Rdnr. 46.

682 Kramer in: Münch.-Komm.-BGB, § 123 Rdnr. 42, 43.

683 BGHZ 2, S. 287 (296); BAG NJW 1970, S. 775; Kramer in: Münch.-Komm.-BGB, § 123 Rdnr. 43.

gen, wenn der Drohende einen *Anspruch* auf diesen hat.[684] Entscheidend ist, ob der Drohende an der Erreichung des verfolgten Zweckes ein berechtigtes Interesse hat und die Drohung unter Berücksichtigung von Treu und Glauben noch als ein angemessenes Mittel zur Erreichung dieses Zweckes anzusehen ist.[685] Hierbei ist eine umfassende Würdigung des Einzelfalles vorzunehmen, im Rahmen derer die zur Zeit der Drohung bestehenden Anschauungen zugrunde zu legen sind.[686]

Es ist festgestellt worden, dass unter Berücksichtigung des Grundsatzes von Treu und Glauben in der speziellen Form der vertrauensvollen Zusammenarbeit Koppelungsgeschäfte i.w.S. rechtsmissbräuchlich sind.[687] Das bedeutet, dass auch und gerade die Zweck-Mittel-Relation regelmäßig negativ ausfallen wird.

3. Vorsatz zur Willensbeeinflussung

Auf der subjektiven Seite muss der Drohende bezweckt haben, den Bedrohten zur Abgabe einer Willenserklärung zu bestimmen.[688] Der Drohende muss sich zumindest bewusst gewesen sein, dass seine Äußerung geeignet ist, den anderen Teil in der Freiheit seiner Willensentschließung zu beeinflussen.[689]

Dem jeweiligen Koppelungsansinnen der Betriebspartner ist es immanent, den anderen Teil durch die Drohung zur Abgabe einer Willenserklärung zu bewegen. Infolgedessen wird der subjektive Tatbestand regelmäßig erfüllt sein.

4. Ergebnis

Im Ergebnis bedeutet dies, dass Koppelungsgeschäfte grundsätzlich den Tatbestand des § 123 BGB erfüllen. Die Anfechtbarkeit erstreckt sich ausschließlich auf das Koppelungsgeschäft i.e.S. Das jeweilige Grundgeschäft bleibt hiervon unberührt. Es handelt sich um eigenständige Rechtsgeschäfte, die mit dem Koppelungsgeschäft nicht in einem notwendigen Zusammenhang stehen.

Nach der gesetzlichen Regelung des § 142 I BGB tritt die Wirkung der Anfechtung „ex tunc“ ein. Allerdings wird vornehmlich im Bereich des Tarifver-

---

684 Kramer in: Münch.-Komm.-BGB, § 123 Rdnr. 43; Vgl. Hefermehl in: Sörgel-BGB, § 123 Rdnr. 48.

685 BGHZ 25, S. 217 (220 ff.); Hefermehl in: Soergel-BGB, § 123 Rdnr. 48.

686 BGH LM Nr. 32; BAG AP Nr. 16; BGH NJW 1982, S. 2301 (2302); Kramer in: Münch.-Komm.-BGB, § 123 Rdnr. 43.

687 S.o. S. 148.

688 BGHZ 25, S. 217 (233); Flume, Allgemeiner Teil des Bürgerlichen Rechts, § 28 3; Larenz/Wolf, AllgTeil des Bürgerlichen Rechts, § 37 Rdnr. 34; Hefermehl in: Soergel-BGB, § 123 Rdnr. 50.

689 Hefermehl in: Soergel-BGB, § 123 Rdnr. 50.

tragsrechts im Zusammenhang mit der Anfechtung unterschieden zwischen dem schuldrechtlichen und dem normativen Teil des Tarifvertrages. Im Zusammenhang mit dem schuldrechtlichen Teil bleibt es bei der Wirkung der Anfechtung „ex tunc".[690] Der normative Teil des Tarifvertrages hat jedoch bereits in der Vergangenheit in der Qualität von Rechtsnormen auf die einzelnen Arbeitsverhältnisse eingewirkt, mit der Folge, dass der Vertrauensgrundsatz eine Rückwirkung ausschließt.[691] Entsprechendes gilt nach ganz überwiegender Auffassung für Betriebsvereinbarungen. Die rückwirkende Vernichtung führte anlässlich des Charakters der Betriebsvereinbarung als Dauerschuldverhältnis zu unüberwindbaren Schwierigkeiten.[692]

Das bedeutet, dass das Koppelungsgeschäft i.e.S. grundsätzlich gem. §§ 123, 142 BGB anfechtbar ist. Die konkrete Bewertung muss dem Einzelfall vorbehalten bleiben. Die Anfechtung wirkt für die Zukunft. Damit sind die Rechtsfolgen kongruent mit denen, die aus der Rechtsmissbräuchlichkeit von Koppelungsgeschäften folgen.[693]

690 Zöllner/Loritz/Hergenröder, Lehrbuch zum Arbeitsrecht, S. 356.

691 Zöllner/Loritz/Hergenröder, Lehrbuch zum Arbeitsrecht, S. 356.

692 BAG AP Nr. 1 zu § 615 BGB Kurzarbeit; Brune. AR-Blattei SD 520, Rdnr. 121; Fitting, BetrVG, § 77 Rdnr. 33; Galperin/Löwisch, BetrVG, § 77 Rdnr. 16; Kreutz in: GK-BetrVG, § 77 Rdnr. 62; Worzalla in: H/S/W/G/N-BetrVG, § 77 Rdnr. 227; Hueck/Nipperdey II/2, Lehrbuch des Arbeitsrechts, S. 1282; Matthes in : MünchArbR, Bd. 2, § 239 Rdnr. 93; Nikisch III, Arbeitsrecht, § 111 VII 2, 3; Richardi in Richardi/Thüsing-BetrVG, § 77 Rdnr. 49.

693 Vgl. o. S. 184 f. (vom Betriebsrat initiiert) u. 187 f. (vom Arbeitgeber initiiert).

§ 6 Abwehransprüche auf der Grundlage des BetrVG

Die bisherige Prüfung hat ergeben, dass bei einem vom Arbeitgeber oder Betriebsrat initiiertem Koppelungsansinnen eine Restriktion der Rechte nicht erfolgt.[694] Zu untersuchen ist deshalb ferner, welche Abwehransprüche das BetrVG gegen ein vom Arbeitgeber oder Betriebsrat initiiertes Koppelungsansinnen bietet.

A. Anrufung der Einigungsstelle

Nach § 87 II BetrVG entscheidet auf Antrag einer der Betriebspartner die Einigungsstelle, wenn über eine mitbestimmungspflichtige Angelegenheit eine Einigung zwischen den Betriebspartnern nicht zustande kommt. Durch ihren Spruch wird die Einigung zwischen Arbeitgeber und Betriebsrat ersetzt.

Im Fall des Koppelungsbegehrens hat der die mitbestimmungspflichtige Regelung begehrende und das Koppelungsbegehren ablehnende Betriebspartner die Möglichkeit, die Einigungsstelle anzurufen.[695]

Der Nachteil der Anrufung der Einigungsstelle liegt darin, dass sie mit einem hohen Kosten- und Zeitaufwand verbunden ist.[696] Das bedeutet zum Einen eine finanzielle Belastung des Betriebes, die insbesondere den Arbeitgeber tangiert, zum Anderen aber zeigt sich, dass im Hinblick auf das Zeitmoment eine kurzfristige Regelung der Angelegenheit ausscheidet. Beides liegt nicht im Interesse der Betriebspartner, so dass die Anrufung der Einigungsstelle zur Lösung der Koppelungsproblematik nur bedingt tauglich ist.[697]

B. Rechte aus § 23 BetrVG

Als Abwehrrechte kommen ferner die Ansprüche des § 23 BetrVG in Betracht.[698] Die Vorschrift regelt die Rechte der Betriebspartner – unter anderem – für den Fall, dass eine der Betriebsparteien ihre gesetzlichen Pflichten verletzt.

---

694 Vgl. o. S. 169.

695 vgl. auch Mundt, Über die Zulässigkeit von Koppelungsgeschäften, S. 104 ff.

696 Vgl. etwa auch Mundt, Über die Zulässigkeit von Koppelungsgeschäften, S. 108 u. 109.

697 so auch Mundt, Über die Zulässigkeit von Koppelungsgeschäften, S. 109.

698 Für den Arbeitgeber auch Mundt, Über die Zulässigkeit von Koppelungsgeschäften, S. 110 f.

Sanktioniert werden nach dem Wortlaut der Vorschrift nur *„grobe"* Pflichtverletzungen.

I. Verletzung gesetzlicher Pflichten durch den Betriebsrat

Die Absätze 1 und 2 der Vorschrift des § 23 BetrVG regeln abschließend das Verfahren und die Voraussetzungen für eine Auflösung des Betriebsrates als Kollektivorgan und den Ausschluss von Betriebsratsmitgliedern. Über beide Maßnahmen ist im arbeitsgerichtlichen Beschlussverfahren zu entscheiden. Unzulässig ist die Abwahl des Betriebsrates oder eine Absetzung einzelner Betriebsratsmitglieder.[699]

Bereits die in der Vorschrift ausgewiesene „ultimative" Rechtsfolge der „Auflösung" des Betriebsrates oder des Ausschlusses einzelner Mitglieder weckt im Vorfeld Zweifel an ihrer generellen Anwendbarkeit im Fall einer vom Betriebsrat veranlassten Koppelung. Denn zumindest die Rechtsfolge der Auflösung des Betriebsrates scheint – auch unter Berücksichtigung der Interessen des Arbeitgebers – wenig geeignet, zumindest den koppelnden *„Ersttäter"* entsprechend nachhaltig zu sanktionieren.

Unabhängig von diesen allgemeinen, an der Rechtsfolge ausgerichteten, Erwägungen müssen im Einzelfall die tatbestandlichen Voraussetzungen des § 23 I BetrVG erfüllt sein.

1. Grobe Pflichtverletzung als Auflösungsgrund

Neben den formellen Erfordernissen wie einem entsprechenden Antrag setzt die Auflösung des Betriebsrates eine *grobe Verletzung* der gesetzlichen Pflichten voraus. Gesetzliche Pflichten sind sämtliche Pflichten, die dem Betriebsrat obliegen.[700]

Die Auflösung des Betriebsrates ist eine Sanktion, die in ihrer Wirkung die betrieblichen Abläufe erheblich in Mitleidenschaft zieht. Zum einen lenkt das Antragsverfahren nach § 23 I BetrVG von den eigentlichen betrieblichen Aufgaben ab. Zum anderen werden im Falle des erfolgreichen Antrages Neuwahlen erforderlich, die zeit- und kostenintensiv sind.

---

699 BVerfG NJW 1979, S. 1875; Trittin in: D/K/K-BetrVG, § 23 Rdnr. 2; Fitting, BetrVG, § 23 Rdnr. 1a.

700 Fitting, BetrVG, § 23 Rdnr. 36; Wiese in: GK-BetrVG, § 23 Rdnr. 96; Schlochauer in: H/S/W/G/N-BetrVG, § 23 Rdnr. 14.

Gefordert wird deswegen eine objektiv erhebliche und offensichtlich schwerwiegende Pflichtverletzung.[701]

Anders als bei der Amtsenthebung des einzelnen Betriebsratsmitgliedes kommt es auf ein Verschulden nicht an.[702] Ausschlaggebend dafür sei, dass „schuldhaft" nur *Einzelne* handeln könnten, nicht jedoch ein Gremium als solches.[703] Maßgebend sei aber nicht allein die Bedeutung der Pflicht, gegen die verstoßen wird.[704] Zu berücksichtigen sei darüber hinaus auch, ob für die Betriebsratsmitglieder erkennbar gewesen sei, dass der Betriebsrat durch seine Handlung, Duldung oder Unterlassung seine gesetzlichen Pflichten verletzen würde.[705]

Von einer diese Voraussetzung erfüllenden Amtspflichtverletzung kann unter anderem dann ausgegangen werden, wenn der Betriebsrat gegen den *Grundsatz der vertrauensvollen Zusammenarbeit* verstößt.[706] Allerdings genügt diesbezüglich nicht jeder Verstoß.[707] Erforderlich ist vielmehr eine *gravierende* Verletzung, die auch in einer bestimmten Beharrlichkeit begründet sein kann.[708]

Es besteht kein Zweifel, dass Koppelungsgeschäfte vor dem Hintergrund der getroffenen Feststellungen in der Regel eine beachtliche Verletzung des Grundsatzes der vertrauensvollen Zusammenarbeit darstellen. Gleichwohl wird eine „grobe Pflichtverletzung" im Sinne der Vorschrift des § 23 BetrVG nur ausnahmsweise angenommen werden können. Die einmalige Koppelung vermag den notwendigen Grad der „groben Pflichtverletzung" regelmäßig nicht zu erreichen. Im Vordergrund stehen zumeist Verhandlungen zwischen den Betriebspartnern, im Rahmen derer die Beteiligten versuchen, ihre Positionen mit Mitteln zu untermauern, die im Bereich der Privatautonomie bei Vertragsverhand-

701 BAGE 73, S 291 (306); BAG AP Nr. 1 zu § 74 BetrVG 1972 Bl. 8; Fitting, BetrVG, § 23 Rdnr. 14; Galperin/Löwisch, BetrVG, § 23 Rdnr. 8; Oetker in: GK-BetrVG, § 23 Rdnr. 35; Richardi in: Richardi/Thüsing-BetrVG, § 23 Rdnr. 27; Wlotzke, BetrVG, § 23 Rdnr. 2a.

702 BAGE 73, S. 291 (305); Fitting, BetrVG, § 23 Rdnr. 40; Oetker in: GK-BetrVG, § 23 Rdnr. 37.

703 Fitting, BetrVG, § 23 Rdnr. 40; Wiese in: GK-BetrVG, § 23 Rdnr. 38; Schlochauer in: H/S/W/G/N-BetrVG, § 23 Rdnr. 43; Richardi in: Richardi/Thüsing-BetrVG, § 23 Rdnr. 54.

704 Richardi in: Richardi/Thüsing-BetrVG, § 23 Rdnr. 55.

705 Richardi in: Richardi/Thüsing-BetrVG, § 23 Rdnr. 55.

706 Fitting, BetrVG, § 23 Rdnr. 37; Oetker in: GK-BetrVG, § 23 Rdnr. 101.

707 Fitting, BetrVG, § 23 Rdnr. 37.

708 BAG NZA 1984, S. 184; vgl. Fitting, BetrVG, § 23 Rdnr. 36; Galperin/Löwisch, BetrVG, § 2 Anm. 24; vgl. Oetker in: GK-BetrVG, § 23 Rdnr. 101; Hueck/Nipperdey II/2, Lehrbuch des Arbeitsrechts, S. 1338 ; Kreutz, BlStSozArbR 1972, S. 44 (46); Nikisch III, Arbeitsrecht, § 105 I 5, 6; Söllner, DB 1968, S. 571 (573).

lungen üblich sind. Erst dann, wenn der Betriebsrat im Zuge der Regelung mitbestimmungspflichtiger Angelegenheiten *wiederholt* und *beharrlich* Koppelungsgeschäfte initiiert, kann das Verhalten den Bereich der *groben Pflichtverletzung* im Sinne des § 23 BetrVG tangieren.

Des Weiteren ist grundsätzlich eine *Abmahnung* durch den Arbeitgeber erforderlich. Wegen der mit der Auflösung des Betriebsrates verbundenen Folgen kann und muss es dem Arbeitgeber im Anwendungsbereich des § 23 BetrVG zugemutet werden, sein Missfallen über das Koppelungsverhalten zu signalisieren. Dieses Abmahnungserfordernis wird – jedenfalls – unter Berücksichtigung des Rechtsgedankens durch die Notwendigkeit der Abmahnung bei Pflichtverletzungen im Zusammenhang mit Dauerschuldverhältnissen, die im Zuge der Schuldrechtsreform in § 314 BGB normiert wurde, bestätigt.

Allerdings wird unter Zugrundelegung üblicher Umstände auch die *einmalige* Abmahnung durch den Arbeitgeber angesichts der weitreichenden Rechtsfolgen nicht genügen. Es muss berücksichtigt werden, dass die Auflösung des Betriebsrates gewöhnlich erhebliche Unsicherheiten und Unruhen im Betrieb auslöst. Das gesamte Wahlverfahren ist mit der Gesamtheit seiner Vorbereitungen zu wiederholen. Zumindest in größeren Betrieben haben die Betriebsratswahlen durch das in § 14 III BetrVG normierte Recht der Gewerkschaften, Wahlvorschläge zu unterbreiten, erheblichen politischen Charakter. Nur der sich als absolut unbelehrbar erweisende Betriebsrat wird im Interesse des gesamten Betriebes die Rechtsfolgen des § 23 I BetrVG auslösen können. Dies gilt selbst auf die Gefahr hin, dass der Betriebsrat gerade das *„Trägheitsmoment“* einer erforderlichen Neuwahl ausnutzt. Denn maßgebend ist im Zusammenhang mit der Anwendung des Grundsatzes der vertrauensvollen Zusammenarbeit das *„Wohl des Betriebes“*. Diese Tatsache berechtigt zu einer hieran ausgerichteten Bewertung der Schwere und Beharrlichkeit des durch die Koppelung verursachten Verstoßes.

Der Auffassung von Mundt, der mit *jeder* vom Betriebsrat veranlassten Koppelung eine grobe Pflichtverletzung im Sinne des § 23 I BetrVG verbindet[709], kann demnach nicht gefolgt werden. Er verkennt zum Einen, dass das missbräuchliche Verhalten des Betriebsrates eine gewisse Konstanz sowie das Bewusstsein voraussetzt, dass gegen gesetzliche Pflichten verstoßen wird. Hieran wird es häufig fehlen; Zum anderen aber beachtet er nicht hinreichend das *Wohl des Betriebes*, das bei einer zu niedrigen Einstellung der eine Auflösung des Betriebsrates rechtfertigenden Schwellenwerte durch Turbulenzen im Betrieb zum Nachteil beider Betriebspartner beeinträchtigt würde.

709 Mundt, Über die Zulässigkeit von Koppelungsgeschäften, S. 11.

2. Zwischenergebnis

Insgesamt kann festgehalten werden, dass die Auflösung des Betriebsrates als Folge grober Pflichtverletzungen im Regelfall nur bei *beharrlichen* Koppelungsansinnen des Betriebsrates in Betracht kommt.

II. Verletzung gesetzlicher Pflichten durch den Arbeitgeber

Die Vorschrift des § 23 III BetrVG trifft eine Regelung für die Fälle, in denen der *Arbeitgeber* in grober Weise gegen seine gesetzlichen Verpflichtungen verstößt. Er gewährt dem Betriebsrat sowie jeder im Betrieb vertretenen Gewerkschaft einen Anspruch gegen den Arbeitgeber, eine Handlung zu *unterlassen*, zu *dulden* oder *vorzunehmen*.

1. Grobe Pflichtverletzung des Arbeitgebers

Der Anspruch nach § 23 III BetrVG setzt einen *groben* Verstoß gegen die gesetzlichen Pflichten des Arbeitgebers voraus. Die Definition der groben Pflichtverletzung ist identisch mit der Pflichtverletzung des Betriebsrates in § 23 I BetrVG.[710] Es gilt mithin der gleiche Maßstab.[711] Angesichts dieser parallelen Wertung des Gesetzes bei der Beurteilung der Schwellenwerte der „groben Pflichtverletzungen" sind auch beim Arbeitgeber entweder besonders schwerwiegende oder aber beharrliche Pflichtverletzungen zu fordern, damit die Rechtsfolgen des § 23 III BetrVG ausgelöst werden können.[712] Regelmäßig werden auch hier Abmahnungen zu fordern sein, um die Anwendung der vergleichsweise ebenfalls schwerwiegenden Rechtsfolgen zu rechtfertigen.

2. Zwischenergebnis

Als Zwischenergebnis kann festgehalten werden, dass der Betriebsrat die Ansprüche aus § 23 I BetrVG durchsetzen kann, wenn der Arbeitgeber durch Koppelungsbegehren in besonders schwerwiegender Form oder aber beharrlich gegen seine betriebsverfassungsrechtlichen Pflichten verstößt. Gerichtet ist der Antrag des Betriebsrates darauf, ihm gegenüber *künftig* Koppelungsansinnen zu unterlassen.

710 Fitting, BetrVG, § 23 Rdnr. 59; Oetker in: GK-BetrVG, § 23 Rdnr. 171.

711 Oetker in: GK-BetrVG, § 23 Rdnr. 171.

712 Vgl. o. S. 182 ff.

III. Geeignetheit der Vorschrift zur Abwehr betriebsverfassungswidriger Koppelungsgeschäfte

Unabhängig von den Voraussetzungen, unter denen die Vorschrift des § 23 BetrVG für die eine oder andere Betriebspartei einen Anspruch begründet, stellt sich die Frage ihrer generellen Eignung, Koppelungsgeschäfte zwischen den Betriebsparteien wirkungsvoll zu unterbinden. Der Tatbestand der Vorschrift umfasst vornehmlich das Koppelungsansinnen als tatsächliche Handlung. Es ist zeitlich und denklogisch dem Koppelungsgeschäft i.e.S. vorgelagert, so dass ein Unterlassen des Koppelungsansinnens das sich anschließende Koppelungsgeschäft ausschließt. Das Unterlassen des Koppelungsansinnens verhindert somit bereits „im Keim" die weiteren Folgen wie den Abschluss des Koppelungsgeschäftes i.e.S.

Die unterschiedlichen Rechtsfolgen der in § 23 I und III BetrVG festgeschriebenen Ansprüche gebieten eine Trennung zwischen vom Arbeitgeber und Betriebsrat initiierten Koppelungsansinnen.

1. Geeignetheit zur Abwehr von Koppelungsansinnen des Betriebsrates

Sofern im Einzelfall die Voraussetzungen einer schweren Pflichtverletzung erfüllt sind, hat der Arbeitgeber unter anderem einen Anspruch auf Auflösung des Betriebsrats.

Die Möglichkeit des Arbeitgebers, im Fall schwerwiegender Verletzungen der Pflichten des Betriebsrates einen Auflösungsantrag stellen zu können, bewirkt eine Disziplinierung des Verhaltens des Betriebsrates. Denn dieser oder auch das einzelne Mitglied haben naturgemäß ein Interesse daran, ihre Ämter weiter auszuüben. Infolgedessen ist die Vorschrift ohne weiteres geeignet, den Betriebsrat bereits im Vorfeld zu einer kritischen Prüfung seiner Handlungen zu veranlassen.

In dieser präventiven Wirkung besteht allerdings nicht der primäre Zweck der Vorschrift. Dieser wird entweder in einer disziplinarrechtlichen und strafrechtlichen Funktion[713] oder in einer Sicherstellung eines Minimums an gesetzmäßiger Amtsführung für die Zukunft[714] gesehen.

713 Vgl. BAG AP Nr. 4 zu § 101 BetrVG 1972 Bl. 1 R; Galperin/Löwisch, BetrVG, § 23 Rdnr. 9; Radke, BB 1957. S. 1112 (1115).

714 BAG AP Nr. 8 Bl. 4 f. zu § 23 BetrVG; BAG AP Nr. 9 Bl. 3 R zu § 23 BetrVG; Eisermann/Koch in: ErfK-BetrVG., § 23 Rdnr. 1; Fitting, BetrVG, § 23 Rdnr. 1; Oetker in: GK-BetrVG, § 23 Rdnr. 10; Richardi in: Richardi/Thüsing-BetrVG, § 23 Rdnr. 1.

Es stellt sich die Frage, ob im Hinblick auf die Zweckrichtung der Norm ein wirksamer Schutz des Arbeitgebers vor betriebsverfassungswidrigen Koppelungsansinnen des Betriebsrates bestehen kann.

Dies muss im Ergebnis verneint werden. Die Vorschrift des § 23 I BetrVG setzt besonders schwerwiegende oder aber beharrliche Verstöße des Betriebsrates oder einzelnen Betriebsratsmitgliedes voraus.[715] Sämtliche Verstöße unterhalb dieser Schwelle werden – wegen der nachhaltigen Folgen des § 23 I BetrVG zu Recht – nicht erfasst. Daraus folgt, dass der ganz überwiegende Teil der Koppelungsgeschäfte außerhalb des Anwendungsbereiches der Vorschrift liegen. Nur gravierende Einzelfälle vermögen die Rechtsfolgen des § 23 I BetrVG auszulösen. Dies steht in Übereinstimmung mit den weitgehenden Rechtsfolgen der Vorschrift, die im Falle ihrer Realisierung zu schwerwiegenden betrieblichen Beeinträchtigungen führen können.

Im Ergebnis ist festzuhalten, dass die Vorschrift des § 23 I BetrVG nur besonders schwerwiegende Verstöße erfasst. Sie ist deshalb wenig geeignet, Koppelungsgeschäfte zu verhindern.[716] Allenfalls kommt ihr Bedeutung im Zusammenhang mit der Prävention zu, wenn man davon ausgeht, dass eine marginale „Abschreckungswirkung" mit der Existenz der Vorschrift verbunden ist.

2. Geeignetheit zur Abwehr der Koppelungsansinnen des Arbeitgebers

Desgleichen stellt sich die Frage des Wirkungsgrades der Vorschrift des § 23 III BetrVG im Falle der vom Arbeitgeber ausgelösten Koppelung.

Bereits die in der Norm geregelten Rechtsfolgen belegen, dass diese in Bezug auf Koppelungsgeschäfte einen geeigneteren Zuschnitt aufweisen als die in Abs. 1 der Vorschrift normierte Auflösung des Betriebsrates oder der dort geregelte Ausschluss eines einzelnen Betriebsratsmitgliedes. Im Falle schwerer Verfehlungen kann nämlich die Unterlassung *künftiger* Pflichtverletzungen beantragt werden. Die Rechtsfolgen sind damit nicht so weitreichend wie in § 23 I BetrVG. Denn die Verfehlung löst nicht die Auflösung eines Gremiums mit den sich daran anschließenden Konsequenzen aus.

Gleichwohl sind auch im Anwendungsbereich des § 23 III BetrVG hohe Anforderungen an das Vorliegen einer „groben Pflichtverletzung" zu stellen.[717] Das bedeutet, dass vor dem Hintergrund des hohen Schwellenwertes der Anwendungsbereich des § 23 III BetrVG ebenfalls nur gering sein wird. Eine präventive Wirkung kann der Vorschrift wegen ihres „Ausnahmecharakters" im Zusammenhang mit Koppelungsgeschäften ebenfalls kaum beigemessen werden.

---

715 Vgl. o. S. 182.

716 So im Ergebnis auch Mundt, Über die Zulässigkeit von Koppelungsgeschäften, S. 111.

717 Vgl. o. S. 185.

IV. Auf Unterlassung gerichtetes einstweiliges Verfügungsverfahren

Die Unterlassungsansprüche im Allgemeinen und die Ansprüche nach § 23 I und III BetrVG im Besonderen sind dadurch geprägt, dass das arbeitsgerichtliche Verfahren nicht selten durch das tatsächliche Geschehen überholt wird. Infolgedessen ist es von Bedeutung, ob die Durchführung eines einstweiligen Verfügungsverfahrens zugelassen wird.

1. Ansprüche nach § 23 I BetrVG

Nach ganz h.M. kann das Arbeitsgericht bei ganz schwerwiegenden Amtspflichtverletzungen die weitere Ausübung des Amtes durch ein Betriebsratsmitglied bis zu einer rechtskräftigen Entscheidung untersagen.[718] Ein Ausschluss dieses Mitgliedes im Wege der einstweiligen Verfügung ist nicht möglich.[719]

Dagegen kommt eine einstweilige Verfügung im Zusammenhang mit einem Auflösungsverfahren nicht in Betracht.[720] Vereinzelte Meinungen, nach denen zur Abwendung wesentlicher Nachteile Zwischenregelungen möglich sein sollen[721], können unberücksichtigt bleiben, da sie für den Untersuchungsgegenstand bedeutungslos sind.

2. Ansprüche nach § 23 III BetrVG

Umstritten ist dagegen die Zulässigkeit des einstweiligen Verfügungsverfahrens im Zusammenhang mit Ansprüchen aus § 23 III BetrVG.[722] Zu dieser Streitfrage hat sich ein breites Meinungsspektrum gebildet. Die Rechtsprechung hierzu ist

---

718 LAG Hamm, EzA § 23 BetrVG 1972 Nr. 2; ArbG München, EzA § 23 BetrVG 1972 Nr. 8; ArbG Wiesbaden, ARSt. 1984, 101 (90); Trittin in: DKK-BetrVG, § 23 Rdnr. 37; Richardi in: Richardi/Thüsing-BetrVG, § 23 Rdnr. 49; Dütz, ZfA 1972, S. 247 (256); Fitting, BetrVG, § 23 Rdnr. 32; Galperin/Löwisch, BetrVG, § 23 Rdnr. 25; Oetker in: GK-BetrVG, § 23 Rdnr. 84; Schlochauer in: H/S/W/G/N-BetrVG, § 23 Rdnr. 35; Stege/Weinspach, § 23 Rdnr. 7; Hueck/Nipperdey II/2, Lehrbuch des Arbeitsrechts, S. 1183 Fn. 10b ; Nikisch III, Arbeitsrecht, § 99 I 6.

719 ArbG Wiesbaden, ARSt. 1984 101 (90); Oetker in: GK-BetrVG, § 23 Rdnr. 84; Joost in: MünchArbR, Bd. 2, § 222 Rdnr. 17.

720 Trittin in: D/K/K-BetrVG, § 23 Rdnr. 60; Fitting, BetrVG, § 23 Rdnr. 45; Galperin/Löwisch, § 23 Rdnr. 43; Oetker in: GK-BetrVG, § 23 Rdnr. 109; Schlochauer in: H/S/W/G/N-BetrVG, § 23 Rdnr. 50.

721 Richardi in: Richardi/Thüsing-BetrVG, § 23 Rdnr. 65.

722 Fitting, BetrVG, § 23 Rdnr. 76; Oetker in: GK-BetrVG, § 23 Rdnr. 192; Schlochauer in: H/S/W/G/N-BetrVG, § 23 Rdnr. 70.

uneinheitlich.[723] Auch dann, wenn eine zunehmende Tendenz für die Zulässigkeit entsprechender einstweiliger Verfügungen besteht,[724] kann auf eine h.M. nicht verwiesen werden.

Der Untersuchung der Zulässigkeit der Koppelungsgeschäfte und der mit dieser Frage verbundenen Rechtsfolgen dient es nicht, diese umstrittene Frage zu entscheiden. Es ist vielmehr die uneinheitliche Entscheidungspraxis der Gerichte bei der Beurteilung der Wertigkeit des Anspruchs des § 23 III BetrVG als Abwehrrecht gegen Koppelungsgeschäfte zugrunde zu legen. Unter Berücksichtigung dieser Situation erweist sich der Unterlassungsanspruch des § 23 III BetrVG wegen der Divergenzen in der Rechtsprechung nur als begrenzt tauglich. Denn es kann nicht ausgeschlossen werden, dass einige Gerichte weiterhin an ihrer Auffassung festhalten, das einstweilige Verfügungsverfahren bezogen auf den Unterlassungsanspruch nicht zuzulassen.

C. Allgemeiner Unterlassungsanspruch

Als weitere Rechtsschutzmöglichkeit kommt der *allgemeine Unterlassungsanspruch* in Betracht. Ein entsprechender Anspruch würde im Falle seines Bestehens unmittelbar darauf gerichtet sein, das Koppelungsverlangen zu unterlassen. Dabei würde das unzulässige Koppelungsbegehren als eine den Anspruch auslösende *Pflichtwidrigkeit* genügen und demzufolge *weit* unterhalb der Schwelle des § 23 BetrVG liegen.

Vor dem Hintergrund der unterschiedlichen Ausgangspositionen ist zwischen den Ansprüchen der jeweiligen Betriebsparteien zu unterscheiden.

723 Für die Zulässigkeit:
LAG Düsseldorf NZA 1991, S. 29; LAGE Köln 1985 § 23 BetrVG 1972 Nr. 4 S. 4; LAGR Köln 2004 S. 27 (279); ArbG Bamberg NZA 1985, S. 259; ArbG Braunschweig DB 1985, S. 1487; ArbG Hamm DB 1972, S. 342; ArbG Leipzig NZA-RR 2003, S. 141 (143); ArbG München/Ingolstadt BetrR 1975, S. 189 (191); ArbG Münster AiB 1986, S. 236;
Gegen die Zulässigkeit:
LAG Hamm EzA § 23 BetrVG 1972 Nr. 5; LAGE Köln § 23 BetrVG 1972, S. 3 ff.; LAGE Niedersachsen § 23 BetrVG 1972 Nr. 11 S. 2 ff.; LAG Rheinland-Pfalz, DB 1986, S. 1629.

724 Vgl. Oetker in: GK-BetrVG, § 23 Rdnr. 192.

I. Allgemeiner Unterlassungsanspruch des Betriebsrates

Ganz überwiegend wird heutzutage in Rechtsprechung und Literatur ein allgemeiner Unterlassungsanspruch anerkannt. Der Anspruch ist gerichtet auf das Unterlassen mitbestimmungswidrigen Verhaltens des Arbeitgebers.[725] Nicht zuletzt in der Rechtsprechung des BAG war die Existenz eines entsprechenden Anspruchs neben dem Unterlassungsanspruch nach § 23 III BetrVG heftig umstritten.[726] Mittlerweile ist die Rechtsprechung der Senate insoweit einheitlich.[727] Zwar betrifft die h.M. unmittelbar Handlungen des Arbeitgebers, die das in § 87 BetrVG normierte Mitbestimmungsrecht des Betriebsrates missachten. Jedoch ist es ebenfalls mitbestimmungswidrig, wenn der Arbeitgeber seine Leitungsmacht dazu missbraucht, durch unzulässige Koppelungen Zugeständnisse abzufordern, die er nicht beanspruchen kann. Infolgedessen kann davon ausgegangen werden, dass der allgemeine Unterlassungsanspruch auch und gerade auf vom Arbeitgeber initiierte Koppelungsansinnen anwendbar ist.

II. Allgemeiner Unterlassungsanspruch des Arbeitgebers

Vor dem Hintergrund, dass nicht nur die Betriebsräte, sondern auch die Arbeitgeber Koppelungsansinnen des anderen Betriebspartners ausgesetzt sind, stellt sich zwangsläufig die Frage nach einem allgemeinen Unterlassungsanspruch des Arbeitgebers.

---

725 BAG NZA 2004, S. 556 (557); BAG NZA 2005, S. 538, 540; DB 05, S. 2530 (2532); BAG NZA 2002, S. 111; BAG AP Nr. 5 zu § 23 BetrVG 1972 Bl. 3 f.;BAG AP Nr. 23 zu § 23 BetrVG 1972 B. 4 R; LAG Berlin AuR 1981, S. 285; LAG Bremen LAGE § 23 BetrVG 1972 Nr. 7 S. 21; LAG Frankfurt, LAGE § 99 BetrVG 1972 Nr. 17 S. 1 (5); Belling, Die Haftung des Betriebsrates, S. 304 ff.; Bobke, AiB 1983, S. 84 (85); Coen, DB 1984, S. 2460; Däubler, Das Arbeitsrecht 1, Rdnr. 922; Derleder, ArbuR 1983, S. 289 (301); Derleder, AuR 1985, S. 13 (14) u. 65 (75 ff.); Klebe in: D/K/K-BetrVG, § 87 Rdnr. 316; Dütz, DB 1984, S. 115 (120); Oetker in: GK-BetrVG, § 23 Rdnr. 136; v. Hoyningen-Huene, NZA 1989, S. 122 ff.; Leisten, BB 1992, S: 271; Raab, ZfA 1997, S. 183 (210 ff.); Reuter, RdA 1985, S. 321 (326); Richardi in: Richardi/Thüsing-BetrVG, § 23 Rdnr. 82; Trittin, BB 1984, S. 1169 (1172); Walker, DB 1995, S. 1961 (1963).

726 BAG AP Nr. 2 zu § 23 BetrVG 1972 Bl. 4 R f.; BAG AP Nr. 5 zu § 23 BetrVG 1972 Bl. 2 R ff.

727 Vgl. die abändernde Entscheidung des 1. Senats BAG AP 23 zu § 23 BetrVG 1972 Bl. 4 R ff.

1. Existenz eines allgemeinen Unterlassungsanspruchs des Arbeitgebers

Die Rechtsprechung erkennt die Existenz eines allgemeinen Unterlassungsanspruchs für den Arbeitgeber an.[728] Der Anspruch ist gerichtet auf ein mitbestimmungswidriges Verhalten des Betriebsrates. Diese Auffassung wird damit begründet, dass sich beide Betriebspartner im Hinblick auf die in § 87 I BetrVG normierte Regelungsbefugnis mit einem bestimmten Ziel gegenüberstünden.[729] Beide Parteien hätten jeweils die Handlungen zu unterlassen, die geeignet seien, die gemeinsam auszuübende Regelungsbefugnis auszuschließen oder ihre Wahrnehmung unmöglich zu machen.[730]

Die Literatur hat sich, soweit ersichtlich, kaum mit der Frage befasst, ob dem Arbeitgeber ein entsprechender Anspruch zusteht. Nur vereinzelt wird ein solcher Anspruch erwähnt.[731] Insbesondere diejenigen, die den allgemeinen Unterlassungsanspruch dogmatisch auf ein gesetzliches Schuldverhältnis stützen[732], müssten dem Arbeitgeber in der Konsequenz ebenfalls einen entsprechenden Anspruch zubilligen.

Soweit dem allgemeinen Unterlassungsanspruch des Arbeitgebers entgegengehalten wird, de facto liefe der Anspruch auf eine Zustimmungserteilung hinaus[733], ist dem zumindest im Hinblick auf den Untersuchungsgegenstand entgegenzutreten. Die Frage kann offen bleiben, soweit sie sich auf die Fälle erstreckt, in denen der Betriebsrat seine Zustimmung rechtsmissbräuchlich verweigert. In den Fällen aber, in denen der Betriebsrat die Mitbestimmung an eine eigene Forderung koppelt, kann sich der Unterlassungsanspruch ohne weiteres auf das Koppelungsbegehren erstrecken, ohne dass hiermit als Folge des „Unterlassens" die Zustimmung verbunden wäre.

Nach alledem wird in Anlehnung an die Rechtsprechung dem Arbeitgeber im Falle von vom Betriebsrat initiierten Koppelungsgeschäften ein allgemeiner Unterlassungsanspruch zuzubilligen sein.

---

728 BAG AP Nr. 5 zu § 23 BetrVG 1972 Bl. 3; BAGE 39, S. 295.

729 BAG AP Nr. 5 zu § 23 BetrVG 1972 Bl. 3.

730 BAG, a.a.O., Bl. 3.

731 Belling, Die Haftung des Betriebsrates, S. 318; Dobberahn, NJW 1995, S. 1333 (1334); v. Hoyningen-Huene, FS für Wiese, S. 175 (186 f.).

732 vgl. so etwa Oetker in: GK-BetrVG, § 23 Rdnr. 136.

733 Vgl. v. Hoyningen-Huene, FS für Wiese, S. 175 (186); so auch Mundt, Über die Zulässigkeit von Koppelungsgeschäften, S. 113.

2. Inhalt und Gegenstand des allgemeinen Unterlassungsanspruchs

Der Inhalt des Unterlassungsanspruchs des Arbeitgebers ist generell gerichtet auf ein Unterlassen des mitbestimmungswidrigen Verhaltens des Betriebsrates. Der Arbeitgeber kann mithin verlangen, dass der Betriebsrat das Koppelungsansinnen unterlässt.

Allerdings wird dem Betriebsrat regelmäßig der Rechtsmissbrauch nur schwer nachgewiesen werden können, wenn er unter – ggf. erzwungener – Aufgabe des Koppelungsansinnens weiterhin seine Zustimmung zu der geforderten mitbestimmungspflichtigen Angelegenheit verweigert. Die Zustimmungsverweigerung ist nicht an Gründe gebunden.[734] Hier sind Lösungen innerhalb des Prozessrechts gefragt, die nicht zuletzt durch Beweiserleichterungen wie den prima facie-Beweis sowie durch die freie Beweiswürdigung eine durchaus adäquate Handhabe bieten. Gerade dann, wenn der Betriebsrat nach zunächst erfolgter und erfolgreich vom Arbeitgeber abgemahnter Koppelung die Zustimmung verweigert, liegen beweiserhebliche Tatsachen vor, die von den Gerichten gewürdigt werden können. Bereits Hanau/Reitze haben dargelegt, dass nach ihrer Auffassung der Betriebsrat im Falle eines von ihm initiierten Koppelungsansinnens seine Zustimmung zu der eigentlichen mitbestimmungspflichtigen Maßnahme erteilt habe, wobei die von ihm gestellte Bedingung unberücksichtigt bleibe.[735] Unabhängig davon, dass der betreffende Lösungsweg sich dogmatisch als nicht durchsetzbar erwies[736], gewichtet er die Tatsache des Abhängigkeitsverhältnisses der Zustimmung von der angekoppelten Forderung. Diese Ankoppelung hat erhebliche Bedeutung für den prima-facie-Beweis. Der Betriebsrat, der zunächst grundsätzlich seine Zustimmung von der Erfüllung einer weiteren Forderung abhängig gemacht hat, kann im Falle eines Unterlassungsbegehrens ohne Not die gekoppelte Forderung nach außen aufgeben, gleichwohl aber an der Verweigerung festhalten. Denn ein Anspruch des Arbeitgebers auf Erteilung der Zustimmung ist mit dem System der notwendigen Mitbestimmung nicht vereinbar. Verweigert der Betriebsrat jedoch weiterhin die Erteilung seiner Zustimmung, die er zuvor im Grundsatz gegeben hat, spricht nach dem Beweis des ersten Anscheins der typische Verlauf dafür, dass die Verweigerung auch weiterhin im Zusammenhang mit der ursprünglich angekoppelten Forderung steht. Der Betriebsrat hat freilich die Möglichkeit, den Beweis des ersten Anscheins zu erschüttern. Es zeigt sich aber, dass trotz der Schwierigkeit der Überprüfung der Willensbildung als rein subjektiver Prozess der ursprünglich ausgelösten Koppelungssituation erhebliches Gewicht zukommt.

---

734 Klebe in: D/K/K-BetrVG, § 87 Rdnr. 9.

735 Vgl. o. S. 114.

736 Vgl. o. S. 114 f.

III. Ergebnis

Als Ergebnis ist festzuhalten, dass sowohl dem Arbeitgeber als auch dem Betriebsrat in den Fällen, in denen der eine oder andere die Rechte des jeweiligen Betriebspartners im Bereich des § 87 I BetrVG verletzt, ein allgemeiner Unterlassungsanspruch zusteht.

IV. Allgemeiner Unterlassungsanspruch und einstweilige Verfügung

Es ist festgestellt worden, dass den Betriebspartnern ein allgemeiner Unterlassungsanspruch zusteht, wenn der andere Betriebspartner im Rahmen der Mitbestimmung gegen seine betriebsverfassungsrechtlichen Pflichten verstößt.[737] Darüber hinaus ist zu klären, ob der allgemeine Unterlassungsanspruch im Wege der einstweiligen Verfügung durchgesetzt werden kann.

Nach der Vorschrift des § 85 II ArbGG ist der Erlass einstweiliger Verfügungen auch im Beschlussverfahren zulässig. Als *Verfügungsanspruch* kommt grundsätzlich jeder betriebsverfassungsrechtliche Anspruch in Betracht.[738] Insbesondere können nach einhelliger Auffassung auch Unterlassungs- und Beseitigungsansprüche der Betriebspartner im Wege des einstweiligen Verfügungsverfahrens geltend gemacht werden.[739] Auch wenn sich Rechtsprechung und Literatur zu dieser Frage im Wesentlichen auf Unterlassungsansprüche des Betriebsrats erstrecken, muss dies wegen der Identität der durch Koppelungsgeschäfte ausgelösten Störungen ohne weiteres auch für entsprechende Ansprüche des Arbeitgebers gelten.

---

737 S.o. S. 190 ff. (für Arbeitgeber) u. S. 190 (für Betriebsrat).

738 LAG Hamburg, DB 1983, S. 2369; Dütz, DB 1984, S. 115 (122); Grunsky, ArbGG, § 85 Rdnr. 14; Hauck/Helml, ArbGG, § 85 Rdnr. 10; Wenzel, DB 1972, S 1290.

739 BAG DB 1981, S. 321 (325); LAG Bremen, DB 1984, S. 1935, 1936; LAG Frankfurt a.M., LAGE zu § 23 BetrVG 1972, Nr. 12. S. 1-2; LAG Frankfurt, LAGE zu § 99 BetrVG 1972, Nr. 17, S. 10; LAG Hamburg, LAGE zu § 23 BetrVG 1972, Nr. 26 S. 12; LAG Köln, BB 1985, S. 1332, 1333; Denck, RdA 1982, S. 283; Dütz, ZfA 1972, S. 250; Dütz, DB 1984, S. 115 (122); Düwell, BetrVG, § 23 Rdnr. 73; Kania in: ErfK-BetrVG, Einl. Vor § 74 Rdnr. 29; Fitting, BetrVG, § 87 Rdnr. 610 (für den Betriebsrat); Galperin/Löwisch, BetrVG, § 87 Rdnr. 41 a; Oetker in: GK-BetrVG, § 23 Rdnr. 145; Heinze, DB 1983, S. 23; Konzen, Leistungspflichten, S. 96 ff.; Leisten, BB 1992, S. 271 u. 272.

Neben dem Verfügungsanspruch muss ein *Verfügungsgrund* vorliegen.[740] Es muss die objektive Gefahr bestehen, dass durch eine Veränderung des bestehenden Zustands die Verwirklichung des Anspruchs vereitelt oder wesentlich erschwert werden könnte.[741] Dieser ist regelmäßig anzunehmen, wenn die Ausübung der Mitbestimmung durch Koppelungsansinnen gefährdet wird.[742] Nimmt der Betriebspartner das Koppelungsangebot des anderen an, steht unmittelbar eine irreversible Situation bevor. Dementsprechend liegt im Falle von Koppelungsansinnen grundsätzlich ein Verfügungsgrund vor.

Es ließe sich allenfalls einwenden, ein entsprechender einstweilig geregelter Anspruch verfehle regelmäßig sein Ziel, da der jeweilige Betriebspartner dann zwar die Koppelung unterlasse, gleichwohl aber die Mitwirkung ohne Nennung der Gründe ablehne. Allerdings muss davon ausgegangen werden, dass den Betriebspartnern in der Praxis ihr betriebsverfassungswidriges Verhalten im Falle der Koppelung überwiegend nicht bewusst ist. Diese Annahme wird dadurch untermauert, dass die Problematik der Koppelungsgeschäfte in Rechtsprechung und Literatur Jahrzehnte wenig Beachtung gefunden hat. Koppelungsgeschäfte in ihrer üblichen Form sind auch per se nicht geeignet, ein natürliches Unrechtsbewusstsein zu begründen. Sie werden von den Betriebspartnern als eine Form des Verhandelns verstanden. Dieses mangelnde „Unrechtsbewusstsein" wird durch die Neigung der Arbeitsgerichte, die Parteien von verfahrensbeendenden Vergleichen jedenfalls nicht abzuhalten, verstärkt. Insoweit ist dargelegt worden, dass die höchstrichterliche Rechtsprechung die Gerichte nicht für berufen hält, Vergleiche der Parteien rechtlich zu prüfen. Überdies ist zu berücksichtigen, dass den Betriebspartnern der Wille zur Rechtstreue zugesprochen werden muss. Demzufolge muss davon ausgegangen werden, dass ein gerichtlicher Hinweis oder erst recht eine einstweilige Verfügung genügen, den betriebsverfassungswidrig handelnden Betriebspartner zu disziplinieren.

Insgesamt steht mithin einem einstweilig angeordneten Unterlassungsanspruch nichts entgegen.

---

740 Dütz, DB 1984, S. 115 (122); Grunsky, ArbGG, § 85 Rdnr. 16; Hauck/Helml, ArbGG, § 85 Rdnr. 11.

741 Matthes in: GMPM, ArbGG, § 85 Rdnr. 35; Grunsky, ArbGG, § 85 Rdnr. 16; Hauck/Helml, ArbGG, § 85 Rdnr. 11.

742 Dütz, DB 1984, S. 115 (122).

D. Allgemeiner Feststellungsantrag

Im Beschlussverfahren gibt es ebenso wie im Urteilsverfahren Begehren, die auf Leistung, Feststellung und Rechtsgestaltung gerichtet sind.[743] Demzufolge kommt grundsätzlich auch ein *allgemeiner Feststellungsantrag* als Abwehrmaßnahme gegen unzulässige Koppelungsgeschäfte in Betracht.[744]

Allerdings setzt der allgemeine Feststellungsantrag ein Feststellungsinteresse voraus.[745] Das Feststellungsinteresse ist unter anderem dann nicht gegeben, wenn bessere Rechtsschutzmöglichkeiten bestehen.[746] Dies ist regelmäßig der Fall, wenn eine Klage auf Leistung erhoben werden kann.[747] Die Leistungsklage kann in Abhängigkeit des materiell-rechtlichen Anspruchs neben einem Tun und Dulden auch auf ein Unterlassen gerichtet sein.[748]

Unzulässige Koppelungsgeschäfte können – wie festgestellt – mit dem allgemeinen Unterlassungsanspruch abgewehrt werden. Der Anspruch auf Unterlassung beginnt bereits mit dem rechtswidrigen Koppclungsansinnen und reicht bis zum Abschluss des Koppelungsgeschäftes i.e.S.. Das bedeutet, dass die unzulässige Koppelung grundsätzlich mit einer auf Unterlassung gerichteten Leistungsklage abgewehrt werden kann. Die Folge ist, dass eine direkte und damit effizientere Rechtsschutzmöglichkeit gegeben ist, mit der Koppelungsgeschäften prozessual begegnet werden kann. Der allgemeine Feststellungsantrag wird daher regelmäßig mangels Rechtsschutzbedürfnisses als Rechtsschutzmöglichkeit ausscheiden.

E. Einstweilige Regelungsverfügung

Das Interesse der Parteien kann naturgemäß darauf gerichtet sein, im Falle der Nichteinigung der Betriebspartner bis zum Abschluss des obligatorischen Einigungsstellenverfahrens eine einstweilige Regelung zu erhalten.[749] Dann, wenn etwa der Betriebsrat die Zustimmung zu einer mitbestimmungspflichtigen Angelegenheit von der Erfüllung einer Forderung abhängig macht, könnte der Arbeitgeber die einstweilige Regelung der mitbestimmungspflichtigen Angelegenheit zumindest so lange durchsetzen, bis eine Entscheidung der Einigungsstelle vor-

743 Fitting, BetrVG, Nach § 1 Rdnr. 15.
744 Vgl. auch Mundt, Über die Zulässigkeit von Koppelungsgeschäften, S. 112.
745 Greger in: Zöller-ZPO, § 256 Rdnr. 7.
746 Greger in: Zöller-ZPO, § 256 Rdnr. 7 a.
747 Greger in: Zöller-ZPO, § 256 Rdnr. 7 a.
748 Greger in: Zöller-ZPO, Vor § 253 Rdnr. 3.
749 Vgl. hierzu auch Mundt, S. 114 f.

liegt. Die Folge wäre, dass der Arbeitgeber auch ohne Zustimmung des Betriebsrates aufgrund einer gerichtlichen Regelung die Maßnahme vorläufig vollziehen könnte. Entsprechendes gilt für den Betriebsrat, wenn dieser aufgrund des ihm zustehenden Initiativrechts eine Regelung vom Arbeitgeber verlangt.

Die Zulässigkeit der einstweiligen Regelungsverfügung wird kontrovers beurteilt.[750] Im Einzelnen können die Begründungen, die für und gegen die Zulässigkeit einstweiliger Regelungsverfügungen vorgebracht werden, dahinstehen. Für den Untersuchungsgegenstand entscheidend ist, dass insbesondere auch in der Rechtsprechung die Zulässigkeit der Regelungsverfügungen keineswegs durchweg anerkannt ist. Die hierauf bezogene Ist-Situation ist für die Untersuchung der Zulässigkeit von Koppelungsgeschäften zur Beurteilung der Tauglichkeit von Abwehrmechanismen zugrunde zu legen, so dass eine Entscheidung zwischen den divergierenden Meinungen nicht zu treffen ist. In der Folge ist wegen der uneinheitlichen Rechtsprechung die Effizienz dieses Abwehrrechts zumindest sehr in Frage gestellt.

---

750 Gegen die Zulässigkeit einer einstw. Regelungsverfügung:
Arbeitsgericht Hamburg, NZA 1985, S. 404; Klebe in: D/K/K-BetrVG, § 87 Rdnr. 22; Fitting, BetrVG, § 87 Rdnr. 25; Galperin/Löwisch, BetrVG, § 87 Rdnr. 23; Matthes in: GMPM, ArbGG, § 85 Rdnr. 40; Grunsky, ArbGG, § 85 Rdnr. 14 a; Simitis/Weiss, DB 1973, S. 1244; Olderog, NZA 1985, 756;
Für die Zulässigkeit einer einstw. Regelungsverfügung:
LAG Frankfurt a.M. NJW 1979, S. 783; Bauer, ZfA 1997, S. 445 (493); Dütz, ZfA 1972, 247 (259 ff.); Hanau, BB 1972, S. 499 (501); Hanau, NZA 1993, S. 817 (819); (429 ff.); Konzen, FS für Zöllner, S. 828 (829); Löwisch, FS für Zöllner, S. 1009 (1016); Richardi in Richardi/Thüsing-BetrVG, § 87 Rdnr. 61; Stege/Weinspach/Schiefer, BetrVG,§ 87 Rdnr. 10.; Worzalla, Die Mitbestimmung des Betriebsrates in Eil- und Notfällen, S. 69 ff.

§ 7 Lösung der Beispielsfälle

A. Beispielsfall 1[751]

In Beispielsfall 1 hatte der Betriebsrat die Zustimmung zur Einführung von Kurzarbeit gem. § 87 I Nr. 3 BetrVG an die Verpflichtung des Arbeitgebers geknüpft, eine Kündigung zurückzunehmen. Der Betriebsrat hat demzufolge versucht, die notwendige Mitbestimmung zur Durchsetzung individualrechtlicher Maßnahmen zu nutzen.

Die an die Zustimmung zur Einführung von Kurzarbeit gekoppelte Forderung des Betriebsrates zur Zurücknahme einer Kündigung ist unzulässig. Die zustimmungspflichtige Angelegenheit steht nicht in einem notwendigen und unmittelbaren Zusammenhang zu der individualrechtlichen Maßnahmen.

Demzufolge kann der Arbeitgeber im Vorfeld insbesondere die Unterlassung der unzulässigen Koppelung, gegebenenfalls im Eilverfahren, durchsetzen.

Ein Verlust des Beteiligungsrechts des Betriebsrates ist mit der unzulässigen Koppelung nicht verbunden.

B. Beispielsfall 2[752]

Im Beispielsfall 2, in dem der Arbeitgeber vom Betriebsrat den Abschluss einer Betriebsvereinbarung über die Einführung von Überstunden begehrte, stellt der Betriebsrat die Zustimmung zur Einführung von Überstunden unter die Bedingung, dass die Arbeitnehmer sich hierzu freiwillig bereit erklären.

Anders als im Beispielsfall 1 stellt sich die Frage, ob zwischen der mitbestimmungspflichtigen Angelegenheit und der Bedingung des Betriebsrates ein unmittelbarer und notwendiger Zusammenhang besteht. Dies wäre dann der Fall, wenn die Anordnung der Überstunden notwendig und unmittelbar mit der Freiwilligkeitserklärung der Arbeitnehmer verbunden wäre. Dann wäre die Koppelung ausnahmsweise zulässig.

Ein notwendiger Sachzusammenhang ist allerdings abzulehnen, da die Anordnung der Überstunden regelmäßig auch unabhängig von der geforderten Freiwilligkeitserklärung möglich ist.

Infolgedessen ist die Koppelung unzulässig. Dem Arbeitgeber steht ein entsprechender Unterlassungsanspruch zu.

---

751 S.o. S. 88 f.

752 S.o. S. 89.

C. Beispielsfall 3[753]

Der Arbeitgeber hatte gegen Erteilung der Zustimmung zur Kurzarbeit die Zurücknahme einer Kündigung angeboten. Es handelt sich um eine unzulässige Koppelung. Der potentielle Druck, der von einer Koppelung des Arbeitgebers ausgehen kann, wird deutlich.

Nach Abschluss des Koppelungsgeschäftes beurteilt sich die Wirksamkeit der dem Geschäft immanenten Vereinbarungen nach den an das „Paketangebot" des Arbeitgebers geknüpften Folgen. Das Grundgeschäft ist die Vereinbarung der Betriebspartner zur Einführung von Kurzarbeit. Hieran angekoppelt wird das Angebot des Arbeitgebers über die Kündigungsrücknahme. Diese Koppelung hat auf das Grundgeschäft keine Auswirkung. Zwar wurde der Betriebsrat über das Angebot der Kündigungsrücknahme gelockt; jedoch steht nicht mit hinreichender Sicherheit fest, dass der Betriebsrat die Zustimmung zur Kurzarbeit verweigert hätte, wenn das „Lockangebot" des Arbeitgebers nicht unterbreitet worden wäre.

D. Beispielsfall 4[754]

Im Beispielsfall 4 begehrte der Arbeitgeber für die Einführung einer neuen Telefonanlage in einem Call-Center die Zustimmung des Betriebsrates. Der Betriebsrat wollte sich mit dem Arbeitgeber über diese Angelegenheit nur für den Fall einigen, dass die technischen Aufzeichnungen nicht zum Nachteil der Arbeitnehmer gebraucht werden dürfen. Mit entsprechendem Inhalt ist eine Betriebsvereinbarung abgeschlossen worden.

Das Koppelungsansinnen ist zulässig. Sowohl die Einführung der Telefonanlage als auch das Begehren des Betriebsrates nach einer Folgeregelung unterliegen gleichermaßen dem Mitbestimmungstatbestand des § 87 I Nr. 6 BetrVG. Damit ist es den Betriebsparteien unbenommen, innerhalb einer *einheitlichen* Mitbestimmungsangelegenheit Bedingungen zu stellen.

In Anbetracht dessen kommt es auch nicht zu einer Aufteilung in Grund- und Koppelungsgeschäft. Es handelt sich vielmehr um eine einheitliche Regelung über Gegenstände, die dieselbe Mitbestimmungsangelegenheit betreffen.

---

753 S.o. S. 89.
754 S.o. S. 89.

E. Beispielsfall 5[755]

Hier begehrte der Betriebsrat eines Unternehmens der Automobilindustrie die Vereinbarung einer Pausenregelung. Der Arbeitgeber wollte eine entsprechende Regelung mit dem Betriebsrat nur dann treffen, wenn dieser der Anordnung von Kurzarbeit in einem anderen Fachbereich zustimmen würde.

Das Grundgeschäft besteht in der Regelung der Betriebspartner über das Begehren des Betriebsrates nach einer Pausenregelung. Dieses Grundgeschäft ist wirksam.

Unwirksam dagegen ist das Koppelungsgeschäft über die Zustimmung zur Kurzarbeit. Zwar handelt es sich sowohl im Zusammenhang mit der Pausenregelung als auch im Zusammenhang mit der Zustimmung zur Kurzarbeit um Angelegenheiten des Mitbestimmungskataloges. Die Pausenregelung unterliegt der Mitbestimmung nach § 87 I Nr. 2, die Regelung über der Kurzarbeit unterliegt der Mitbestimmung nach § 87 I Nr. 3 BetrVG.

Die Unwirksamkeit des Koppelungsgeschäftes folgt aber daraus, dass die betreffenden Regelungsgegenstände weder einem einheitlichen Mitbestimmungstatbestand angehören, noch in einem notwendigen und unmittelbaren Sachzusammenhang zueinander stehen. Damit ist die Verknüpfung des einen Gegenstandes mit dem anderen durch den Arbeitgeber unwirksam.

755 S.o. S. 90.

§ 8 Zusammenfassung

A. Koppelungsgeschäft

Als Ergebnis der Untersuchung ist festzuhalten, dass Koppelungsgeschäfte *grundsätzlich unzulässig* sind. Dies hat die teleologische Auslegung der Vorschrift des § 87 I BetrVG ergeben. Zwar waren angesichts der Betriebsautonomie als allgemeinem Rechtsprinzip Koppelungsgeschäfte zuzulassen. Jedoch konnte die Betriebsautonomie das Recht zum Abschluss von Koppelungsgeschäften nicht schrankenlos gewähren. Die Zulässigkeit von Koppelungsgeschäften war zu messen an dem Grundsatz der vertrauensvollen Zusammenarbeit nach § 2 I BetrVG. Mit diesem Grundsatz erwiesen sie sich als grundsätzlich unvereinbar. Lediglich dort, wo eine getrennte Regelung der einen ohne die andere Angelegenheit sachlich nicht möglich ist, ließ der Grundsatz der vertrauensvollen Zusammenarbeit zugunsten von Koppelungsgeschäften eine Einschränkung zu. In diesen Fällen wurde der Grundsatz der vertrauensvollen Zusammenarbeit faktisch durch die Notwendigkeit einer gemeinsamen Regelung überlagert.

B. Annexbedingungen

Im Hinblick auf Annexbedingungen hat die Untersuchung ergeben, dass diese nicht dem Mitbestimmungstatbestand angehören. Zwar lagen die Voraussetzungen der gesetzesübergreifenden Rechtsfortbildung vor; ihre Rechtfertigung folgte sowohl aus der Kompetenzzuweisung „kraft Sachzusammenhang" als auch durch die „Annexkompetenz". Jedoch konnte ihre Erforderlichkeit als notwendiges Merkmal der gesetzesübersteigenden Rechtsfortbildung nicht nachgewiesen werden. Im Ergebnis ist sie deshalb nicht legitimiert.

Beabsichtigen die Betriebspartner, Regelungen über Annexbedingungen zu treffen, stehen ihnen insoweit nur eingeschränkt Möglichkeiten zur Verfügung.

Offen geblieben war, ob der Betriebsrat von einem Zustimmungsverweigerungsrecht Gebrauch machen konnte. Die Zustimmungsverweigerung stellt de facto ein Koppelungsgeschäft dar. Der Betriebsrat macht nämlich seine Zustimmung von einer Handlung des Arbeitgebers abhängig. Es war deshalb zunächst die Zulässigkeit der Koppelungsgeschäfte zu prüfen.

Danach gilt auch für die Fälle der Zustimmungsverweigerung, dass sich ihre als Koppelungsgeschäft darstellende Ausübung grundsätzlich unzulässig ist. Eine Ausnahme besteht dort, wo zwischen den zu verbindenden Angelegenheiten ein unmittelbarer und notwendiger Zusammenhang besteht. In diesen Fällen kann ausnahmsweise eine Koppelung erfolgen. Nur unter diesen Bedingungen besteht ausnahmsweise die Berechtigung zur Zustimmungsverweigerung.

Literaturverzeichnis

Adomeit, Klaus; Rechtsquellenfragen im Arbeitsrecht, München 1969
(zit.: Adomeit), „Titel")

Alexy, Robert; Begriff und Geltung des Rechts, Freiburg 2002
(zit.: Alexy, „Titel")

Anschütz, Gerhard; Die Reichsaufsicht, in: HbDStR 1, S. 363, 367
(zit.: Anschütz, „Titel")

Barkey-Heine, Annette; Inhaltliche Kontrollmaßstäbe für die gerichtliche Überprüfung der betriebsverfassungsrechtlichen Einigungsstelle, Diss., Münster 1993
(zit.: Barkey-Heine, „Titel")

Bastian, Hermann; Der Richter als Gesetzgeber, Diss., Mainz 1955
(zit.: Bastian, „Titel")

Bauer, Hansjörg; Verfahrens- und materiell-rechtliche Probleme des allgemeinen Unterlassungsanspruchs des Betriebsrates bei betriebsverfassungswidrigen Maßnahmen des Arbeitgebers, in: ZfA 1997, S. 445 ff.
(zit.: Bauer, ZfA 1997)

Beck, Thomas; Rationalisierungsschutz und Grenzen der Tarifmacht, II. Teil, in: Arbeit und Recht 1981, S. 367 ff.
(zit.: Beck, AuR 1981)

Belling, Detlev W.; Das Günstigkeitsprinzip im Arbeitsrecht, Diss., Münster 1983
(zit.: Belling, „Titel")

Ders.; Das Günstigkeitsprinzip im Betriebsverfassungsrecht, Zugleich eine Anmerkung zum Urteil des Bundesarbeitsgerichts vom 12.08.1982 – 6 AZR 1117/79 – in: DB 1982, S. 2513 ff.
(zit.: Belling, DB 1982)

Ders.; Die Haftung des Betriebsrates und seiner Mitglieder für Pflichtverletzungen, Habil., Tübingen 1990
(zit.: Belling, Die Haftung des Betriebsrates)

Bengelsdorf, Peter; Rechtliche Möglichkeiten zur Beschleunigung des erzwingbaren Einigungsstellenverfahrens, in: BB 1991 S. 613 ff.
(zit.: Bengelsdorf, BB 1991)

Beuthien, Volker; Tarifverträge betriebsverfassungsrechtlichen Inhalts, in: Zeitschrift für Arbeitsrecht 1986, S. 131 ff.
(zit.: Beuthien, ZfA 1986)

Biermann, Johannes; Die Gründe der Zweifelhaftigkeit rechtlicher Ergebnisse, Gießen 1911
(zit.: Biermann, „Titel“)
Blomeyer, Wolfgang; Anmerkung zum Beschluss des LAG Düsseldorf vom 27.02.1975, in: LAG Düsseldorf EzA zu BetrVG 1972, Lohn- u. Arbeitsentgelt Nr. 1, S. 1 ff.
(zit.: Blomeyer, EZA zu BetrVG 1972, Lohn- u. Arbeitsentgelt Nr. 1)
Bobke, Manfred; Aktuelles Thema: BAG verneint Unterlassungsanspruch des Betriebsrats, wenn der Arbeitgeber gegen Mitbestimmungsrechte verstößt, in: AiB 1983, S: 84 ff.
(zit.: Bobke, AiB 1983)
Bovensiepen; Analogie und per argumentum e contrario, in: Stier-Somlo, Handwörterbuch der Rechtswissenschaft, S. 133 ff., Berlin und Leipzig 1926
(zit.: Bovensiepen, „Titel“)
Brandl, Daniela; Koppelungsgeschäfte in der Rechtsordnung unter besonderer Berücksichtigung des Betriebsverfassungsrechts, Diss., Mannheim 1999
(zit.: Brandl, Koppelungsgeschäfte)
Brecht, Hans-Theo; Kommentar zum BetrVG nebst WO, Herne 1972
(zit.: Brecht)
Brossette, Josef; Der Zweck als Grenze der Mitbestimmungsrechte des Betriebsrates – Ein Beitrag zur Reichweite der Mitbestimmung bei Überstunden und Kurzarbeit –, in: ZfA 1992, S. 379 ff.
(zit.: Brossette, ZfA 1992)
Brox, Hans / Rüthers, Bernd; Arbeitskampfrecht: Ein Handbuch für die Praxis, 2. Aufl., Stuttgart 1982
(zit.: Brox/Rüthers, Arbeitskampfrecht)
Brune, Ulrike; Betriebsvereinbarung, in: AR-Blattei SD 520 ff.
(zit.: Brune, AR-Blattei)
Buchner, Herbert; Kooperation als Leitmaxime des Betriebsverfassungsrechtes, in: DB 1974, S. 530 ff.
(zit.: Buchner, DB 1974)
Ders. ; Rechtswirksamkeit der tarifvertraglichen Regelung über die Flexibilisierung der Arbeitszeit in der Metallindustrie, in: DB 1985, S. 913-923
(zit.: Buchner, DB 1985)
Ders.; Die Umsetzung der Tarifverträge im Betrieb, in: RdA 1990, S. 1-18
(zit.: Buchner, RdA 1990)
Bulla, Gustav-Adolf; „Vertrauensvolle Zusammenarbeit“ von Arbeitgeber und Betriebsrat als Generalklausel des Betriebsverfassungsrechts, in: RdA 1965, S. 121 ff.
(zit.: Bulla, RdA 1965)

Bullinger, Martin; Ungeschriebene Kompetenzen im Bundesstaat, in: AöR 96 (1971), S. 237 ff.
(zit.: Bullinger, AöR 96)

Bunge, Thomas; Tarifinhalt und Arbeitskampf: Zum Problem „freiwilliger“ nicht kampfweise erzwingbarer Tarifnormen, Schriften zum Wirtschafts- und Arbeitsrecht, Diss., Berlin 1980
(zit.: Bunge, Tarifinhalt u. Arbeitskampf)

Burkert, Thomas; Die Zulässigkeit von Koppelungsgeschäften aus wettbewerbsrechtlicher Sicht, 1. Aufl., Baden-Baden 1992
(zit.: Burkert, „Titel“)

Bydlinski, Franz; Juristische Methodenlehre und Rechtsbegriff, 2. Aufl., Wien – New York 1991
(zit. Bydlinski, „Titel“)

Ders.; Grundzüge der juristischen Methodenlehre, Wien 2005.
(zit.: Bydlinski „Titel“)

Ders.; Hauptpositionen zum Richterrecht, in: JZ 1985, S. 149-155
(zit.: Bydlinski, JZ 1985)

Canaris, Claus-Wilhelm; Die Feststellung von Lücken im Gesetz, Diss., 2. Aufl., Berlin 1983
(zit.: Canaris, „Titel“)

Chanos, Antonis; Begriff und Geltungsgrundlagen der Rechtsanalogie im heutigen juristischen Methodenstreit, Köln – Weimar – Wien, 1994
(zit.: Chanos, „Titel“)

Coen, Martin; Grundrechtsverwirklichung durch Verfahren vor den Arbeitsgerichten, in: DB 1984, S. 2459 ff.
(zit.: Coen, DB 1984)

Däubler, Wolfgang; Das Arbeitsrecht 1, 16. Aufl., Hamburg 2006
(zit.: Däubler, „Titel“)

Ders.; Das Grundrecht der Mitbestimmung und seine Realisierung durch tarifvertragliche Begründung von Beteiligungsrechten, Schriftenreihe Theorie und Praxis der Gewerkschaften, 3. Aufl., Frankfurt a.M. 1975
(zit.: Däubler, Das Grundrecht der Mitbestimmung)

Däubler, Wolfgang / Bieback, Karl-Jürgen; Arbeitskampfrecht, Baden-Baden 1987
(zit.: Däubler/Bieback, „Titel“)

Däubler, Wolfgang / Kittner, Michael / Klebe, Thomas (Hrsg.); Betriebsverfassungsgesetz, 12. Aufl., Frankfurt a.M. 2010
(zit.: „Bearb.“ in: D/K/K-BetrVG)

Denck, Johannes; Bildschirmarbeitsplätze und Mitbestimmung des Betriebsrates, in: RdA 1982, S. 279 ff.
(zit.: Denck, RdA 1982)

Derleder, Peter; Betriebliche Mitbestimmung ohne vorbeugenden Rechtsschutz? in: ArbuR 1983, S. 289 ff.
(zit.: Derleder, ArbuR 1983)

Ders.; Einstweiliger Rechtsschutz und Selbsthilfe im Betriebsverfassungsrecht, in: ArbuR 1985, S. 65 ff.
(zit.: Derleder, AuR 1985)

Dietz, Rolf; § 49 BetrVG und seine Bedeutung für die Zusammenarbeit im Betrieb – vor allem in bezug auf die Beteiligungsrechte, in: RdA 1969, S. 1 ff.
(zit.: Dietz, RdA 1969)

Dobberahn, Peter; Unterlassungsanspruch des Betriebsrats, in: NJW 1995, S. 1333 ff.
(zit.: Dobberahn, NJW 1995)

Dreher, Eduard; Zwanzig Thesen zum Thema ziviler Ungehorsam und Sitzblockaden, in: MDR 1988, S. 19 ff.
(zit.: Dreher, MDR 88)

Dreier, Horst (Hrsg.); Grundgesetz-Kommentar, Band II, Art. 20-82, 2. Aufl., Tübingen 2006
(zit.: „Bearb.“ in: H. Dreier, GG-Kommentar)

Dütz, Wilhelm; Einstweiliger Rechts- und Interessenschutz in der Betriebsverfassung, in: ZfA 1972, S. 247 ff.
(zit.: Dütz, ZfA 1972)

Ders.; Erzwingbare Verpflichtungen des Arbeitgebers gegenüber dem Betriebsrat, in: DB 1984, S. 115
(zit.: Dütz, DB 1984)

Düwell, Franz Josef; Handkommentar zum Betriebsverfassungsrecht, 3. Aufl., Baden-Baden 2010
(zit.: Düwell, BetrVG)

Eich, Rolf-Achim; Rechtsmißbräuchliche Nutzung von Mitbestimmungsrechten durch den Betriebsrat (Koppelungsgeschäfte, in: ZfA 1988, S. 93-98)
(zit.: Eich, ZfA 1988)

Engisch, Karl; Einführung in das juristische Denken, 11. Aufl., Stuttgart 2010
(zit.: Engisch, „Titel“)

Erfurter Kommentar zum Arbeitsrecht; Kommentar zum Arbeitsrecht, 10. Aufl., München 2010
(zit.: „Bearb.“ in: ErfK-BetrVG)

Erman Bürgerliches Gesetzbuch; Westermann, Harm Peter (Hrsg.): Handkommentar zum Bürgerlichen Gesetzbuch, Band I, §§ 1-758, 12. Aufl., Köln 2008
(zit.: „Bearb.“ in: Erman)

Etzel, Gerhard; Betriebsverfassungsrecht, Eine systematische Darstellung, 6. Aufl. Neuwied 1998
(zit.: Etzel, BetrVG)

Fabricius, Fritz / Kraft, Alfons / Thiele, Wolfgang / Wiese, Günter / Kreutz, Peter / Oetker, Hartmut / Raab, Thomas / Weber, Christoph / Franzen, Martin; Gemeinschaftskommentar Betriebsverfassungsgesetz, Band 1, §§ 1-73 b mit Wahlordnungen, 9. Aufl. 2010
(zit.: „Bearb.“ in: GK-BetrVG)

Dies.; Gemeinschaftskommentar Betriebsverfassungsgesetz, Band 2, §§ 74-132 mit Wahlordnungen, 9. Aufl. 2010
(zit.: „Bearb.“ in: GK-BetrVG)

Fiebig, Andreas; Der Ermessensspielraum der Einigungsstelle, Diss., Göttingen 1990-1991
(zit.: Fiebig, „Titel“)

Fikentscher, Wolfgang; Methoden des Rechts in vergleichender Darstellung, Band IV, Dogmatischer Teil, Tübingen 1977
(zit.: Fikentscher, „Titel“)

Fischer, Thomas; Kommentar zum Strafgesetzbuch, 57. Aufl., München 2010
(zit.: Fischer, StGB)

Fitting, Karl / Engels, Gerd / Schmidt, Ingrid / Trebinger, Yvonne / Linsenmaier, Wolfgang; Betriebsverfassungsgesetz, 25. Aufl., München 2010
(zit.: Fitting, BetrVG)

Flume, Werner; Allgemeiner Teil des Bürgerlichen Rechts, Bd. 2, 4. Aufl., Berlin 1992
(zit.: Flume, „Titel“)

Frauenkron, Karl-Peter; Betriebsverfassungsrecht, Grundriss für Studium und Praxis, Bonn 1980
(zit.: Frauenkron, Betriebsverfassungsrecht)

Franzen, Martin; Standortverlagerung und Arbeitskampf, in: ZfA 2005, S. 315-351
(zit.: Franzen, ZfA 2005)

Galperin, Hans; Die Stellung der Leitenden Angestellten in der Rechtsordnung, in: RdA 1977, S. 143-152
(zit.: Galperin, RdA 1977)

Galperin, Hans / Löwisch, Manfred; Kommentar zum Betriebsverfassungsrecht, Band II: Regelung der Mitbestimmung, 6. Aufl., Heidelberg 1982
(zit.: Galperin/Löwisch, BetrVG)

Gamillscheg, Franz; Kollektives Arbeitsrecht, Bd. II, Betriebsverfassung, München 2008
(zit.: Gamillscheg, Arbeitsrecht Bd. II)

Gast, Wolfgang; Arbeitsvertrag und Direktion, zweiseitige Leistungsbestimmung im Arbeitsverhältnis, Schriften zum Sozial- und Arbeitsrecht, Berlin 1978
(zit.: Gast, Arbeitsvertrag und Direktion)

Gentz, Manfred; Schutz gegen den Missbrauch (?) von Mitbestimmungsrechten, in: NZA 2004, S. 1011 ff.
(zit.: Gentz, NZA 2004)

Germelmann, Claas Hinrich / Matthes, Hans-Christoph / Müller-Glöge, Rudi / Prütting, Hanns; Kommentar zum Arbeitsgerichtsgesetz, 7. Aufl., München 2009
(zit.: „Bearb." in: G/MPM)

Gester, Heinz / Isenhardt, Udo; Das Initiativrecht des Betriebsrats zur Regelung materieller Lohnbedingungen, in: RdA 1974, S. 80 ff.
(zit.: Gester/Isenhardt, RdA 1974)

Gnade, Albert / Kehrmann, Karl / Schneider, Wolfgang / Klebe, Thomas / Ratayczak, Jürgen; Betriebsverfassungsgesetz, Kommentar für die Praxis, 10. Aufl., Frankfurt a.M. 2002
(zit.: Gnade/Kehrmann/Schneider/Klebe/Ratayczak, BetrVG)

Gola, Peter; Übernahme der Gebühren eines Gehaltskontos durch den Arbeitgeber, in: BB 1975, S. 46 ff.
(zit.: Gola, BB 1975)

Gross, Roland / Thon, Horst / Ahmad, Natascha / Woitaschek, Frank; Kommentar zum Betriebsverfassungsgesetz, 2. Aufl., Leipzig – Frankfurt – Offenbach a.M. 2008
(zit.: Gross/Thon/Ahmad/Woitaschek, BetrVG)

Grunsky, Wolfgang; Kommentar zum Arbeitsgerichtsgesetz, 7. Aufl., München 1995
(zit.: Grunsky, ArbGG)

Halberstadt, Gerhard; Das Zusammenwirken zwischen Arbeitgeber und Betriebsrat, in: BUV 1971, S. 73 ff.
(zit.: Halberstadt, BUV 1971)

Hanau, Peter; Allgemeine Grundsätze der betrieblichen Mitbestimmung, in: RdA 1973, S. 281 ff.
(zit.: Hanau, RdA 1973)

Ders.; Die Entwicklung der Betriebsverfassung, in: NZA 1993, S. 817 ff.
(zit.: Hanau, NZA 1993)

Ders.; Praktische Fragen der Mitbestimmung in sozialen Angelegenheiten, in: BB 1972, S. 499 ff.
(zit.: Hanau, BB 1972)

Ders.; Probleme der Ausübung des Mitbestimmungsrechts des Betriebsrats, Veröffentlichungen der Arbeitsgemeinschaft Arbeitsrecht im DAV, in: NZA 1985, Beil. Nr. 2, S. 3 ff.
(zit.: Hanau, NZA 1985)

Hanau, Peter / Adomeit, Klaus; Arbeitsrecht, 14. Aufl., Neuwied 2007
(zit.: Hanau/Adomeit, Arbeitsrecht)

Hanau, Peter / Reitze, Serge; Annexregelungen und Koppelungsgeschäfte bei der Mitbestimmung in sozialen Angelegenheiten, in: Festschrift für Wiese zum 70. Geburtstag, S. 149-159, Neuwied 1998
(zit.: Hanau/Reitze, FS für Wiese)

Harte-Bavendemann, Henning / Henning-Bodewig, Frauke; Kommentar zum Gesetz gegen den unlauteren Wettbewerb, 2. Aufl., München 2009
(zit.: „Bearb." in: Harte/Henning, UWG)

Hauck, Friedrich / Helml, Ewald; Kommentar zum Arbeitsgerichtsgesetz, 3. Aufl., München 2006
(zit.: Hauck/Helml, ArbGG)

Heinze, Meinhard; Die betriebsverfassungsrechtlichen Ansprüche des Betriebsrates gegenüber dem Arbeitgeber. In: DB 1983, Beilage Nr. 9, S. 1 ff.
(zit.: Heinze, DB 1983)

Hennige, Susanne; Das Verfahrensrecht der Einigungsstelle, Diss., Köln 1995
(zit.: Hennige, „Titel")

Hess, Harald / Schlochauer, Ursula / Worzalla, Michael / Glock, Dirk / Nicolai, Andrea; Kommentar zum Betriebsverfassungsgesetz, 7. Aufl., München 2008
(zit.: „Bearb." in: H/S/W/G/N-BetrVG)

v.Hoyningen-Huene, Gerrick; Lehrbuch zum Betriebsverfassungsrecht, 6. Aufl., München 2007
(zit.: v. Hoyningen-Huene, BetrVG)

Ders.; Das „Betriebsverhältnis" als Grundbeziehung im Betriebsverfassungsrecht, in: FS für Wiese zum 70. Geburtstag, Neuwied 1998
(zit.: v. Hoyningen-Huene, FS für Wiese)

Ders.; Die fehlerhafte Beteiligung des Betriebsrats in sozialen Angelegenheiten – Rechtsfolgen und Handlungsmöglichkeiten des Betriebsrats, in: DB 1987, S. 1426 ff.
(zit. v. Hoyningen-Huene, DB 1987)

Ders.; Mit dem Betriebsrat in die 90er Jahre, in: NZA 1991, S. 7-11
(zit.: v. Hoyningen-Huene, NZA 1991)

Ders.; Das Betriebsverhältnis, in: NZA 1989, S, 121.125
(zit.: v. Hoyningen-Huene, NZA 1989)

Hromadka, Wolfgang; Zukunft des Arbeitsrechts, in: NZA 1998, S. 1 ff.
(zit.: Hromadka, NZA 1998)

Hromadka,Wolfgang / Maschmann, Frank; Arbeitsrecht Bd. 2, Kollektivarbeitsrecht und Arbeitsstreitigkeiten, 5. Aufl., Berlin, Heidelberg 2010
(zit.: Hromadka/Maschmann, BetrVG)

Huber, Emil; Grenzen der erzwingbaren Mitbestimmung des Betriebsrats bei sog. Annexregelungen in sozialen Angelegenheiten, in: DB 1980, S. 1643 ff.
(zit.: Huber, DB 1980)

Hueck, Alfred / Nipperdey, Hans Carl; Lehrbuch des Arbeitsrechts, Zweiter Band, Kollektives Arbeitsrecht, Zweiter Halbband, Berlin und Frankfurt 1970
(zit.: Hueck/Nipperdey, II/2, Lehrbuch des Arbeitsrechts)

Hümmerich, Klaus; Rechte des Betriebsrates bei der Erfassung von Bewerber-Daten, in: RdA 1979, S. 143 ff.
(zit.: Hümmerich, RdA 1979)

Ipsen, Jörn; Richterrecht und Verfassung, Schriften zur Rechtstheorie, Heft 40, Göttingen 1975
(zit.: Ipsen, „Titel")

Isay, Hermann; Rechtsnorm und Entscheidung, Berlin 1929
(zit.: Isay, „Titel")

Kalb, Heinz-Jürgen; Arbeitskampfrecht: Eine systematische Darstellung und Dokumentation der wichtigsten arbeitskampfrechtlichen Entscheidungen in Leitsätzen, Neuwied 1986
(zit.: Kalb, Arbeitskampfrecht)

Kappes, Karl-Heinz; Mitbestimmung als Waffe? Zulässigkeit von Koppelungsgeschäften im Zusammenhang mit § 87 I BetrVG, in: DB 1997, S. 277 ff.
(zit.: Kappes, DB 1997)

Klein, Hans Hugo; Verwaltungskompetenz von Bund und Ländern in der Rechtsprechung des Bundesverfassungsgerichts, Festschrift für das Bundesverfassungsgericht, II, 1976, S. 277 ff.
(zit.: Klein, FS für das Bundesverfassungsgericht)

Köhler, Helmut / Bornkamm, Joachim; Gesetz gegen den unlauteren Wettbewerb, 28. Aufl., München 2010
(zit.: Köhler/Bornkamm, Wettbewerbsrecht)

Konzen, Horst; Der Missbrauch betrieblicher Beteiligungsrechte, in: Festschrift für Wolfgang Zöllner zum 70. Geburtstag, Berlin 1999, S. 799-829
(zit.: Konzen, FS für Zöllner)

Ders.; Betriebsverfassungsrechtliche Leistungspflichten des Arbeitgebers, System der Handlungs-, Duldungs- und Unterlassungsansprüche im BetrVG, Köln 1984
(zit.: Konzen, Leistungspflichten)

Kopp, Ferdinand / Ramsauer, Ulrich; Verwaltungsverfahrensgesetz, 11. Aufl., München 2010.

Kottke, Joachim; System des subordinationsrechtlichen Verwaltungsvertrages, Diss., Hamburg 1966
(zit.: Kottke, „Titel“)

Kreutz, Peter; Grenzen der Betriebsautonomie, Schriften des Instituts für Arbeits- und Wirtschaftsrecht zu Köln; zugl.: Habil.-Schrift Mainz 1978
(zit.: Kreutz, „Titel“)

Ders.; Grundsätze der Zusammenarbeit zwischen Arbeitgeber und Betriebsrat nach dem neuen Betriebsverfassungsgesetz, in: BlStSozArbR 1972, S. 44 ff.
(zit.: Kreutz, BlStSozArbR 1972)

Lackner, Karl / Kühl, Kristian; Kommentar zum Strafgesetzbuch, 27. Aufl., München 2010
(zit.: Lackner/Kühl, „Titel“)

Langhein, Heinrich; Das Prinzip der Analogie als juristische Methode, Hamburger Rechtsstudien Heft 82, Hamburg 1991
(zit.: Langhein, „Titel“)

Larenz, Karl; Methodenlehre der Rechtswissenschaft, 6. Aufl., Berlin – Heidelberg – New York – Barcelona – Budapest – Hong Kong – London – Mailand – Paris – Tokyo 1991
(zit.: Larenz, Methodenlehre)

Larenz, Karl / Canaris, Claus-Wilhelm; Methodenlehre der Rechtswissenschaft, 3. Aufl., Berlin – Heidelberg – New York – Barcelona – Budapest – Hong Kong – London – Mailand – Paris – Tokyo 1995
(zit.: Larenz/Canaris, "Titel")

Larenz, Karl / Wolf, Manfred; Allgemeiner Teil des Bürgerlichen Rechts, 9. Aufl., München 2004
(zit.: Larenz/Wolf, „Titel")

Leibholz, Gerhard / Rinck, Hans-Justus / Hesselberger, Dieter / Burghart, Axel; Kommentar zum Grundgesetz, Bd. II, Art. 12-69, 53. Lfg. Köln 2010
(zit.: Leibholz/Rinck)

Leisten, Leonhard; Einstweilige Verfügung zur Sicherung von Mitbestimmungsrechten des Betriebsrats beim Einsatz von Fremdfirmen, in: BB 1992, S. 266 ff.
(zit.: Leisten, BB 1992)

Lieb, Manfred / Jacobs, Matthias; Arbeitsrecht, 9. Aufl., Heidelberg 2006
(zit.: Lieb, „Titel")

Looschneiders, Dirk / Roth, Wolfgang; Juristische Methodik im Prozeß der Rechtsanwendung, Diss., Mannheim 1996
(zit.: Looschneiders/Roth, „Titel")

Löwisch, Manfred; Das Arbeitsrechtliche Beschäftigungsförderungsgesetz, in: FS für Zöllner, Köln 1998.
(zit.: Löwisch, FS für Zöllner)

Löwisch, Manfred / Kaiser, Dagmar; Kommentar zum Betriebsverfassungsgesetz, 6. Aufl., Frankfurt a. M. 2010
(zit.: Löwisch/Kaiser, BetrVG)

von **M**angoldt, Hermann / Klein, Friedrich / Starck, Christian; Bonner Grundgesetz, Kommentar, Bd. 2, Art. 20-82, 6. Aufl. München 2010
(zit.: „Bearb." in: v. Mangoldt/Klein/Starck, GG-Komm.)

Mansfeld, Werner; Betriebsrätegesetz, 3. Aufl., Mannheim – Berlin – Leipzig 1930
(zit.: Mansfeld, Betriebsrätegesetz)

Maunz, Theodor / Dürig, Günter / Herzog, Roman / Scholz, Rupert; Kommentar zum Grundgesetz, Bd. IV, Art. 23-53 a, Lieferungen 1-60, München 2010
(zit.: „Bearb." in: Maunz/Dürig, GG-Komm.)

Ders.; Kommentar zum Grundgesetz, Bd. V, Art. 54-85, Lieferungen 1-60, München 2010
(zit.: „Bearb." in: Maunz/Dürig, GG-Komm.)

Meier-Krenz, Ulrich; Die Erweiterung von Beteiligungsrechten des Betriebsrates durch Tarifvertrag, Diss., Frankfurt a.M. 1988
(zit.: Meier-Krenz, Die Erweiterung von Beteiligungsrechten)

Mengel, Horst; Die betriebliche soziale Mitbestimmung und ihre Grenzen, in: DB 1982, S. 43 ff.
(zit.: Mengel, DB 1982)

Menger, Christian-Friedrich; Zum Koppelungsverbot bei öffentlich-rechtlichen Verträgen, in: VerwArch 64, S. 203-208
(zit.: Menger, VerwArch 64)

Menger, Christian-Friedrich / Erichsen, Hans-Uwe; Höchstrichterliche Rechtsprechung zum Verwaltungsrecht, in: VerwArch 58, S. 171-186
(zit.: Menger/Erichsen, VerwArch 58)

Müller, Friedrich; Richterrechtliche Rechtsfortbildung, Festschrift 600 Jahre Universität Heidelberg, 1986
(zit.: Müller, FS 600 Jahre Uni Heidelberg)

Müller, Friedrich / Christensen, Ralph; Juristische Methodik, Band I, Grundlagen Öffentlichen Rechts, 10. Aufl., Berlin 2009
(zit.: Müller, „Titel")

von Münch, Ingo / Kunig, Philip (Hrsg.); Grundgesetz-Kommentar, Band 2, Art. 20-69, 5. Aufl., München 2001
(zit.: „Bearb." in: v. Münch/Kunig (Hrsg.), GG-Komm.)

Ders.; Grundgesetz-Kommentar, Band 3, Artikel 70 – Artikel 146 und Gesamtregister, 5. Aufl., München 2003
(zit.: v. Münch/Kunig (Hrsg.), GG-Komm.)

Münchener Handbuch / Arbeitsrecht; Arbeitsrecht, Band 2, Kollektivarbeitsrecht/Sonderformen, 3. Aufl. München 2009
(zit.: „Bearb." in: MünchArbR, Bd. 2)

Münchener Kommentar; Kommentar zum Bürgerlichen Gesetzbuch, Band 1, Allgemeiner Teil, 1. Halbband §§ 1-240, 5. Aufl. München 2006
(zit.: „Bearb." in: Münch.-Komm.-BGB)

Ders.; Kommentar zum Bürgerlichen Gesetzbuch, Band 2, Schuldrecht Allgemeiner Teil, §§ 241-432, 5. Aufl. München 2007
(zit.: „Bearb." in: Münch.-Komm.-BGB)

Ders.; Kommentar zum Bürgerlichen Gesetzbuch, Band 4, Schuldrecht Besonderer Teil II, §§ 611-704, 5. Aufl. München 2009
(zit.: „Bearb." In: Münch.-Komm.-BGB)

Mundt, Stefan; Über die Zulässigkeit von Koppelungsgeschäften im Zusammenhang mit den Mitbestimmungstatbeständen in sozialen Angelegenheiten des § 87 Abs. 1 Betriebsverfassungsgesetz, Diss., Kiel 2002
(zit.: Mundt, Über die Zulässigkeit von Koppelungsgeschäften)

Nawiasky, Hans; Allgemeine Rechtslehre als System der rechtlichen Grundbegriffe, S. 142 ff., Einsiedeln, Zürich, Köln 1948
(zit.: Nawiasky, Allgemeine Rechtslehre)

Neumann-Duesberg, Horst; Betriebsverfassungsrecht, Berlin 1960
(zit.: Neumann-Duesberg, Betriebsverfassungsrecht)

Nikisch, Arthur; Arbeitsrecht, 3. Band, 2. Aufl., Tübingen 1966
(zit.: Nikisch III, Arbeitsrecht)

Obermayer, Klaus; Kommentar zum Verwaltungsverfahrensgesetz, 3. Aufl., Neuwied-Kriftel 1999
(zit.: „Bearb." in: Obermayer)

Olderog, Hans-Hermann; Probleme des einstweiligen Rechtsschutzes im Bereich der sozialen Mitbestimmung, in: NZA 1985, S. 753 ff.
(zit.: Olderog, NZA 1985)

Otto, Hansjörg; Mitbestimmung des Betriebsrates bei der Regelung von Dauer und Lage der Arbeitszeit, in: NZA 1992, S. 97 ff.
(zit.: Otto, NZA 1992)

Palandt; Kommentar zum Bürgerlichen Gesetzbuch, 69. Aufl., München 2010
(zit.: „Bearb." in: Palandt-BGB)

Pawlowski, Hans-Martin; Methodenlehre für Juristen, 3. Aufl. München 1999
(zit.: Pawlowski, Methodenlehre für Juristen)

Peterek, Rainer; Anmerkung zum Beschluss des BAG vom 8.03.1977, in: SAE 1978, S. 139, 142 ff.
(zit.: Peterek, BAG SAE 1978)

Posselt, Birgit Katrin; Annexkompetenzen im Betriebsverfassungsrecht, Diss., München 2006.
(zit.: Posselt, „Titel")

Preis, Ulrich; Praxis-Lehrbuch zum Individualarbeitsrecht, 2. Aufl. Köln 2003
(zit.: Preis, Praxis-Lehrbuch)

Prümm, Hans Paul; Juristische Methodik, Herford 1986
(zit.: Prümm, Juristische Methodik)

Raab, Thomas; Der Unterlassungsanspruch des Betriebsrats, in: ZfA 1997, S. 183 ff.
(zit.: Raab, ZfA 1997)

Radke, Olaf; Parteipolitische Betätigung im Betrieb, in: BB 1957, S. 1112 ff.
(zit.: Radke, BB 1957)

Raisch, Peter; Juristische Methoden – Vom antiken Rom bis zur Gegenwart –, Heidelberg 1995
(zit.: Raisch, Juristische Methoden)

Regelsberger, Ferdinand; Pandekten, 1. Bd., S. 140 ff., Leipzig 1893
(zit.: Regelsberger, Pandekten)
Reichel, Hans; Gesetz und Richterspruch, S. 92 ff., Zürich 1915
(zit.: Reichel, „Titel")
Reuter, Dieter; Arbeitsrechtliche Aspekte neuer Arbeitszeitstrukturen, in: RdA 1981, S. 201 ff.
(zit.: Reuter, RdA 1981)
Ders.; Rechtsfortbildung im Arbeitsrecht, in: RdA 1985, S. 321-328
(zit.: Reuter, RdA 1985)
Reuter, Dieter / Streckel, Siegmar; Grundfragen der betriebsverfassungsrechtlichen Mitbestimmung, Frankfurt a.M. 1973
(zit.: Reuter/Streckel, „Titel")
Richardi, Reinhard (Hrsg.) / Thüsing, Gregor / Annuß, Georg; Betriebsverfassungsgesetz mit Wahlordnung, 12. Aufl., München 2010
(zit.: „Bearb." in: Richardi/Thüsing, BetrVG)
Rieble, Volker / Klebeck, Ulf; Strafrechtliche Risiken der Betriebsratsarbeit, in: NZA 2006, S. 758-769
(zit.: Rieble/Klebeck, NZA 2006)
Röhl, Klaus; Allgemeine Rechtslehre, 2. Aufl., Köln – Berlin – Bonn – München 2001
(zit.: Röhl, „Titel")
Rückert, Marianne; Koppelungsgeschäfte des Betriebsrates, Diss., Mannheim 2002
(zit.: Rückert, „Titel")

Säcker, Franz-Jürgen; Die Regelung sozialer Angelegenheiten im Spannungsfeld zwischen tariflicher und betriebsverfassungsrechtlicher Normsetzungsbefugnis, in: ZfA Sonderheft 1972, S. 41 ff.
(zit.: Säcker, ZfA 1972)
Sauer, Wilhelm; Juristische Methodenlehre, Münster 1940 Neudruck 1970
(zit.: Sauer, „Titel")
Schaub, Günter ; Arbeitsrechtshandbuch, 13. Aufl., München 2009
(zit.: Schaub, „Titel")
Schmalz, Dieter; Methodenlehre für das juristische Studium, 4. Aufl., Baden-Baden 1998
(zit.: Schmalz, „Titel")
Schmidt, Thomas Benedikt; Das Günstigkeitsprinzip im Tarifvertrags- und Betriebsverfassungsrecht, Schriften zum Sozial- und Arbeitsrecht, Diss., Trier 1993-1994
(zit.: Schmidt, „Titel")

Schmidt-Bleibtreu, Bruno / Klein, Franz; Kommentar zum Grundgesetz, 11. Aufl., Köln – München 2008
(zit.: Schmidt-Bleibtreu/Klein, GG-Komm.)
Schneider, Egon / Schnapp, Friedrich; Logik für Juristen, 6. Aufl., München 2006
(zit.: Schneider/Schnapp, „Titel")
Schneider, Wolfgang; Nochmals-Umfang der Mitbestimmung des Betriebsrates bei Sonderschichten, in: BlStSozArbR 1977, S. 196 ff.
(zit.: Schneider, BlStSozArbR 1977)
Schönfeld, Thorleif; Das Verfahren vor der Einigungsstelle: eine Analyse der Verfahrenshandhabung aus juristischer Sicht, Diss., Freiburg i.Br. 1988
(zit.: Schönfeld, Das Verfahren vor der Einigungsstelle)
Schönke, Adolf / Schröder, Horst / Lenckner, Theodor / Cramer, Peter / Stree, Walter; Kommentar zum Strafgesetzbuch, 28. Aufl., München 2010
(zit.: „Bearb." in: Schönke/Schröder, StGB)
Schoof, Christian; Koppelungsgeschäfte in der Betriebsverfassung, in: ArbuR 2008, S. 271-272
(zit.: Schoof, ArbuR 2008)
Schwintowski, Hans-Peter; Juristische Methodenlehre, Berlin 2005
(zit.: Schwintowski, „Titel")
Siebert, Wolfgang; Erweiterung des Mitbestimmungsrechts des Betriebsrates durch Betriebsvereinbarung oder Tarifvertrag, in: BB 1958, S. 421 ff.
(zit.: Siebert, BB 1958)
Simitis, Spiros / Weiss, Manfred; Zur Mitbestimmung des Betriebsrats bei Kurzarbeit, in: DB 1973, S. 1240 ff.
(zit.: Simitis/Weiss, DB 1973)
Soergel (Hrsg.); Kommentar zum Bürgerlichen Gesetzbuch, Band 2 Allgemeiner Teil, §§ 104-240, 13. Aufl., Stuttgart – Berlin – Köln – Mainz 1999
(zit.: „Bearb." in: Soergel, BGB)
Söllner, Alfred; Zur vertrauensvollen Zusammenarbeit zwischen Betriebsvertretung und Arbeitgeber, in: DB 1968, S. 571 ff.
(zit.: Söllner, DB 1968)
Söllner, Alfred / Waltermann, Raimund; Grundriss des Arbeitsrechts, 15. Aufl., München 2009
(zit.: Söllner/Waltermann, Arbeitsrecht)
Starck, Martin; Leistungspflichten und betriebliche Mitbestimmung, Schriften zum Sozial- und Arbeitsrecht, Diss., Mannheim, 1983
(zit.: Starck, „Titel")

Staudingers Kommentar zum BGB, Buch 1, Allgemeiner Teil, §§ 1-14, Verschollenheitsgesetz, Neubearbeitung Berlin 2004
(zit.: „Bearb." in: Staudingers, BGB)

Stege, Dieter / Weinspach, Friedrich K. / Schiefer, Bernd; Betriebsverfassungsgesetz, Handkommentar für die betriebliche Praxis, 9. Aufl., Köln 2002
(zit.: Stege/Weinspach/Schiefer, BetrVG)

Thur, Andreas von; Der allgemeine Teil des Deutschen Bürgerlichen Rechts, 1. Bd. S. 40 ff., Leipzig 1910
(zit.: v. Thur, „Titel")

Travlos-Tzanetatos, Dimitrios; Die Regelungsbefugnis der Betriebspartner und ihre Grenzen zum Einzelarbeitsverhältnis, 1974
(zit.: Travlos-Tzanetatos, „Titel")

Trittin, Wolfgang; Betriebsräte ohne vorbeugenden Rechtsschutz?, in: BB 1984, S. 1169-1174
(zit.: Trittin, BB 1984)

Veit, Barbara; Die funktionelle Zuständigkeit des Betriebsrats, München 1998
(zit.: Veit, „Titel")

Vogel, Joachim; Juristische Methodik, Berlin – New York 1998
(zit.: Vogel, „Titel")

Wach, Adolf; Handbuch des Deutschen Zivilprozeßrechts, Leipzig 1885
(zit.: Wach, „Titel")

Wächter, Carl Georg von; Pandekten I, S. 123 ff., Leipzig 1880
(zit.: Wächter, Pandekten)

Walker, Wolf-Dietrich; Zum Unterlassungsanspruch des Betriebsrats bei mitbestimmungswidrigen Maßnahmen des Arbeitgebers, in: DB 1985, S. 1961-1966
(zit.: Walker, DB 1995)

Waltermann, Raimund; Rechtsetzung durch Betriebsvereinbarung zwischen Privatautonomie und Tarifautonomie, Tübingen 1996
(zit.: Waltermann, „Titel")

Wank, Rolf; Die Auslegung von Gesetzen, 3. Aufl., Köln – Berlin – München 2005
(zit.: Wank, „Titel")

Weber, Ralph Lothar; Die vertrauensvolle Zusammenarbeit zwischen Arbeitgeber und Betriebsrat, Diss., Heidelberg 1988
(zit.: Weber, „Titel")

Weber, Ulrich / Ehrich, Christian / Hörchens, Angela / Oberthür, Nathalie; Handbuch zum Betriebsverfassungsrecht, 2. Aufl., Köln 2003
(zit.: Weber/Ehrich/Hörchens/Oberthür, „Titel“)

Weinberger, Ota; Rechtslogik, Versuch einer Anwendung moderner Logik auf das juristische Denken, Wien – New York 1970
(zit.: Weinberger, Rechtslogik)

Weiss, Manfred / Weyand, Joachim; Betriebsverfassungsgesetz, 3. Aufl., Baden-Baden 1994
(zit.: Weiss/Weyand, BetrVG)

Wenzel, Leonhard; Die einstweilige Verfügung im arbeitsgerichtlichen Beschlussverfahren, in: DB 1972, S. 1290 ff.
(zit.: Wenzel, DB 1972)

Wiedemann, Herbert / Oetker, Hartmut / Wank, Rolf; Tarifvertragsgesetz, 7. Aufl., München 2007
(zit.: Wiedemann, TVG)

Wiedemann, H. / Moll, W.; Anmerkung zum Beschluss des BAG vom 08.03.1977, BAG AP Nr. 1 zu § 87 BetrVG 1972, „Auszahlung“
(zit.: Wiedemann/Moll, Anm. zu BAG AP Nr. 1 zu § 87 BetrVG 1972)

Wiese, Günter; Stellung und Aufgaben des Betriebsrats im Arbeitskampf, in: NZA 1984, S. 378 ff.
(zit.: Wiese, NZA 1984)

Witt, Carsten; Die betriebsverfassungsrechtliche Kooperationsmaxime und der Grundsatz von Treu und Glauben, Diss., Mannheim 1986
(zit.: Witt, Die betriebsverfassungsrechtliche Kooperationsmaxime)

Wlotzke, Otfried / Preis, Ulrich / Kraft, Burghard; Kommentar zum Betriebsverfassungsgesetz, 4. Aufl., München 2009
(zit.: Wlotzke/Preis/Kraft, BetrVG)

Worzalla, Michael; Die Mitbestimmung des Betriebsrates nach § 87 BetrVG in Eil- und Notfällen, Diss., Münster 1992
(zit.: Worzalla, Die Mitbestimmung des Betriebsrates in Eil- und Notfällen)

Zinn, Georg August; Der Bund und die Länder, AöR Bd. 75, S. 291 ff.
(zit.: Zinn, AöR 75)

Zippelius, Reinhold; Juristische Methodenlehre, Schriftenreihe der Juristischen Schulung, Bd. 93, 9. Aufl. München 2005
(zit.: Zippelius, „Titel“)

Zöller, Richard; Kommentar zur Zivilprozessordnung, 28. Aufl., Köln 2010
(zit.: „Bearb.“ in: Zöller-ZPO)

Zöllner, Wolfgang / Loritz, Karl-Georg / Hergenröder, Curt Wolfgang; Lehrbuch zum Arbeitsrecht, 6. Aufl., München 2008
(zit.: Zöllner/Loritz/Hergenröder, „Titel“)
Zumbeck, Christine; Die zulässige Koppelung der Vereinbarungen, AiB 2005, S. 288-290
(zit.: Zumbeck, AiB 2005)

Peter Lang · Internationaler Verlag der Wissenschaften

Kristina Ruch

Dreiseitige Vereinbarungen

Vereinbarungen zwischen Arbeitgeber, Gewerkschaft und Betriebsrat

Frankfurt am Main, Berlin, Bern, Bruxelles, New York, Oxford, Wien, 2010. 243 S.
Bonner Schriften zum deutschen und europäischen Recht der Arbeit und der Sozialen Sicherheit.
Herausgegeben von Gregor Thüsing und Raimund Waltermann. Bd. 7
ISBN 978-3-631-60096-2 · geb. € 49,80*

Beschäftigungssicherung ist eine zentrale Aufgabe der Gewerkschaften und Betriebsräte. Grundsätzlich wird sie von beiden Parteien getrennt im Rahmen ihrer jeweiligen Regelungskompetenz durchgeführt. Um die Sicherung der Arbeitsplätze effektiv zu gestalten und lebenspraktische Lösungen zu finden, gehen Arbeitgeber, Gewerkschaft und Betriebsrat nunmehr einen neuen Weg und schließen gemeinsam sogenannte „dreiseitige Vereinbarungen". Die dogmatische Einordnung dieser Chimären des kollektiven Arbeitsrechts und ihre Ausgestaltungsmöglichkeiten nimmt diese Arbeit in den Blick. Ausgangspunkt ist die Frage nach der Rechtsnatur dreiseitiger Vereinbarungen. Zentrale Bedeutung kommt dabei dem vom Bundesarbeitsgericht kreierten „Gebot der Rechtsquellenklarheit" sowie der Frage nach der Begrenzung von Tarifsozialplanforderungen zu. Im Anschluss daran werden die Rechtsfolgen dreiseitiger Vereinbarungen untersucht. Ausgehend von der unterschiedlichen rechtlichen Einordnung als Tarifvertrag, Betriebsvereinbarung oder als Kombination aus beiden Regelungsinstrumenten geht die Autorin zunächst dem Aspekt der Teil-/Gesamtnichtigkeit nach. Ferner werden mögliche Beendigungstatbestände und Sanktionsmöglichkeiten von Gewerkschaft und Betriebsrat bei einem Verstoß des Arbeitgebers gegen eine dreiseitige Vereinbarung diskutiert. Abschließend wird die Rechtmäßigkeit von Arbeitskämpfen um dreiseitige Vereinbarungen erörtert.